地球深歷史

一段被忽略的地質學革命，
一部地球萬物的歷史

Earth's Deep History

How It Was Discovered And Why It Matters

Martin J.S. Rudwick

馬丁・魯維克——著　馮奕達 ——譯

蘇珊・E・亞伯蘭基金會（Susan E. Abrams Found）贊助出版

獻給翠絲

感謝上主

目次

導論一 "You should"◎洪廣冀……7
導論二 大尺度與多樣性：看歷史與科學的另類方式◎黃相輔……17
引言……27
1 讓歷史成為一門科學……35
2 自然有其古文物……63
3 草繪整體觀……93
4 擴大時間與歷史……121
5 撐破時間的極限……151
6 亞當之前的世界……183

目次

7 力排眾議……215
8 自然歷史中的人類歷史……247
9 多采多姿的深歷史……279
10 全球規模的各種地球史……311
11 眾多行星之一……343
12 結語……379
附錄 不自量力的創造論者……399
謝辭……407
名詞解釋……409
延伸閱讀……422
參考書目……429

導論一　"You should"

洪廣冀（國立臺灣大學地理環境資源學系）

我已經記不得確實的時間了，但那應該是二〇〇七年左右。當時的我為哈佛大學科學史系的博士班研究生，一心一意想處理與臺灣或東亞科學史相關的題目。某天下午，系上舉辦演講，講者便是各位手中這本書的作者：馬丁．魯維克。在介紹講者時，主持人強調，魯維克教授曾是著名的地質學者，後來轉行當地質學史家，同樣做得有有聲有色；此跨領域且悠遊在自然科學與人文學的經驗，值得各位參考與倣傚云云。演講後，系上老師與同學聚在一起討論；我的指導老師、生物學史家珍妮特．布朗（Janet Browne）叫住我，問我是否熟悉魯維克教授的研究。我說我不太清楚；老師的臉色有些凝重，說道："You should."

這句"You should"一直迴盪在我心裡。作為學生，我從善如流，盡可能熟悉這位魯維克教授的著作，其中便包括《地球深歷史》。從科學史的角度，魯維克教授的貢獻至少有三：首先，由於其在地質學上的造詣，當科學史界開始宣稱要打開科學的黑箱、釐清社會條件與科學知識生產的因果關係時，魯維克教授是少數能觸及此理想狀態的研究者。再者，在論及近代生物學史時，研究者自然而然地將達爾文帶出的演化論風潮視為分水嶺；然而，就魯維克教授而言，至少在地質學史中，主要突破卻發生在一八〇〇年左右；在那個時期，人們終於體會到，就如同地球不是宇宙中不變的中心一般，歷史不再為人類所獨佔；人類史不過是地球歷史中極短暫的一段，甚至是微不足道的一段。第三，當科學史家不再把一八〇〇年代的地質學視為達爾文革命的先聲，也不再把當時的思想與爭論當成恭迎達爾文出場的墊腳石，魯維克教授認為，科學史家就可多少擺脫不時為崇在科學史寫作中「勝者為王」的「輝格史觀」。

然而，即便現在的我可以琅琅上口魯維克教授在科學史上的貢獻，我必須說，除了「指導老師交代」外，當時的我看不出什麼「你應該閱讀魯維克」的理由。我不是地質學出身，也不打算研究地質學史；事實上，我必須承認，在唸高中時，地球科學一直是讓我感到棘手的科目。相較於我感興趣的生物學，地球科學涉及的時空尺度過於龐大，超乎我可以想像的地步。再者，如黃相輔博士在另篇導論中指出的，魯維克教授為虔誠的基督徒，而他一系列地質學史著作的基調便是要化解宗教與科學的對立。但問題是，我非基督徒，且在我的成長經驗中，我從未體會到該對立，自然也無透過魯維克的著作來化解該衝突的必要。所以，除了幫助我一窺科學史的堂奧、進而取得該學科的入場劵外，為何我需要知道魯維克教授的著作？

我的問題應該也是各位讀者的問題。在這個注意力只能維持三十秒的年代，為何你需要閱讀一本時間尺度達四十五億年的書？這需要一些理由。作為一名科學史研究者，我可以做的，就是盡可能地帶領讀者，回到魯維克這個人，以及他所處的時代。

與魯維克喝咖啡

時間來到二〇一四年的劍橋大學。當時的我是該校李約瑟研究所（Needham Research Institute）的博士後研究員，不時會晃到位於自由學院巷（Free School Lane）的科學史與哲學系（Department of History and Philosophy of Science）聽演講。十月二十四日當天，我報名參加了該系主辦的「與科學家喝咖啡」活動，講者又是魯維克。身為該系元老的他，顯然非常重視這回演講。在演講前，他寄給與會者一篇題為"Fossils and History: Recollections across Two Cultures"的自傳；在文章開頭，他加了個段落，表示該文是為英國國家學術院（British Academy；魯維克於二〇〇八年獲選為該院院士）歸檔用，不是為了出版（Not for Publication）。演講當天，當時八十二歲的魯維克教授，開誠佈公、毫不藏私地回答了他反覆被問到的問題：「你是如何、何時以及為何把自己從自然科學家轉為人文學者？」

時間倒推到一九五九年五月七日。魯維克與其他劍橋大學的學生，簇擁在劍橋的評議會大樓（Senate House），聆聽物理學家、小說家與科技官僚查爾斯．史諾（C. P. Snow, 1905-1980）的里德講座（Rede Lecture）。史諾的講題是〈兩種文化與科學革命〉（The Two Cultures and the Scientific Revolution）。

在該演講中，史諾認為，在當時的英國，科學與人文的鴻溝已加深擴大，至雙方難以溝通、相互鄙視的程度。就史諾而言，根本原因是，科學與人文係屬「兩種文化」；這是現行英國教育制度的結果，但對於英國未來的發展，並無好處。年輕的魯維克並未對史諾的演講留下深刻印象。日後，當史諾將其演講出版為專書、引發大論戰時，他難以理解，為何如此化約、視科學與人文除了敵對關係外別無其他的見解，竟會有那麼多人買單。為何年輕的魯維克會冷眼看待史諾的語重心長？又為何在將近半世紀後，他會撿起史諾演講的標題，當成是學術生涯的註腳？

魯維克從他的家庭教育談起。生於一九三二年的魯維克，父親為西敏公學（Westminster School）的物理老師，而教父則為中世紀壁畫的權威克萊夫．勞斯（Clive Rouse）。在魯維克小時候，他父親期許他能走上物理研究這條路；然而，一日，魯維克在花園中找到海膽的化石，大感興趣；更讓他感到驚喜的，他鑽研中世紀壁畫的教父勞斯，竟然送給他一盒菊石化石，鼓勵他走上地質學研究的道路。一九四五年，當十三歲的魯維克進入哈羅公學（Harrow School）就讀。他發現，不同於家中多元且開放的學習氛圍，校方竟要求他得在古典（Classical）與現代（Modern）中抉擇。所謂「古典」是以歷史學為主的人文學，而「現代」則為自然科學。魯維克選擇了「現代」，這讓校方頗為失望。因為，按當時英國中學教育的標準，如魯維克這樣傑出的學生，應以「古典」為職志，「現代」是留給那些「次等的心靈」（second-class mind）。即便如此，在求學階段，魯維克遇到一位擁有博士學位的生物學老師道格拉斯．里德（Douglas Reid）。里德除了帶著魯維克閱讀生物學的經典外，還指導他進行端足類（Amphipods）的分類。魯維克花了相當時間，對著圖鑑，兩眼盯著顯微鏡，探究自英國周遭海域採回來的活體標本。魯維克頗為滿意此自主學習的成果，將之寫成論文，發表在《自然史雜誌》（*Magazine of Natural History*）上——該文也成為魯維克多產之學術生涯中的首篇論文。在高中生涯接近尾聲時，他參加了劍橋大學的入學甄試。他報考了生物、化學與地質學，於地質學的表現最為傑出。一九五〇年起，他開始於劍橋大學地質學系就讀。

在劍橋大學，魯維克受益於該校的Tripos制度，即在選定專業科目前，可廣泛涉獵相關學科。一趟前往懷特島（Isle of Wight）檢視第三紀之地層構造（the Tertiary strata）的田野經驗讓魯維克對古生態學（palaeo-ecology）感興趣。依他所見，這在當時仍屬新穎的學科，既可結合他對分類學的興趣，也可讓其興趣不至於被傳統分類學限制住，而可進一步探索古生物及其環境的關係。一九五三年，魯維克以第一名畢業，且獲得地質系、三一學院等機構的獎學金，以及政府的研究獎勵，讓他可以三年為期，於劍橋繼續鑽研古生態學。一九五五年，年僅二十三歲的魯維克被聘為劍橋大學地質學系的"demonstrator"（相當於美國的助理教授），翌年更被選為三一學院的學生院士（junior research fellow）。

接二連三的榮譽與肯定並未讓魯維克就此停留在他已相對熟悉的古生態學領域。他亟思挑戰困難的博論題目，讓他可在地質學中站穩腳跟。魯維克的進取或與三一學院的氛圍有關。身為該院的學生院士，他可自在地向「古典」與「現代」領域中卓然有成的資深院士請益。這時的魯維克還未接觸到史諾的「兩種文化」；難怪，當他接觸到後，他無法接受當中「做人文者」與「做科學者」往往無法溝通，因為這並不是他在三一學院接受到的刺激。

接著，魯維克開始對「功能形態學」（functional morphology）感興趣，且把對象設定在雖有大量化石證據、然只有少量物種留存至今日、導致活體實驗與野外觀察幾近不可能的腕族類動物（brachiopods）。當他在標本館中檢視該動物的化石標本，欣賞其結構的對稱、揣摩其可能的功能時，他想起在哈羅公學時曾涉獵的生物學經典：愛德華．羅素（E. S. Russell）的《形式與功能》（*Form and Function*, 1916），特別是當中論及法國博物學者居維葉（Georges Cuvier, 1769–1832）的段落。

居維葉認為，透過緊密地將結構與功能整合在一起，每類生物得適應（adapt）其特定的生活模式（mode of life）。以此概念為出發點，居維葉大膽地重建他認為已然滅絕的長毛象（mammoth）與乳齒象（mastodon）的化石標本。魯維克認為，居維葉重組這些已滅絕之動物的概念與手法，有助於他對腕足動物之功能形態學的研究。於是，他到圖書館，閱讀居維葉的原典與相關手稿。

他精準掌握了居維葉至當代的功能形態學系譜，再加上三一學院對其研究的支援，魯維克於一九五八年以〈化石腕族類的功能形態學研究〉（Studies in the Functional Morphology of Fossil Brachiopods）一文取得博士學位。翌年，他在深具影響力的《地質學雜誌》（*Geological Magazine*）上一口氣發表兩篇論文，宣告一名年輕地質學者的誕生，以及一個少為地質學者所知之取向的成熟。在後續七年間，魯維克持續探索化石與現存腕族動物的功能形態學，於一九六五年獲聘為劍橋地質系的講師（University Lecturer）。按當時劍橋的規定，這意味著魯維克已通過終身聘任制（tenure）的考驗，可在其喜愛的領域鑽研，直到退休。

如果說已被地質學者視為「歷史」的居維葉為魯維克的地質學帶來突破，那麼，他則以其地質學研究經驗為地質學史帶來新意。原來，在細讀居維葉的原典後，魯維克感到好奇，為何如此傑出的博物學者竟會拒絕接受當時已略具雛形的「物種會變化」的演化思想，並設法撲滅之？他開始閱讀生物學史的著作，且把握各種與科學史家交流的機會。讓他失望的，其在地質學的同儕就罷了，多數他遇見的科學史研究者，多不把居維葉當一回事，甚至認為居維葉的存在阻撓了演化論於法國的生成與傳播。

魯維克不免好奇，為何科學史研究者總以後見之明來評價居維葉，而不是回到居維葉所處的時代，設身處地理解居維葉的科學及其貢獻？為何科學史家會對居維葉深具突破性的功能形態學視而不見？同時，他也感到訝異，為何不管在研究材料的選擇上，科學史研究者會如此執著於文本，彷彿其研究對象不會以圖像溝通似的？魯維克認為，如此「重文本而輕圖像」的作法，恐怕會讓科學史研究者錯估科學知識生成與溝通的方式；因為，至少在地質學界，相較於文字，研究者更傾向以圖像來思考與溝通。

最後，他也發現，相較於地質學者，科學史研究者似乎不做「田野」，也不把其研究對象的田野工作當一回事。同樣從地質學觀點，魯維克認為，不把田野及田野工作視為科學知識之生產地與實作，科學史家恐難以真正窺見科學研究者的心靈，遑論探究新理論生成的時空脈絡。於是，在一九六〇年代，也就是魯維克逐步確立其在地質學的地位時，他也開始在科學史相關的期刊上發表論文，拋出前述疑問，並從地質學的觀點提出解答。對此，一位「柯廷翰女士」（Mrs Cottingham）居功厥偉。

原來，柯廷翰繼承了倫敦地質學會（Geological Society）之創建者與首位會長喬治・格林努格（George Greenough）的手稿。該手稿未經整理，也未有研究者使用過；柯廷翰希望魯維克能幫她整理，並據此撰寫格林努格的傳記。魯維克欣然答應。在整理並閱讀格林努格的手稿與通信的過程中，魯維克發現一落信件，以紅帶繫著，上頭有格林努格的筆跡，寫著「泥盆紀大爭議」（Great Devonian controversy）。在謄寫這批信件的過程中，魯維克得以重訪此當代地質學者已少有人知的爭議，理解科學爭議係如何生成、延燒與閉合。日後（一九八五），運用這批材料，魯維克完成其成名作；書名就叫做《泥盆紀大爭議：紳士專業者中科學知識的形塑》（*The Great Devonian Controversy: The Shaping of Scientific Knowledge among Gentlemanly Specialists*）。

一九六七年，當周遭的人都認為，這位三十五歲的年輕地質學者，會在自己的專業領域中持續耕耘，同時以歷史為副業或「娛樂」，直至退休，魯維克做了讓人驚駭的決定：他離開了地質系，轉至甫成立的科學史與哲學系任教。按魯維克日後的說法，當時的他，遭逢了中年危機；只是，有中年危機的不是他，而是他在地質學系的同儕。魯維克認為，相較於正在蓬勃發展的美國地質學，劍橋的地質學者似乎都在自己的舒適圈中做研究；當美國地質學界已培育出如古爾德（Stephen Jay Gould, 1941—2002）這樣優秀的新生代時，劍橋地質系顯得格外死氣沉沉。當這個他自一九五〇年起便生活其中的系所不能再給予他智識上的刺激，魯維克決定出走。此舉激怒了他在系上的同儕，認為這是難以原諒的的背叛。魯維克不以為意，因為他已在自由學院巷的科學史與哲學系，找到他的新天地。

一九七四年，魯維克再度出走，至荷蘭自由大學（Free University）擔任「自然科學之歷史與社會面向」的教授。他的夢想是在該校建立科技與社會的研究群。他注意到，在愛丁堡大學，有群年輕的歷史學者、社會學者與哲學者，組成科學研究部（Science Studies Unit），以全新的視野，至少不是他曾大為感冒的輝格史觀，探索科學知識與其社會條件間的因果關係。他希望能在自由大學有個類似的部門，與日後被稱為「愛丁堡學派」的學者們，共同打造「科學研究」或說「科技與社會」此新興領域。

一九八〇年，自由大學遭逢政治危機；魯維克的同儕、摯友與學術夥伴遭左翼學生攻擊，而校方並未捍衛校園中根本的學術自由，這讓魯維克憤而辭職。過來五年，魯維克帶著家人，過著顛沛流離的生活，以訪問學者的身分，在倫敦、劍橋、普林斯頓與耶路撒冷間遊走。一九八五年，普林斯頓大學聘魯維克為歷史系教授；魯維克希望能在該校打造科學研究的分支，未獲高層支持。一九八八年，魯維克轉至加州大學聖地牙哥分校任教；這回，他終於得到支持，於人文部門中建立以科學為對象的研究分支。在這段顛沛流離的日子裡，魯維克共出版了四本書；於一九九八年退休至今，他又出版了五本書，最新的一本即為各位手中的《地球深歷史》。二〇〇七年，幾乎就在哈羅公學校方要年輕的魯維克在古典與現代中做選擇的一甲子後，他獲頒美國科學史學會的最高榮譽薩頓獎章（George Sarton Medal），翌年被選做英國科學院院士。

兩種文化？

回到二〇一四年十月二十四日當天，年邁但仍精力充沛的魯維克是如何看待史諾的「兩種文化」？首先，他不認為該說是錯誤的；因為，在其漫長的職業生涯中，他不時面臨要「選邊站」的壓力。再者，他也不認為兩種文化是通盤正確；因為，在同時浸淫在地質學與地質學史後，他認為，兩者的相似性遠大於對立，共同體現了人們對於知識的追求。第三，即便自然科學與人文學有其相似性，他也不認為，研究者就該追求某種大一統的知識體系，反而是在同中求異。顯然的，如果他沒有在尋找博論題材時，潛心閱讀居維葉的功能型態學，他恐怕不會在高度競爭的地質學中一支獨秀；同樣的，若沒有他在地質學中習得的基本功，他恐怕難以帶入圖像及田野工作的分析視野，在科學史界自成一家之言。

離指導老師對我的提醒，已經十四年了；即便我的學術成就遠遠夠不上魯維克教授及我的老師，身處在既有文組生又有理組生的臺大地理系，我還是不時板起臉來，提醒學生應該做這做那。每回做此建議，我還是不時會落入我當時的疑問，為何臺灣學生得閱讀一些從不同的社會與智識氛圍中長出來的作品，除了這些作品「很有名」以外？當然，我希望學生能自己尋找"you should"的答案，就如同本文呈現的「魯維克是誰、我為何要在意他」的探問旅程。

欣見《地球深歷史》中文版的出版，以及編輯林巧玲的邀請，讓我可以有機會把這趟追尋之旅化為一篇導讀。這不是一本科普書，更不是一本教科書；這是一個生長在獨特時空脈絡的人們、不論其在今日學術分工中的地位為何、不停追問自己是誰、又該往那裡去的故事，同時也是個不安於室、為尋求最多的知識刺激、不惜顛沛流離之學者的生命故事。作為臺灣人，我們非常熟悉「自己是誰、該往那裡去」與「文理組之爭」等情節；就我而言，這便構成"you should"的理由。

希望你能同意。

導論二　大尺度與多樣性：看歷史與科學的另類方式

黃相輔（國立中央大學地球科學系、英國倫敦大學學院科學史博士）

許多人去過臺中的國立自然科學博物館，筆者也不例外。對一個把圖鑑裡所有恐龍名稱倒背如流的大男孩來說，科博館簡直是樂園天堂。其中，最具代表性的展場「生命科學廳」，即使我最近一次參觀已經是約二十年前了，鮮明的印象仍然恍如昨日。穿過眾妙之門後，地球生命三十幾億年的歷史在眼前一路展開，從生命的起源、演化、登上陸地，直到恐龍稱霸地球。這趟旅程在恐龍廳達到高潮——暴龍咆哮、腕龍垂著脖子從天而降，壯觀的化石骨架與活動模型足以讓孩子興奮不已。然而生命史的故事尚未終結，人類的遠祖悄然登場。露西凝視著遊客，遠處空中迴盪著披頭四的旋律。

這段地球與生命長河的史詩，是博物館常客或科普書籍書迷再熟悉不過的經典敘事。它之所以經典，不僅在於故事規模恢弘，也在於從科學的角度解答人類歷久不衰的大哉問：我們是誰？我們從何處來？我們在自然界中又處於什麼位置？它揭示了生命經過億萬年的演化，成為現今世上的芸芸眾生；而作為生命演化的地球舞臺，本身也歷經四十五億年的漫長歲月。

對今天的讀者而言，地球四十五億年的漫長歷史已是天經地義的「常識」。這個常識在科普敘事中，還常被用來彰顯人類理性克服宗教迷信的勝利。基督教認為神創造世間萬物，甚至有人曾精算出，從神創世到耶穌基督降生，地球僅有四千多年的歷史。這樣的宣稱在「民智已開」的當下，無疑荒唐可笑。正如哥白尼把地球從宇宙中心移走、達爾文將人類降格成受自然法則主宰的動物一般，對地球深歷史的認知，也成為科學進步的最佳例證。

然而，「大自然自有其漫長歷史」的道理，真的那麼顯而易見嗎？這個改變人類觀念的「革命」過程，真的如此水到渠成嗎？

英國科學史學者馬丁．魯維克的這本專書《地球深歷史》，就旨在回應上述問題。魯維克指出，人類對地球深歷史的認識，並不是那麼理所當然，而是歷經曲折複雜的路徑，才建構並確定今天的「常識」。在這個曲折的過程中，也沒有黑白分明的扁平臉譜，無論是科學家英雄還是阻礙知識進步的冥頑信徒。

基督教的線性歷史觀念

首先，不能不提魯維克的學術背景與經歷。他是資深的科學史研究者，曾在劍橋大學、阿姆斯特丹自由大學、加州大學聖地牙哥分校等機構任教，專長於十八至十九世紀的地質學、地球科學、野外與博物館相關科學領域的歷史。他並不是紙上談兵的純粹人文學者——在轉行從事科學史專門研究之前，他是受過科學訓練的專業地質學家，有豐富的野外工作經驗。他對達爾文以前的地球科學史的研究成果，被譽為「具有權威且對學界影響力深遠」。他的終身成就獲得許多獎項肯定，包括於二〇〇七年獲頒科學史學界最高榮譽的薩頓獎（Sarton Medal）。而本書《地球深歷史》也獲得二〇一五年英國科學史學會獎勵年度最佳通俗專著的丁格獎（Dingle Prize）。

魯維克的背景使他處於一個得以綜觀全局的特別位置。由於曾經身為科研工作者，作者對地球科學領域的現狀及其知識規範（norm）自然相當熟悉，這使得他欲挑動——還不至於到挑戰或翻案，但至少是挑動與刺激——對現有標準敘事再思考的企圖能切中要害。書中常見這樣的調侃，例如對斯泰諾「疊置原理」及赫頓「地質學之父」頭銜的吐槽。作者也不時透露當年親身參與或旁觀的地球科學業界「八卦」，特別是談到二十世紀後半的發展時，使得本書除了通常的知識敘述外，還多了從當事人視角口述的個人觀點。

另外，從書中許多細節，讀者不難體會魯維克本人是位虔敬的基督教徒。他對聖經典故與基督教知識的熟悉，使他得以比一般對宗教無感、甚至主張無神論的科學家，更理解部分宗教基要主義者的想法與修辭，而他對「創造論」運動的譴責（見附錄）也更能鞭辟入裡。宗教信仰與科學求真，並不總是像大眾想像的那般勢不兩立。魯維克個人的信仰，不妨礙他的科學史研究，反而使他能洞察基督教在現代科學與人文學發展過程中的遺產。

基督教帶給西方文化與學術最大的影響之一，就是線性歷史的觀念。魯維克在本書開頭便爬梳「世界有獨一無二的起點、無法逆轉方向的線性歷史」這種源自猶太教、在基督教與伊斯蘭教繼續發展的思想。線性歷史可謂亞伯拉罕諸教信仰的特色：從神創世開始，經過連串事件（例如舊約聖經中描述的故事），到救世主（彌賽亞）降臨、犧牲乃至回歸，迎接最終末日的審判。這種時間方向感強烈的世界觀，跟其他文化（例如古希臘哲人）的時間「循環觀」或宇宙「穩定狀態」觀，成鮮明的對比。

以中國來說，中國古代雖然早有連續且系統性的史學書寫實踐，但「史」的原義只是記錄所發生事件的官吏，強調的是史事紀錄，而不是像亞伯拉罕諸教傳統那種有始有終的線性時間。也因此中國傳統雖然有「過去」與「現在」的古今之分，卻沒有線性史觀。甚至，受陰陽家「五德終始說」解釋朝代更替，或是儒學、佛教裡類似思想的影響，較傾向某種循環論。相關的思想史或史學史探討，在杜維運、許倬雲、王汎森等前輩學者的著作已有深入討論，有興趣的讀者可另參照，在此不贅述。

魯維克指出，基督教的線性史觀對地球歷史的科學研究有深遠的影響。對近代早期的歐洲人來說，聖經裡記載的不是宗教神話，而是真實發生過的歷史事件。尤其當歐洲人接觸更多古文明如埃及、巴比倫與中國的文獻紀錄時，對聖經與這些域外記載的比較，就不得不調解兩造在時序早晚上的矛盾。也因此，本書開頭那位十七世紀編年史學者烏雪著名的理論——神造萬物於「主前四千零四年」——在今日的人們眼中或許荒唐可笑，但對當時的基督徒來說，卻是認真且符合「科學」定年的嘗試。烏雪用編年學方法，彙集並對比各種語言的聖俗文獻，試圖整理並重建詳細、精確的世界歷史時間線。

當我們把烏雪及同時代歐洲編年學者的嘗試，與其他地區的史家相比，就不難發現前者其實相當特別。中國古代的史學撰述雖然發達，也有《春秋》、《資治通鑑》等編年體裁的史書，但編年的起始有限，並非上溯至一個整體的、創世的起點。司馬遷的紀傳體通史《史記》雖然從上古傳說的五帝開始談起，卻不用某種絕對的量尺，去度量五帝事蹟在時間軸上「確切」的位置。可以說，西方編年學者追求精準量化定年的做法，固然有其宗教信仰驅動，卻也將史學研究提升到「歷史科學」的層次。

將世界的起點定在「主前四千零四年」在現今當然是已過時的揣測。姑且不以成敗論英雄，如果說科學是一種「系統性觀察、測量、實驗，並建構、測試、修正假設」的方法（在此我引用牛津英文辭典裡的定義），烏雪用編年學方法仔細考據並比較蒐集到的資料，很難說是不「科學」的思維與做法。後世鑽研地球歷史的科學家，儘管方法或技術上有所差異，其實和烏雪的志趣相同。

人文與科學的交互影響

十七世紀的編年學者努力整合跨文化、不同語言的文獻（包括他們視為最重要的史料《聖經》）來為人類歷史定年，依據的不僅是人工的文物，也利用彗星、日食等天文現象的紀錄。自然界本身也充斥著「文物」，像是化石、貝殼、寶石與礦物。讀者如果有去過博物館，就不難想像這些「自然文物」和人工器物及圖書文獻一樣，都是收藏家眼中的珍品。著名的大英博物館，原先也兼藏上述自然文物，是到了現代才將這部分拆分出去成獨立展館，即今日的倫敦自然史博物館。

魯維克在本書呈現的另一個重要觀點，便是人文（歷史）學與自然科學的交互影響。他指出，歐洲近代早期的「鴻儒」（那時候還沒有「科學家」這種現代概念），挪用歷史學家的工具，尤其是編年學的觀念及方法，將研究對象從文化領域轉移到自然界，奠定此後探索地球歷史的基礎。既然人工文物能用來重建人類的歷史，沒理由說自然文物不能作為自然界歷史的佐證。山川湖海與寄寓其間的生物，不僅是人類歷史大戲固定不動的布景，還自有其劇烈變化。歐洲近代早期的博物學家（研究自然史的人）運用自然界的文物，反覆辯證地球歷史及聖經敘事的合理性，進而認識地球的過去比原本以為的更加漫長，甚至人類在其中很晚才登場。這個時間跨度從烏雪宣稱的幾千年之譜，逐漸展延至百萬年、千萬年，最後到今日公認「常識」的四十五億年。

以上這段曲折，作者於本書中多所鋪陳，在此亦不重複。我們可以從作者的敘述中了解，博物學的發展多麼受到人文學科及歷史學方法的啟發。博物學與探究造成自然現象之因素及法則的「自然哲學」，一起構成西方近代科學的兩大部門。生物學、地質學等專門領域，即是從博物學的傳統出發而分化。在現代科學分科專精化之前，至少在那些「鴻儒」的時代，學科彼此的範疇並未嚴格區分，人文與自然科學的交疊相當普遍。

達爾文就是一位以地質學研究起家的博物學者。本書雖然不是專門談達爾文演化論，生物物種的演化與地球的深歷史，這兩種問題自十七世紀以降總是相輔相成，儘管前者由於達爾文的聲名大噪而更引起大眾關注。當演化論於十九世紀中葉起逐漸被西方智識階層接受，演化及進步（progress）等科學的話語又回頭滲透人文學各種領域，包括歷史學。我們能夠從作者旁徵博引的綜述，一窺不同學科知識體相生相伴、互相關連的網絡。

即便在自然科學內部，不同學科領域或門派各有其立場，對同一事物的詮釋也可能天差地遠。例如，物理學家曾經對地質學家動輒上億的地球年齡估算嗤之以鼻，認為牴觸了地球從太初熾熱而逐漸冷卻的物理速率。達爾文的摯友萊爾與同時期學者的爭論，在本書中也有精彩的剖析。萊爾繼承赫頓等人的看法，主張在我們周圍無時無刻不存在的水流侵蝕、沉積、風化等細微作用，在久遠的過去也同樣存在，這些「現時因素」塑造了一切地質景觀，使地球處於均衡的穩定狀態。這種「均變論」（或譯成漸變論，然而「均變」更切合其核心思想的精髓）對達爾文影響極深，以至於達爾文思考物種演化時，也認為此過程是世代累積的細微改變，而不是突然發生的劇烈「突變」。萊爾提倡均變論，是有意識地對抗「災變論」，後者認為地球歷史中曾有超越現今規模的劇烈作用，例如巨大的海嘯或火山噴發，造成今日的地球環境。災變論容易令人聯想到聖經所提的大洪水，而這正是崇尚人類理性、亟思改革的萊爾欲除之而後快的。

由於萊爾在今日地質學教材中的顯赫地位，加上他與達爾文緊密的同盟關係，我們很容易忽略的事實是：像萊爾及達爾文這樣堅持均變論的人，在當時的地質學界反而是少數。正如魯維克指出，其他人也不是笨蛋，而是有很好的理由反駁均變論。許多地質學家留心地層間不連續的介面，認為是發生重大事件使前後環境改變的證據，並劃分各種地質年代來表記（就像歷史學家記錄不同朝代或時期，這又是人文學和自然科學相仿的例子）。古生物學家也易於傾向災變論；在他們眼中，化石證據不但暗示演化的方向，還顯示突然的大滅絕或生物物種急速的大爆發是確實發生的。這使得古生物學家即便接受演化論，也對達爾文式「世代緩慢改變」的演化模型存疑。況且，按均變論的說法，保持恆定均衡的地球，其過去只有平淡的漫長時間，根本就沒有跌宕多姿、充滿事件的線性「歷史」。這幅圖像難以說服大部分地質學家，以及企圖以化石重建生物演化譜系的生物學者。

均變論及災變論，誰對誰錯？或許兩派都對了、也都錯了，端視從什麼角度（或尺度）來看。兩派都有些見樹不見林的毛病，或者像摸著大象的盲人，都摸索出了部分的「真相」，卻指責對方看不清全貌。

看歷史、宗教及科學的新方式

值得讀者注意的是，本書做為一本通俗的「科普」作品，卻有意避免、甚至高調反對「輝格式」（Whig）的科學史書寫方式。所謂的「輝格」原本指英格蘭歷史上的輝格黨，其支持者樂於將英國政治史描寫成一部議會民主憲政的進步史——簡單的說，將歷史人物分成推進或妨礙民主憲政進步的好人或壞人，並基於此價值觀來評判歷史事件。

科學史的書寫也經常落入「輝格式」的窠臼，渲染成推動或阻礙科學進步這兩者之間的對決。經典的「科學革命」敘事即為一例，將哥白尼、克卜勒、伽利略與牛頓視為同一「道統」傳承，突顯這些科學偉人（甚至有些還是殉道者）為啟蒙進步貢獻的價值，而忽略其學說在歷史上的內容及脈絡，可能與今日的認知有極大出入。「科學」與「宗教」的對立，也往往在輝格式的詮釋中被無限放大。魯維克認為，仔細檢驗歷史後，就能發現這種「科學與宗教之間一再發生本質上的衝突」的看法經不起考驗。前面也提過，作者多次對「○○○之父」這樣書寫偉人的方式表達異議，就是批評坊間科普書及科學體制內對科學先輩的標準敘事。

魯維克提醒讀者要釐清基要主義者塑造的迷思。這裡所謂「基要主義」，不僅是宗教陣營的，也包括科學界裡的無神論基要主義，兩者在作者眼中都是一樣極端。當然，作者在此的論斷自然有其宗教信仰立場，讀者可以自行判斷其書寫是否符合他想達到的不偏不倚。

總之，《地球深歷史》不僅是講述人類如何認識地球漫長歷史的科普書，也是一部以多元視角探討地球科學學科領域發展的歷史。在這個曲折複雜的知識探索過程中，各種跨文化、跨學科的知識資源被整合，不同的知識群體也以各自的觀點與方法參與其中，交互辯證或影響。「歷史」的意義也隨之擴大。原本「歷史」專指人類過去活動的事蹟，特別是以文字紀錄為史料來源的信史。自從人們將編年的觀念挪用至自然界，探究地球與生命的發展歷程，大幅擴展了地球的時間跨度，並認知到自然界自有其歷史，人類僅僅在這齣戲劇的最後一幕才登場。對人類起源的追尋，又使「史前史」的概念與範疇應運而生。

這一套整合了地球（甚至宇宙）深歷史、生命演化、人類史前史與信史的宏觀敘事，是科學界與博物館習慣解讀世界的方式，現代的歷史學界反而少談。近年來，歷史學界亦有人稱之「大歷史」（Big History）並加以宣傳（注意不要和知名華裔學者黃仁宇的「大歷史觀」混淆。這裡所謂的「大歷史」由美國歷史學家大衛．克里斯欽〔David Christian〕提倡，克里斯欽並撰寫多部書籍闡釋此理念，臺灣亦有發行中文版。）。然而由本書可知，這種宏觀敘事其實不是什麼新鮮玩意，至少在十七世紀的編年學家試圖重建從創世至今的時間軸時，就踏出探索世界的一小步了。

引言

佛洛伊德曾經宣稱，有三場大革命徹底轉變了我們人類對於自身在自然界中地位的認知。第一場把我們的地球從宇宙中心移開，變成眾多行星之一，繞著眾多尋常恆星中的某一顆運轉。第二場革命提出假設，將我們這個物種從上帝獨鍾的造物降級，變成赤身裸體的區區猿猴，深深扎進整個動物世界中。第三場革命則揭露了我們潛意識幻夢的深度，繼而削弱了我們自詡為理性生物的任何念頭。我們自我認知上的這幾場重大轉變，後來也就貼上了知名人物之名，依序是哥白尼、達爾文，以及佛洛伊德本人。

不過，我的已故友人史蒂芬．傑．古爾德（Stephen Jay Gould）早已指出，佛洛伊德少列了第四場完全有資格名列其中的革命，只是這一場革命無法跟任何一位名人輕易連在一塊兒。這第四場大變革（按時間順序該算第二場）引人注目之處，在於它大幅拓展了我們地球的時間尺度，進而拓展了宇宙的年歲，程度之大不亞於第一場革命，亦即哥白尼革命對宇宙空間規模的大幅拓展。

在過往的時代，西方世界多數人理所當然以為：世界縱使不是精確始於「主前四〇〇四年」，也是在差不多的時間點——不過幾千年前而已。經過這場革命，人們也普遍接受地球的存在時間至少能回溯到數百萬、數千萬年前，甚至是數億、數十億年前。地質學家如今一再拿難以思量其久遠的「深時間」（deep time）跨度作文章，此舉實無異於那些處理著宇宙「深太空」（deep space），以及宇宙的天文學家、宇宙學家同行，那是根本無法理解的無垠（以及時間之無極）。

這事如今已人盡皆知，遠超過科學界的同溫層。但過度強調時間跨度的擴大，反而會模糊這場大革命的其他兩個特色，而這兩個特色若加起來，重要性可是有過之而無不及。第一個是全人類地位的劇烈變化。傳統圖像中的「年輕地球」，幾乎就等於人類的地球。除了一小段開場或序幕把道具擺上舞台，這部戲從頭到尾，從亞當到將來世界末日時的天啟，都是由人類擔綱演出。相形之下，起先由早期地質學家發現、重建的「古老地球」，則泰半是部無人類的劇碼，因為演的幾乎都是人類出現以前的事：我們這個物種顯然很晚才出現在世界舞台上。準此，這段晚近發現的深時間，也就跟無垠的深太空一樣，大部分時候都沒有任何人類存在。

至此，相對短促的人類時代與遠長於此的「前人類」時代之間的分野，便點出了這場人類自然觀點大變革中的第二項、也是更為劇烈的影響，即無人類時代之後才是人類時代，這簡單的順序本身便足以從頭賦予我們的地球某種**歷史性**（*historical*）的特質；而前人類的深時間之久遠，甚至是深時間本身，到頭來也以自己的方式補足了一段不輸人類的精彩歷史。簡言之，原來**大自然有其歷史**。

因此，本書要簡短談一段故事，但故事主軸並非「深時間」的發現，而是重新建構出的**地球深歷史**，以及人類在其中的位置。這第四種大革命的故事經常遭人忽略，尤其未見於以普羅大眾取向的書籍和電視節目。明顯的原因有二。其一是，人們覺得達爾文演化論的故事比較引人入勝，而地球的深歷史已經縮水到跟演化論的序幕相去無幾的地步。若想對任何生物的多樣性，尤其是我們自己這個物種的起源有任何令人滿意的解釋，確實有必要先認識地球的深歷史。不過，本書要提綱挈領的這段故事，卻有它自己的發展歷程，獨立於達爾文、乃至於其餘任何演化論，因為這段故事要講**地球萬物**的歷史：不僅是植物與動物，還有岩石跟礦物、崇山峻嶺、火山與地震，以及各大洲、大洋與大氣。地球有其歷史，而這段歷史有可能透過可靠、甚至經常能以鉅細靡遺的方式重建之——體認到這點，就等於承認人類思維有了一場重大革命。這段歷史值得用獨有的方式，不為了別的，只為了它自己而講。

這段故事之所以埋沒的第二個原因，在於它已經萎縮成科學對抗宗教的凱旋行進中的區區一個事件了。先前提到那個惡名昭彰的「西元前四〇〇四年」，已經廣被引為「教會抵抗啟蒙理性」時典型的壓迫、愚民之舉。但是，我們對於類似像「科學與宗教」、「教會與理性」（英語中通常為單數，字首還要大寫）這種標籤的用法，應該有所保留。真實的歷史絕不會如此抽象，或是如此非黑即白。其實，歷史學家已經仔細研究過這個故事中任何一個篇章，老早拋下了「科學與宗教間衝突不斷」的刻板印象了。刻板印象當然能為現代的無神論基要主義者（atheistic fundamentalists）提供煽情的修辭，但這卻會帶來粗製濫造的歷史故事。在本書中，我反而會試圖以更有趣、更有價值的方式，而不受那種老套刻板印象的限制來呈現：逐漸浮現的「地球深歷史」何以與早先短促版的歷史觀念有關。若干現代的宗教基要主義者（religious fundamentalists）讓「年輕地球」概念出人意料再度流行，而這種概念在世界上特定地區具有的政治力量更是讓人驚訝，但我們不該因此分心而忘了追尋故事的主線。我會在書本最後簡短處理當代創造論者（creationists）的說法，希望能透過這種方式讓人了解那只是奇怪的雜耍，而非故事的高潮。

事實上，我主張徹底顛覆「科學與宗教間衝突不斷」這種不可信的刻板印象，至少在地球深歷史一事上必須如此。一旦我們了解這場人類思維大革命的核心，即在於體認到大自然向來自有其歷史，那麼，區區的時間跨度擴大也就成了次要的議題。去了解這種「大自然有史可稽」或「歷史性」（*historicity*）的新感受從何而來，可是比跨度的擴大重要得多。無怪乎這種新領悟的源頭奠基於當代對人類歷史的認知上，因為人們以仔細且有意的方式，將這種對人類的認知套用到自然界上。是人類的歷史成了回溯自然史時的樣板，而非物理學或天文學。比方說，帝國的興亡就連事後看來也完全無法預測，不像行星的運動可以逆料。咸認人類的歷史具有深刻的偶發性情況在每一刻都有可能徹底改變（光是這一點，就能讓人們對過去提出與事實相反——也就是「如果……這般」的問題，而且常常饒富趣味）。人們將這種歷史感從文化領域轉移到自然領域，對自然——尤其是對這個地球——也因此產生嶄新的認知，與文化具備類似的歷史性。假如這種轉移似乎出人意料，那或許是因為你得先同意「研究自然的科學」向來是受到「研究人類歷史的科學」豐富而決定性的澆灌的，不僅如此，還直接跨過了所謂「科學」與「人文學科」（humanities）這兩種文化之間的鴻溝。英語世界以外的人就不會體會到這種困擾，因為他們很有見地，把這些所有學科知識都稱為「科學」，取代我們英語人士講單數的「科學」、卻只指稱其中一部分的古怪作法。

從相關幾個世紀（大致是從十七世紀至十九世紀）的西方文化性格來看，這種以歷史方式看待自然的新觀點，有個毫不令人意外的重要源頭——甚至可說是唯一重要的源頭，亦即深植於猶太—基督信仰經典中的強烈歷史感，這個強勢敘事是這樣的：從經典中最初的創世紀猛然出發，經歷關鍵的道成肉身（Incarnation），最終走向上帝之城（City of God）。這些作為文化奠基的文本，對於地球深歷史的發現來說根本稱不上阻礙，反而帶來正向的促成。借用生物學的隱喻，這些文本讓讀者預先適應（*pre-adapted*），覺得從類似的歷史角度思考自然世界既簡單又合於人情，而這樣的自然世界則構成人類行動的環境，以及（如信徒所宣稱的）神聖行事（divine initiative）的背景。當然，我對於這些文本體現的宗教觀點是否有憑有據，抱持中性的看法——既不是要去證明這些宗教信仰，也不等於反對它們。我之所以建立起這種關聯，目的在於歷史，而非護教。

地球深歷史的探索有這麼重要嗎？達爾文兩百歲誕辰時，他的演化論自然眾所矚目，地球深歷史的探索相形之下則低調得多。但探索深歷史本身就是個迷人的故事，也值得讓更多的人知道。除了故事本身有趣之外，我也相信它確實很重要——我們的世界充滿各式各樣的跡象，而且相當出人預料，地球深歷史的探索正好能揭露其中一二。過去以研究自然世界為業或職志的人——也就是後人所說的科學家——泰半認為研究愈深，就愈能加以預測。他們志在揭示自然界的「法則」——法則的意思就是昨天如此，今天如此，永遠如此。愈是了解自然法則，人類的個體與社會愈是能有效控制或改變自然界，使之為人類的目標與意向效力。物理學與天文學等科學因此被他們當成典範。愈是量化自然的內在法則、賦予其數學的表述方式，像日食發生時間等，也就愈能精準預測。

但本書將概述的這些發現卻與此大相逕庭，顯示出地球深歷史（及其未來也因此）無法化約成任何一種如此簡單、可預測的形式。地球並非根據特定的初始條件與不變的自然法則、使其過去與未來走向以完全確定的方式在發展。當然，地貌的組成理應根據不變的法則在發展：例如波浪拍擊、侵蝕岸邊峭壁的力量，無論是在久遠的過去或是今天，其遵循的物理法則理當一模一樣。但這塊大陸與這面海洋過往的歷史與可能的未來，就不能簡化成任何這一類非歷史性的法則，整個地球的過去與未來更不用說。所有這樣的歷史，都得憑藉何者確實發生的既存證據來加以重建——就像住在陸地、飄洋過海做生意的人們，他們過去的歷史必須從流傳下來的文獻與其發展過程中的人工製品來加以重建。也就是說，地球的深歷史無法憑藉「由上而下」應用自然法則的方式重建，只能以「由下而上」拼湊歷史證據而為之。結果，地球的深歷史因此與人類的歷史共同具備紊亂、無法預測的偶發性，而非類似月球與太陽系行星的運動一樣有極為精準的可預測性。無法預測的偶然可是**至關重要**——對我們人類在這個行星家園不久後的未來所扮演的角色而起的爭議更是如此，這應該不用多加強調了吧。

在人類歷史發展中，地質科學是頭幾個發展出「自然本身有其歷史」這種新認知的科學，但它不是最後一個，也不是唯一一個。地質學家意識到，如果不解開阿爾卑斯山脈漫長而糾結的歷史，便無法了解這些山頭如今的樣貌；後來的生物學家亦然，他們（以達爾文為代表，而他正是以地質學家的身分展開自己的生涯）指出動植物如今的型態與習性同樣體現其演化的歷程，不考慮這些歷程，就無以全面了解之。甚至連研究對象規模最大的科學最終也採納了同一種歷史性：今天的宇宙學家一再重建恆星與銀河系的**歷史**，甚至是全宇宙自假設性的大霹靂（Big Bang）以降的歷史，而且其所用的方法也與最早由地質學家發展、用於探究地球深歷史的作法極為相似。因此，我在本書中濃縮的這個故事，其重要性確實遠超過作為書中主題的特定科學。

最後，我必須強調：本書所根據的不只是我自己的歷史研究，還有其他各國眾多史家的研究，多數是在近幾十年間以各種語言發表的。所有類似的歷史研究都應該如此。這一點尤其需要強調，因為科普書籍作者、電視科學節目製作人，以及對其本身學科歷史下斷言的科學家們（他們尤其嚴重）經常在無意間忽略，或是沒有充分運用科學史家近年來努力的一切研究——只有少數值得敬佩的例外。他們似乎全傾向待在舒適區，重複利用關於過去的迷思——而這些迷思經常帶有讓人食不下嚥的沙文（性別歧視）口味，老愛挑選或這或那的「某某之父」。

雖然信實的歷史研究汗牛充棟，但寫作這本小書必須大幅刪去細節、凝聚焦點，才能突顯我所認為的故事主軸。我會把敘述的重點，聚焦於後來自稱科學家的那群人所提出的論點與採取的行動，而非於盛行於各個廣大社會群體中、甚至瀰漫整個社會的看法。至於這些科學家宣稱發現的事物所帶有的廣泛文化意涵，我只會稍微著墨。今天，我們這顆行星的深歷史已構成世界各地地球科學家的研究基礎。其中大多數的基本概念，最早是在歐洲、而非其他地方發展出來的，而這一點屬於人類歷史的範圍。因此，雖然世界上其他地方在二十一世紀的科學研究中扮演愈來愈重要的角色，但我筆下的故事仍得泰半聚焦在歐洲文化圈。（雖然這段故事也是以男性的活動為主，但這是反映過去的歷史現實；從過去數十年來更細部的歷史來看，性別差異已經變得愈來愈無足輕重，至少地質學是如此。）

我希望本書不僅有助於更多人認識一場人類思維的重大革命，而且還要吹走過時的思想蜘蛛絲——尤其是「科學與宗教間衝突不斷」這種無所不在的迷思。從各個角度來看，這兩頭怪獸就跟「聖喬治」（St. George）與「惡龍」這類傳統的善惡象徵一樣，都是神話。

CHAPTER

1

讓歷史成為一門科學

編年的科學

「時間嗎，我們可以這麼理解：它不過比我們老個五天而已。」十七世紀英格蘭作家托馬斯・布朗爵士（Sir Thomas Browne）用這種說法，漫不經心間便總結了有關我們的世界、人類這物種，以及時間本身終極起源的大哉問。身處伽利略與牛頓等科學巨人的時代，西方世界的多數人無論是否虔誠，都理所當然認為人類的歷史幾乎與地球同歲。他們還以為不只地球，連整個宇宙萬物、甚而是時間本身，也只比人類的存在稍稍年長些。

聖經《創世紀》開篇有一段簡短的敘述——經歷了五天的準備，亞當在創造行動的第六天成形了，接著神在安息日休息，圓滿了第一個星期。不需要某個高壓的教會去強迫布朗爵士與同時代的人，他們也會接受這段敘述，把這當成對久遠過去的可信描述（反正呢，在一個因為宗教改革而分裂的基督教世界裡，也沒有單一、無所不能的組織能強加任何這類的信念）。對他們來說，除了一小段用來把人類生活必需品——太陽與月亮、白天與黑夜、陸地與海洋、植物與動物，擺上舞台的序幕以外，世界必然一直是個人類的世界，這是明明白白的常識。要不是因為接下來有人類要在這個舞台上演出，不然一個沒有人類存在的世界會讓他們覺得根本沒道理。因此，他們自然而然認為《創世紀》帶給他們的，就是一段關於世界初始的可靠說法。人們相信《創世紀》出自摩西之手，摩西則是唯一一位記錄世界幼年期的古代史家；而世界歷史最早的這個階段——早於任何人類在場見證、記得的階段，必然只有造物主能向摩西（或早於他的亞當）揭露之。最糟的是，他們周遭世界沒有任何事物能明確告訴他們：歷史不見得是這樣。

布朗爵士與大多數的同時代人無論是否受過教育，都直覺認為人類歷史的長度幾乎與自然世界的歷史相等。但他們可不認為兩者的歷史都很短暫，或是地球很年輕，而是認為相較於人類短促的生命——頂多「六、七十年」——人類和自然世界的歷史皆極為久遠。人們認為耶穌出生是獨一無二、至為關鍵的道成肉身神聖時刻，此後的歷史就標定在「主後之年」（Years of the Lord，出自拉丁文 *Anni Domini*，縮寫為 AD）的刻度上。自從那一刻，以及羅馬官員龐提烏斯・彼拉多（Pontius Pilate）在三十年後下令處死耶穌以來，已經有十六個以上的世紀化為歷史。用任何一種人世間的標準來看，這都是一段非常長的時間；研究羅馬人及其受人景仰的拉丁文學，完全配得上「古代史」的標籤。不過，「主前之年」（Years Before Christ，縮寫為 BC）的刻度可以往回延伸得更遠，穿過古希臘人和他們同樣飽受推崇的文學，抵達最早的混沌歲月，而聖經中的記載就是當時唯一殘存下來的紀錄。多數史家估計，從最初創造萬物直到道成肉身的時間，必然比道成肉身至今的時間將近長了三倍。兩段時間加起來，就等於一段長得難以想像的世界歷史。對於整個人類已知歷史的開展，以及人類歷史上演的舞台（即自然世界）而言，似乎根本用不著這五十、六十個世紀。世界伊始之久遠，甚至足以讓希臘人與羅馬人的「古代史」相形見絀。

其中一位十七世紀史家計算出，神創世的那一週始於主前四〇〇四年的某一天——日期或有疑問，但年分之精準殆無疑義，此外也沒有人認為時間的長度有所低估。發表這個明確數字的人，是愛爾蘭史家詹姆斯．烏雪（James Ussher），他有位讚賞他的強大保護人——英王詹姆斯一世（James I，他也是蘇格蘭的詹姆斯六世）。這位國王在駕崩前不久，任命烏雪為阿馬大主教（Archbishop of Armagh）兼愛爾蘭的國教會領袖，誰知這位學者後半輩子大多在英格蘭度過。

來到現代，人們大為嘲笑烏雪和他主前四〇〇四年的定年。但烏雪並非現代的那種宗教基要主義者。他是當時主流文化生活中的公共知識分子。他的研究不應該被《一〇六六年和那一籮筐事》（*1066 And All That*）當成笑話。這是本經典的哈哈鏡史書，書中的英格蘭民族史滿滿妝點著好國王跟壞國王，好事和壞事，涇渭分明。烏雪的主前四〇〇四年在當時稱不上壞事，而且從某些重要的角度來看還正好相反，是完完全全的好事。乍看之下，烏雪的世界歷史觀念跟近代科學的地球深歷史圖像相去甚遠，兩者之間不可能有任何關係，只能是勢不兩立的兩種選擇（在現代基要主義者眼中——無論是信徒還是無神論者——皆作如是觀）。然而，事實上，烏雪等十七世紀史家的所作所為，其實可以跟當今世界的地球科學家所做的事情無縫接軌。因此，若要了解我們近代對地球深歷史的觀念由何而來，烏雪就是個不錯的起點。更有甚者，只要從烏雪身處的時代為出發點，就會了解他的想法跟現代創造論者的「年輕地球」論點之間表面上的相似處，將會轉變為鮮明的對比。創造論者不像烏雪，他們是樹枝孤鳥，而且是站在一根搖搖欲墜的樹枝上。

十七世紀時，有許許多多的學者散布於歐洲各地，從事一種人稱「**編年學**」（chronology）的歷史研究，而烏雪只是其中之一。此舉志在重建詳細、精準的世界歷史時間線，方法則是彙集所有可供使用的聖俗文獻，其中便包括日食、彗星與「新星」（supernovae）等吸睛的自然事件紀錄。其他編年學者或許會批評或否定烏雪時間線上的許多特定細節，但多數人仍與他志趣大致相同，而他的編纂成果也很能清楚說明這些學者都在努力些什麼。

烏雪在他漫長、高產的學術生涯行將結束時，發表了《舊約紀年》（*Annales Veteris Testamenti*，一六五〇年至五四年）。他以拉丁文寫書，確保其他地方的學者也能閱讀。拉丁文之於當時的歐洲各地，就像英語之於今日世界各地，都是受過教育的人共通的國際語言。烏雪卷帙浩繁的兩冊作品之所以題名為紀年，是因為書中按照年代整理世界歷史中的著名事件——至少是根據他自己的判斷——把各個事件擺在正確的年代，嚴格按照時間順序加以描述。因此，他的書就從主前四〇〇四年的創世紀開始寫。但書中的內容往下延伸，翻越主前／主後的分水嶺與耶穌在世的那些年，乃至於羅馬人在主後七十年將耶路撒冷的猶太神廟夷平後不久的時代。從烏雪的基督徒觀點來看，「舊約」特別將神與猶太人聯繫在一起，而聖殿遭毀則標誌出「舊約」明確的終點。也就是說，他的編年史一路沿世界歷史道路而下，直至神與神的新子民締結「新約」後的最初幾年，而基督教會則是新子民（實際上遍及全球與各個族群）的代表。

烏雪的世界歷史展現出他那時代最優秀的學術實踐。編年學完全有資格躋身歷史科學之列（我是根據「科學」一詞原始的意義使用之，這種用法至今仍流行於世，只有英語世界例外）。他嚴格分析自己所知的一切古代文獻，以此為基礎寫就。文獻主要來自拉丁文、希臘文與希伯來文史料。半世紀以前，編年學者當中最偉大、最博學的是法國學者約瑟夫・斯卡利傑（Joseph Scaliger），他也曾經使用敘利亞語和阿拉伯語等幾種其他相關語言的材料。可是就連斯卡利傑，對於更遠方的文獻（例如中國或印度）同樣知之甚少，古埃及象形文字在當時也尚未破譯出來。儘管如此，編年學者仍然有大批多文化、多語種的證據可供使用。他們就是從這些各式各樣的紀錄中，汲取出重大政治變局、古代君王治世，以及歷史性天文事件的時代。接著他們橫跨不同的古代文化，試圖將之拼湊起來，繫成一連串註明年代的事件鏈。（編年學並未絕種：現代編年研究的成果就展示在我們的博物館裡，比方說，無論是來自古代中國或埃及的文物，時間都標上了「BC」或「BCE」〔Before Common Era，公元前〕；所有這類定年都與過去的做法類似，得自於不同文化間的類似相互關係。）

至此，烏雪與其他編年學者類似，使用的大部分證據都不是來自聖經，而是古代的世俗文獻。

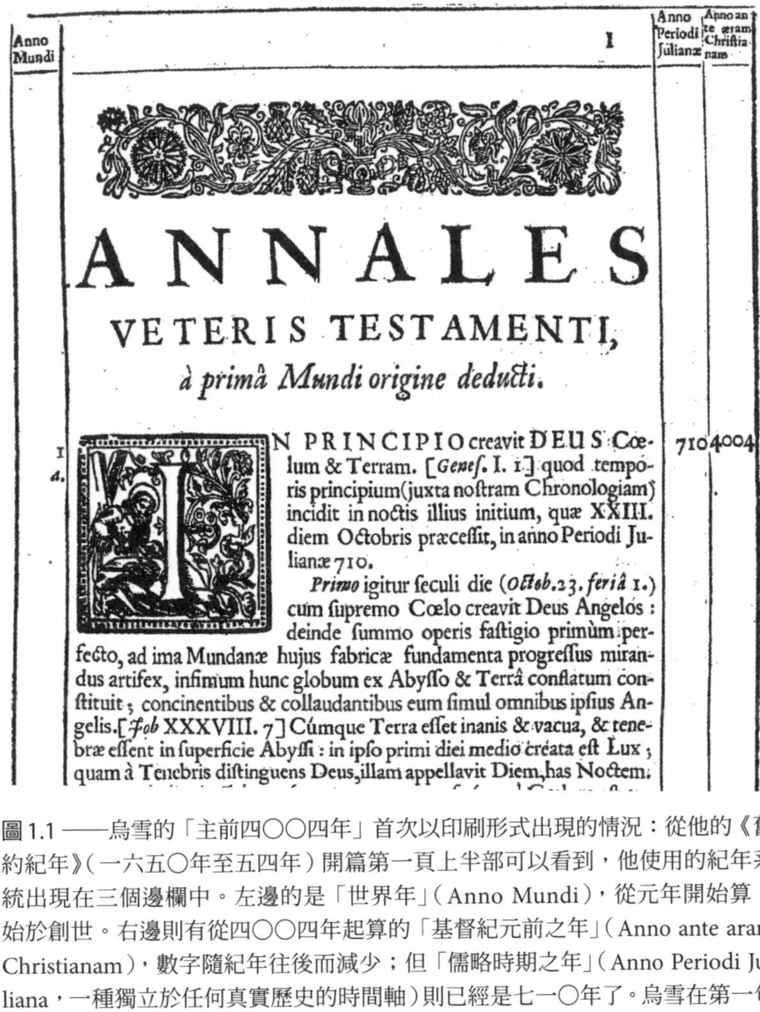
Anno Mundi | I | Anno Periodi Julianæ | Anno ante æram Christianam

ANNALES
VETERIS TESTAMENTI,
à primâ Mundi origine deducti.

1 a. IN PRINCIPIO creavit DEUS Cœlum & Terram. [*Genes.* I. 1.] quod temporis principium (juxta nostram Chronologiam) incidit in noctis illius initium, quæ XXIII. diem Octobris præcessit, in anno Periodi Julianæ 710. 710 4004

Primo igitur seculi die (*Octob.* 23. *feriâ* 1.) cum supremo Cœlo creavit Deus Angelos: deinde summo operis fastigio primùm perfecto, ad ima Mundanæ hujus fabricæ fundamenta progressus mirandus artifex, infimum hunc globum ex Abysso & Terrâ conflatum constituit; concinentibus & collaudantibus eum simul omnibus ipsius Angelis. [*Job* XXXVIII. 7] Cúmque Terra esset inanis & vacua, & tenebræ essent in superficie Abyssi: in ipso primi diei medio creata est Lux; quam à Tenebris distinguens Deus, illam appellavit Diem, has Noctem.

圖 1.1 ——烏雪的「主前四〇〇四年」首次以印刷形式出現的情況：從他的《舊約紀年》（一六五〇年至五四年）開篇第一頁上半部可以看到，他使用的紀年系統出現在三個邊欄中。左邊的是「世界年」（Anno Mundi），從元年開始算，始於創世。右邊則有從四〇〇四年起算的「基督紀元前之年」（Anno ante aram Christianam），數字隨紀年往後而減少；但「儒略時期之年」（Anno Periodi Juliana，一種獨立於任何真實歷史的時間軸）則已經是七一〇年了。烏雪在第一句正文中，把太初創世的時間（包括真實時間的開端）訂於儒略年十月二十三日的前一夜，更之前的儒略年因此成了某種「虛擬」時間。編年學絕非某種愚蠢的科學！烏雪拉丁文標題中的「Testamenti」，指的是神與猶太人民之間立神聖「舊約」（old covenant）的神學概念，而不是猶太教經典或《舊約》（*Old Testament*）等書；他的紀年也涵蓋了《新約》，亦即基督教經典所指的時代。

無怪乎在時序比較近的幾個主前世紀，他擁有的材料最為豐富；隨著他深入更遙遠的過去，材料也迅速減少。來到最早的時代時，文獻相當稀缺，幾乎局限於《創世紀》中最早幾代人類「誰生了誰」的枯燥紀錄。顯然，烏雪主要的目的是編纂一部詳盡的世界歷史，而非確立創世紀的確切日期，或是支持整部聖經的權威。雖然從烏雪的觀點來看，聖經只不過是諸多史料之一，但聖經卻是最有價值也最可靠的史料。

為世界歷史定年

烏雪與其他編年學家無異，他們都採用斯卡利傑構思出的精密定年體系。這位法國人利用天文與曆法材料，打造出一條精巧的人工「儒略」（Julian）時間軸，為時間提供中性的維度，使彼此衝突的年表得以並列其中、加以比較。這條時間軸不只是個方便的工具，還能區別**時間**與**歷史**。時間本身只是一種以年為單位度量的抽象維度，**歷史**則是曾經發生在時間之流中的所有真實事件。任何一位編年學者宣稱為真的歷史事件，都可以根據儒略時間軸為基準，標上從創世紀起算的「世界年」（Anni Mundi，縮寫為AM），或是以道成肉身為界、往前標示的「主前之年」（BC），以及往後標示「主後之年」（AD）。知識分子對精準量化的追求，成了編年研究的動力。精準量化是那個時代的特色，並不局限於編年學等課題。自然科學方面尤為明顯，例如第谷·布拉赫

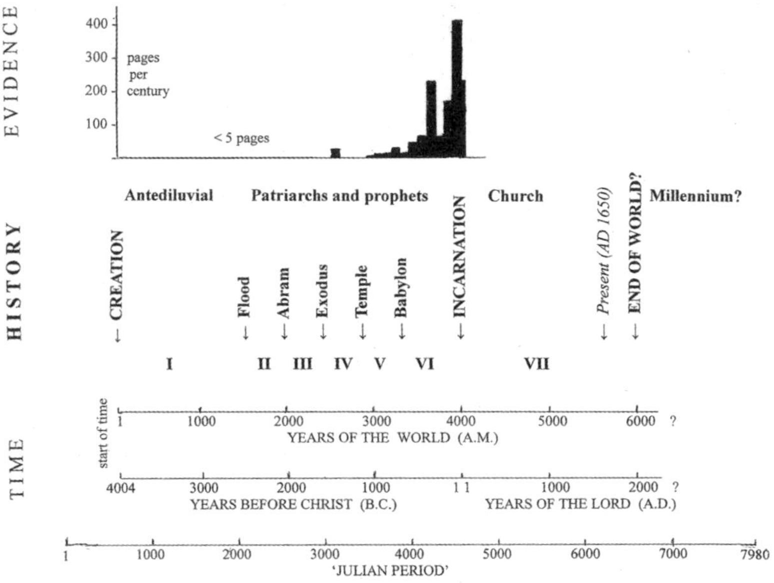

圖 1.2 ——編年學者如何為他們的世界歷史定年。在這個以現代風格繪製的圖表中，時間從左往右流逝。「儒略時期」是種有意為之的人工時間，從過去到未來有七千九百八十年，每一年都可以用結合天文學與曆算學因子的方式明確下定義。儒略時期可以做為參照用的時間軸，無論編年學者計算出的創世、挪亞洪水、基督降生與其他決定性的事件或「紀元」，原本是用「主前之年」(BC)、「主後之年」(AD)，還是始於創世的「世界年」(AM)來表達，都可以在上面標出來。這些決定性的事件（當然是從猶太教—基督教觀點出發），幫整段世界史定出了七個「時期」(從I到VII)。這張圖是以烏雪《舊約紀年》的數字為準，但其他編年學者計算的數字（根據這種時間軸）也相去不遠。隨著編年學者深入過去，相關歷史記載的數量也急遽減少：直方圖表示的是烏雪著作中採用的文本數量，橫軸為世紀，而他的《舊約紀年》起於主前四〇〇四年，終於主後七十三年。

（Tycho Brahe）與約翰尼斯・克卜勒（Johannes Kepler）等當代天文學家的研究。在這兩種嚴肅學問中，人們對於精密量化的重視皆遠甚以往。

然而，編年學和宇宙學一樣，都是高度爭議性的研究。為事件製作一條時間線的定年過程，充滿資料不完整、模糊或互相衝突的問題。編年學者得運用他們的學術判斷力，逐事決定哪些紀錄最為可信，以及如何將之聯繫成一條延續的時間線才能言之成理。結果，有多少學者提出定年，就有多少衝突的年分，每一件大事都是這樣。創世紀的時間點尤其如此。烏雪的主前四〇〇四年，只不過是從主前四一〇三年至三九二八年間的擁擠戰場上（有研究為本）的其中一個年分。例如斯卡利傑，他認定創世紀發生在主前三九四九年，而牛頓（多才多藝的他也是個熱情的編年學者）後來則定年為主前三九八八年。烏雪與若干其他編年學者類似（但並非全部），他甚至斷言某個非常精確的日期，亦及秋分後第一週第一天的開始（根據猶太計時法，是夜幕降臨時），所指出的猶太新年則相當於基督教的主前四〇〇四年。無論對我們來說有多麼荒誕不經，繁複的曆法與歷史推論讓這種精確的估算在當時成為一種深受敬重的志業。

在不同版本的創世紀定年中，烏雪的主前四〇〇四年之所以當時家喻戶曉，在今天惡名昭彰（至少在英語世界如此），其實純屬歷史巧合。烏雪死後將近半世紀，一位飽學的英格蘭主教把烏雪那一長串編年日期納入自己的編註，寫在他的新版「欽定版」（Authorized，又稱「詹姆士王版」〔King James〕）聖經英譯本頁邊——這部英譯版聖經，原是烏雪的王室贊助人在一六一一年授意發

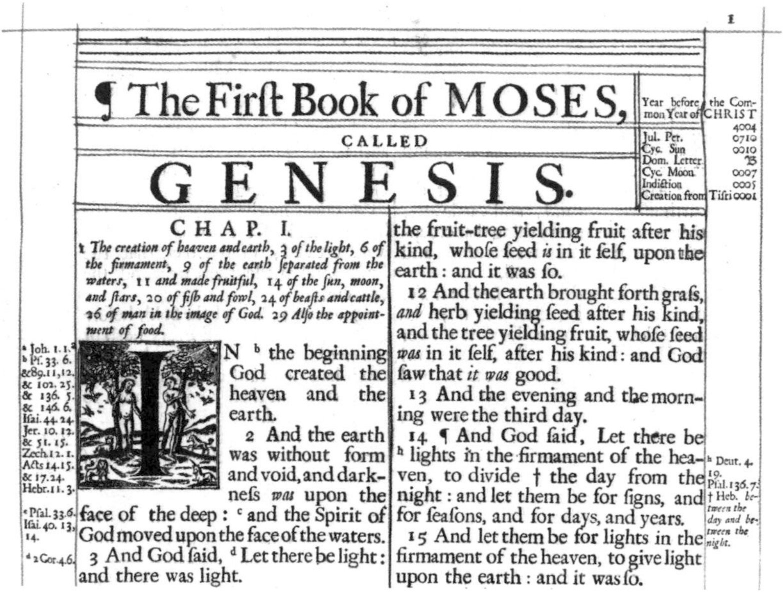

1

¶ The First Book of MOSES,
CALLED
GENESIS.

Year before the Common Year of CHRIST	4004
Jul. Per.	0710
Cyc. Sun	0010
Dom. Letter	B
Cyc. Moon	0007
Indiction	0005
Creation from Tisri	0001

CHAP. I.

1 The creation of heaven and earth, 3 of the light, 6 of the firmament, 9 of the earth separated from the waters, 11 and made fruitful, 14 of the sun, moon, and stars, 20 of fish and fowl, 24 of beasts and cattle, 26 of man in the image of God. 29 Also the appointment of food.

a Joh. 1. 1. b Psal. 33. 6. & 89. 11, 12. & 102. 25. & 136. 5. & 146. 6. Isai. 44. 24. Jer. 10. 12. & 51. 15. Zech. 12. 1. Acts 14. 15. & 17. 24. Hebr. 11. 3.

IN b the beginning
God created the
heaven and the
earth.
2 And the earth
was without form
and void, and dark-
ness *was* upon the
face of the deep: c and the Spirit of
God moved upon the face of the waters.
3 And God said, d Let there be light:
and there was light.

c Psal. 33. 6. Isai. 40. 13, 14.
d 2 Cor. 4. 6.

the fruit-tree yielding fruit after his
kind, whose seed *is* in it self, upon the
earth: and it was so.
12 And the earth brought forth grass,
and herb yielding seed after his kind,
and the tree yielding fruit, whose seed
was in it self, after his kind: and God
saw that *it was* good.
13 And the evening and the morn-
ing were the third day.
14 ¶ And God said, Let there be
h lights in the firmament of the hea-
ven, to divide † the day from the
night: and let them be for signs, and
for seasons, and for days, and years.
15 And let them be for lights in the
firmament of the heaven, to give light
upon the earth: and it was so.

h Deut. 4. 19. Psal. 136. 7.
† Heb. *between the day and between the night.*

圖 1.3 ——烏雪的「主前四〇〇四年」第一次出現在聖經上的情況：這是威廉．洛伊德（William Lloyd）於一七〇一年出版的「欽定」（即詹姆斯王版）英譯本聖經部分圖，內容是《創世紀》的第一段創世故事（即六日創世）*。這頁的右上角有很不顯眼的創世時間，分別是主前四〇〇四年、儒略年〇七一〇年，世界年〇〇〇一年，以及其他曆學資料。與這些資料同一側與左側的邊欄，有這一版聖經中頭幾個由編者留下的交互引用處，用來指出跟聖經其他部分的參照處，以及說明譯文是根據那些希臘語與希伯來語文本的註腳。類似的參照處有數百、數千個。由此來看，這些頁緣的定年也是類似的編註，而非神聖經文本身的一部分，讀者原本應該要很清楚才是（但其實通常不曉得）。本文的第一個字母有張小圖案做為裝飾，圖上畫的是伊甸園中的亞當與夏娃，典出《創世紀》的第二段創世故事。

* 譯註：《創世紀》第一章至第二章第三節，是眾所周知的六日創世與安息日的敘述。但在第二章第四節開始，又有一段創世故事，場景是空無一物的大地，沒有樹木植蔬，只有霧氣。神在此時用地上的塵土造人，並建立伊甸園，將人安於園中。這兩段創世敘事的內容不同，創造萬物的順序也不同。有論者因此認為曾有兩度創世。）

行的。雖然從未得到教會或政府正式授權，但烏雪的年分不知是出於習慣還是惰性，就這麼留在英譯版聖經的後續版本上，延續了整個十八世紀與大半個十九世紀。比方說達爾文和同時代的英格蘭人，都是看著家中聖經第一頁上印的「主前四〇〇四年」長大的。許多年輕或未受教育的讀者不了解編輯的角色，以為那個年分是這部神聖經文原有的一部份，對此不加揀擇、甚至是奉為圭臬。直到一八八五年，烏雪的定年才全數從新「修訂版」聖經的頁邊刪掉，此時，無論是根據歷史學還是科學標準，這些年分早就過時了。自烏雪（與英王詹姆士）的時代以來，人們對於經文的語言學與歷史學認知已大幅提升，這是猶太教與基督教學者研究聖經的成果，而修訂版聖經則是第一部融入這些成果的英語全譯本。基甸會（Gideons）在旅館房間擺聖經，而這些聖經的讀者得等更久，直到二十世紀晚期才得以從「主前四〇〇四年」的標示中解放。其他語言的聖經反而通常沒有這些頁緣年分，英語世界外的人因此全數躲過這種慘烈的誤解，不至於認為太初造物的確切年分有得到神聖權柄，或者說，得到教會當局的背書。

世界歷史分期

我們還是回來烏雪的時代吧：他和其他編年學者戮力編纂嚴格、精確的世界歷史「紀年」，就他們當中的多數人來看，這是為了達成某個更重要目標的善巧之舉。之所以精準量化，是希望能有助於創造出「質」的意義。編年學者藉由將人類歷史區分成有意義的時代序列，藉此精確呈現他們心中的人類歷史整體樣貌。傳統上的「主前」與「主後」紀年制所代表的初步區別，就是這一類的分段點——「道成肉身」讓截然不同的新人類世界就此成形（這是根據基督徒的觀點），而「主前」與「主後」的分野，便能將這個獨一無二的事件之前的舊世界跟新世界區分開來。但烏雪跟其他編年學家還進一步細分數千年的主前歷史，用決定性的事件或「紀元」（epochs）訂出時間序列，底下再標示一連串明確的「時代」（ages）、「年代」（eras）或時期。烏雪在「創世紀」與「道成肉身」這兩大重磅事件之間指出五個轉捩點，分布於挪亞洪水到古代猶太人遭驅逐然後流亡巴比倫之間。至於道成肉身後的世界歷史時間段，則能分成連續的七個時代。人們經常使這些時代吻合於，或者說以象徵的方式呼應於一連七天的創世紀之週。準此，世界歷史的整體外貌，也就滿載了基督教的意涵。

十七世紀時，人們將世界歷史的內容設想為一系列特定時期，由特別重要的事件為分界，編年史家則試圖在量化的時間表上精準標定上述的每一起事件。更有甚者，他們把整段歷史看成是某種日積月累的神意自我揭露或「啟示」（revelation），但這仍然是以人類為主的歷史，而「非人類」的自然世界頂多是人類大戲的舞台，是種幾乎不變不動、僅供人類行動與「神聖行事」的背景或脈絡。自然界的事件只有出於偶然的情況下，才會在人類歷史（不分聖俗）的記載中躍居要角。例如在宗教故事中，紅海海水便會短暫退去，讓摩西率領的猶太人得以成就他們離開埃及的壯

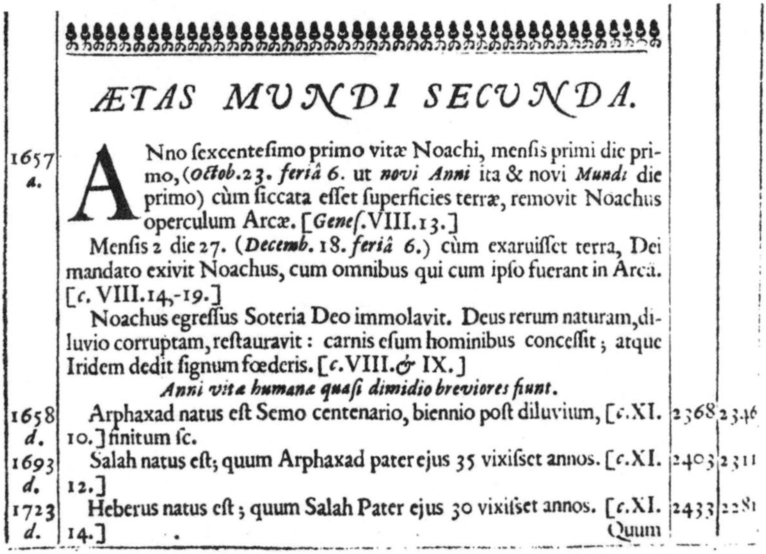

ÆTAS MUNDI SECUNDA.

1657 a. ANno ſexcenteſimo primo vitæ Noachi, menſis primi die primo, (*Octob.23. feriâ 6.* ut *novi Anni* ita & novi *Mundi* die primo) cùm ſiccata eſſet ſuperficies terræ, removit Noachus operculum Arcæ. [*Geneſ.*VIII.13.]

Menſis 2 die 27. (*Decemb. 18. feriâ 6.*) cùm exaruiſſet terra, Dei mandato exivit Noachus, cum omnibus qui cum ipſo fuerant in Arca. [*c.* VIII.14,-19.]

Noachus egreſſus Soteria Deo immolavit. Deus rerum naturam, diluvio corruptam, reſtauravit: carnis eſum hominibus conceſſit; atque Iridem dedit ſignum fœderis. [*c.* VIII.& IX.]

Anni vitæ humanæ quaſi dimidio breviores fiunt.

1658 d. Arphaxad natus eſt Semo centenario, biennio poſt diluvium, [*c.*XI. 10.] finitum ſc. 2368 2346

1693 d. Salah natus eſt; quum Arphaxad pater ejus 35 vixiſſet annos. [*c.*XI. 12.] 2403 2311

1723 d. Heberus natus eſt; quum Salah Pater ejus 30 vixiſſet annos. [*c.*XI. 14.] 2433 2281

Quum

圖1.4——烏雪《舊約紀年》非常前面談到挪亞聖經的部分，有《創世紀》原典的索引。烏雪相信對世界史上如此久遠的時間點來說，《創世紀》是唯一可靠的資料。大洪水的定年是世界年一六五七年（位於左方邊欄，如圖1.1）；後洪水時期最早的幾代，則又加上儒略與主前定年（還是跟圖1.1一樣，寫在右方邊欄）。對烏雪等編年學者來說，大洪水之所以重要，是因為這也是世界的「第二時代」（*Aetas Mundi Secunda*）的起點。除了太初六「日」創世之外，大洪水是聖經歷史中另一起明顯同時涉及自然世界與人類世界的事件。因此，後人針對人類早期歷史與地球本身歷史如何產生關聯而激辯時，重點便經常擺在大洪水上。

舉，獲得自由。無獨有偶，日頭也貼心（或者說正好）為準備作戰的約書亞「停留」＊（但對於日頭停留的真實涵意，則眾說紛紜）；更後來，耶穌的生與死據說也分別有一顆新星與一次地震為之作記。

唯有兩個時間點，自然界才走向臺前，逕直走向宗教故事的前景。這兩個時間點就是創世紀本身，以及挪亞的洪水。在十七世紀，這兩個事件都是歷史評註與眾不同的焦點，擴大了學者對文本中自然素材的研究，只是程度有限。

第一種評註以創世的六「日」或六個階段為題。《創世紀》中的簡短敘事經常能發揮框架的作用，用於讓人審視當前所知的宇宙、地球、動植物結構與功能，而這一切皆共同構成人類生活的環境。這類評註（稱為「六日論」〔*hexahemeral*或*hexameral*〕，字源為希臘語的「六天」）探求聖經經文之要義。這類作品把自然界主要特徵的起源過程，視為真實時間中連續的歷史事件。《創世紀》的敘述差不多等於描述道具搬上舞台的順序，接著才開始人類的戲份。因此，任何屬於這類人類生活環境的回顧，都不只是某種**自然史**（natural history，一種對自然界鉅細靡遺或按部就班的描述），更是對所謂自然界真實**歷史**（指的是這個詞的現代涵意）起源的說明。無論人們對創世過程的時間長度作何想，這段故事確實讓自然世界獲得其歷史，分成一系列明確階段（創世敘述中的六「日」），並以人類登場作結。我們應該一看便知，這種世界歷史概念近似於現代對地球「深歷史」的看法，同樣有重大事件與新生命型態構成的序列，只是兩者構思的時間跨度顯然有龐大的差距。我強調這一點，倒不是主張《創世紀》的敘述是科學描述之先聲，而是為了突顯十七世紀人詮釋這段敘述的方式，在結構上類似於現代的地球歷史觀。《創世紀》的敘述也因此讓歐洲文化能預先適應，使人得以順其自然用類似的歷史方法，思索地球及其生命。

以挪亞洪水為信史

編年學者以更明確的態度，把挪亞的洪水或「大洪水」(Deluge，《創世紀》隨後有描述）視為真實歷史事件：根據他們的計算，洪水可能發生在人類大戲揭幕起的一千五百多年後。大洪水不同於創世故事，其細節並非仰賴天啟。挪亞和他的家人登上方舟，親眼目睹那次洪水，他們的紀錄或記憶則一路傳給了摩西(《創世紀》的公認作者)。洪水的故事因此成為學者仔細分析的題材，他們試圖釐清究竟發生了什麼，以及如何發生。他們試圖重建洪水摧毀的「前洪水」(antediluvial)人類世界，了解挪亞一家如何在方舟上逃過這一大劫，以及「後洪水」(postdiluvial)的人類世界如何從他們手中恢復。他們還推論洪水可能的成因，以及洪水如何影響地球本身、其上居住的動物

＊ 譯註：典出《約書亞記》十章十三節，「當耶和華將亞摩利人交付以色列人的日子，約書亞就禱告耶和華，在以色列人眼前說：『日頭啊，你要停在基遍！月亮啊，你要止在亞雅崙谷！』於是日頭停留，月亮止住，直等國民向敵人報仇。」

和其他非人類事物。這一切都以聖經文字為本，主要是因為人們相信《創世紀》裡包含了這起事件唯一可信的史料（希臘文獻中杜卡利翁〔Deucalion〕有類似的洪水情節，但非聖經故事，因此被時人視為二手敘述，典出更為久遠的聖經，不然就是在描述時代更晚、更小規模的事件）。

十七世紀有眾多史家以這種方式分析、評述大洪水的故事，而日耳曼耶穌會學者阿塔納斯·珂雪（Athanasius Kircher）就是其中的絕佳例子（代表性相當於烏雪之於編年學者）。珂雪是位卓絕博學的學者，以歐洲各地受過教育的讀者有興趣的主題發表過各種作品；他也跟烏雪一樣用拉丁文寫書，讓人人都能讀他的著作。他憑藉自己對當時自然科學的廣泛知識為本，出版了一部有豐富插圖的書——《地底世界》（*Mundus Subterraneus*，一六六八年），該書把物質性的地球形容為一套複雜的體系，雖然動態，但絕不是某種歷史發展的產物。比方說，他思索火山這類可見的地表特徵，跟看不見的地表內部結構可能有什麼關係（他曾走訪義大利，得到維蘇威火山〔Vesuvius〕與埃特納火山〔Etna〕第一手知識）。但他的做法，跟當時內、外科醫生了解人體外部可見特徵與不可見體內器官之間如何關聯的做法相去不遠。珂雪的書相當於在描述地球的解剖構造和生理機能，但他並未描述地球自開始創造以來有任何重大轉變或歷史。

然而，大洪水卻是完全的例外。珂雪在另一部煌煌巨冊——《挪亞方舟》（*Arca Noe*，一六七五年）中，以歷史方式分析大洪水，靠他令人印象深刻的多語能力，運用各種已知的古代版本聖經文獻。他想出挪亞如何打造方舟，讓各種牲畜進入船艙；高漲的洪水如何讓方舟順水漂，最終在洪水退去時讓船擱在亞拉拉特山（Ararat）的山尖上；以及人類世界如何在後洪水時期重新開始。他根據《創世紀》提供的資訊，重建方舟可能的樣貌與尺寸，並詳細繪製插圖。他試圖釐清方舟要怎麼裝下每一種已知的動物——就算只收一對。這讓他有理由用各式各樣的動物圖片，為自己的敘述增色（等於帶給讀者一部「自然史」）。由於傳說中洪水覆蓋全世界，他還計算需要多少額外的水，才能提高全球海平面到足以蓋過已知最高峰的量；他還去思索，如果洪水並非專為

圖 1.5 ——珂雪畫的大洪水退去景象，方舟就擱淺在亞拉拉特山（圖右）頂上。對頁的版畫則是先前洪水最高峰的景象，方舟浮在高加索山（中間偏左，珂雪所知的最高山脈）之上。這些重建景象，結合了他對《創世紀》故事文字證據的詮釋，以及他所知的地球自然地理證據。（他很清楚，圖上的方舟並非正確比例：這張圖就跟今天的科學插圖一樣，是張示意圖，只不過是用巴洛克風格畫的。）

此事而創造、隨後就消失的話（畢竟這很難想像），那麼洪水究竟從何而來，又是流向何處。

回到眼下探討的脈絡，真正的重點是：珂雪和其他若干學者皆推斷：大洪水前的陸地、海洋分布，恐怕跟這起重大事件後的大洲與大洋形貌不同。洪水很可能徹底改變了地球的物質組成，程度絕不下對人類世界的改變。至少在這點上，他等於主張地球有一段真正的自然歷史，與地球上的人類歷史並進。然而，這本書的標題便已暗示，他博大精深分析的主要焦點擺在挪亞及其方舟上，洪水本身的物理影響還在其次。大致上，珂雪的研究跟烏雪這等編年學者仍屬於同一個思想世界：歷史以人類的故事為主，而且以現代標準來看，這故事還相當短。

有限的宇宙

從編年學者來看，人工的儒略時間表有個實用的優點：整體時間跨度長得足以在其中一端放上所有言之成理的創世時間點計算結果，同時另一端也能放上所有世界歷史完結的預測時間點，然後中間留下大量可用的虛擬時間。作為一種度量表，儒略時間表方便就方便在能標上互相衝突的年表，加以比較。但在現代人眼中，也正是這一點突顯出烏雪（與斯卡利傑）那種年表最令人感到陌生的特色。以我們現代的科學標準來說，烏雪的年表非常之短（雖然對人類壽命而言極長）；不過真正的陌生之處，卻在於表上標出一種兩端有限、過去與未來皆有個明確起訖點的世

圖 1.6 ——珂雪的洪水前後世界「推測地理形勢」。這是他那張世界地圖中的一半，標示出據他推測在「後洪水」世界中遭到淹沒的「前洪水」陸地區域（olim Terra modo Oceanus，其中就有失落的亞特蘭提斯，位於圖上西班牙以西之處），以及此前位於海面下，卻在洪水後反而變成乾燥陸地的地方（olim Oceanus modo Terra）。此圖呈現出珂雪宣稱地球地理因大洪水而有劇烈變化的說法。地球因此有一段真正的自然歷史——至少在洪水前後是有變化的。他的地圖（以麥卡托投影法繪製）以同時代的地圖集為材料，把當時仍鮮為人知的澳大利亞，畫成更廣大的南極大陸（稱為「未知的南方大陸」〔Terra australis incognit〕）的一部份，而北極圈也畫了塊類似的未知大陸。

界歷史。就此而論，他的年表跟有如「封閉世界」的傳統宇宙空間圖象極為類似——地球位於宇宙中心，眾星皆在宇宙邊緣環繞——人們對此同樣感到理所當然，直到哥白尼、克卜勒與伽利略等天文學家開拓宇宙，使之成為空間上無限的宇宙為止。然而，對於珂雪與當時的許多學者來說，那幅宇宙的新圖像始終教人懷疑，其真實性有待證明。

烏雪與當代多數人都相信自己生活在世界的第七個時代，也是最後的時代。人們普遍認為其「終末」迫在眉睫，至少也在可預期的未來。普遍的共識是，世界將在創世後整整第六個千年期結束時畫下句點（根據烏雪的計算，就是一九九六年！）。這也吻合烏雪的計算——道成肉身的關鍵時間點，就精確坐落在創世後的第四個千年期結束後（當時的人們早已了解，傳統的時間表在基督降生的真實時間上不盡精確，要擺在主前四年才對）。這種富含象徵意涵的精確計算，讓烏雪「主前四〇〇四年」的數字特別吸引當時的許多人；但他不是第一位，也不是唯一一位提出這個數字的人。

烏雪對自己的成就大書特書，但他也心知肚明，自己的主張有其爭議。前面提過，各家提出許多不同的創世紀時間，但不是所有編年學者都相信這類推測的時間中，有任何一個能夠得到確認。甚至早在基督教紀年（或者說公元）的頭幾個世紀，就有若干學者指出太陽（其可見運行決定了平日的長度）直到創世故事的第四「天」才創造出來。因此，經常有人認為創世過程的七天的「天」，指的恐怕根本不是二十四小時。所謂的「天」，或許反而代表具有神聖重要性的時刻，類似於猶太先知紀錄中的提到的、未來的「主的日子」（day of the Lord）（比方說「達爾文的時代」〔in Darwin's day〕這種我們習慣的表達方式，也跟「主的日子」是類似的非限定〔indefinite〕用法）。倘若如此，創世時的「週」或許是某種特定長度的時間，開始與結束的日期更是無法確定。換句話說，這一段聖經文本顯然與其他部分並無二致，都需要經過詮釋。其意涵無法用直截了當的方式讀出來，不能就文字本身不證自明，或直接取材「字面」（literal）意思，卻不討論。人們體認到，詮釋文本意義時需要透過學術性的鑑別，編年學者與其他史家因此發展出「文本批評」（textual criticism）的方法，這至今仍是歷史研究（包括聖經研究）的支柱。當然，「批評」一詞此時的意思，與用於藝術、音樂或文學批評時相同，不帶任何負面意涵。

十七世紀學者嚴守字面釋經的做法，或許會讓今天的我們大呼不可思議，但這多少是因為他們將聖經文本視為**歷史**文件、嚴肅以待之故。然而，他們處理聖經時深植的「直譯主義」（literalism）做法，卻與古代傳統大相逕庭，是種相當晚近的創舉。在早先的幾個世紀，聖經有其他許多層意義——或可稱為象徵的、隱喻的、寓言的、詩意的……等層面，這些層面都比字面更重要，通常也更受人重視。但這些層面過去有時添上太多幻想枝節，結果後來為人輕視（尤其是在宗教改革發生後的新教世界），甚或完全剝除之，只有所謂更精省的「字面」意義獨占鰲頭。但新教學者（不下於天主教學者）也承認，甚至是強調自己對聖經文本的詮釋，主要是為了根據神學認知來闡明其實際**意義**，而不是為了傳授關於自然的知識。

以創世故事為例，釋經者認為具有終極重要性的，並非創世實際發生的時間，或是其「日」歷時多久。對人類的生命而言，更重要的其實是創世故事保證萬物皆是由單一且唯一之神自由所造，且神說萬物本質皆為「善」；創造行動的順序並非任意而為，而是內有看顧的神（caring God）一貫的意圖；任何造物皆不應以具備究極價值的方式待之，也不值得崇拜，那怕是天使或其他天國的大能，至於太陽、月亮或其他自然實體就更不用說。自基督教早期的幾個世紀以來，這類主題向來是對信眾的講道詞，以及《創世紀》的學術評注中的內容。文本的神學意義，以及在基督信仰修道上的應用，始終受到無止盡的關注，重要性高於以聖經作為世界起源實用知識的材料時，所可能具備的用途。（直譯主義在歷史上興起相對晚近，神學意義在聖經詮釋中也始終維持獨大地位，但當代基要主義者〔無論是信徒或無神論者〕卻經常低估，甚至忽視這兩個事實。）

雖然編年學者對自己的世界歷史定年信心十足，但創世的精確時間並非是唯一森然隱現的未解問題。雖然埃及象形文字碑文仍未破譯，但當時保有古希臘人的記載，講述著他們所知的事情。根據這些材料，埃及早期的諸王朝比普遍支持的創世時間還早了好幾個世紀。兩種所謂的「證據素材」——埃及文獻與聖經——不可能同時為真，編年學者必須在兩者間選擇。學者的判斷又一次不可或缺。毫無意外，他們認為聖經的記載更為可靠。埃及相關紀錄中據稱早於創世的歷史，普遍被人當成政治操作而不予理會，那只是很久以前的虛構，用來強化埃及古代統治者的正當性或威望。不過，若干古代中國文獻也同樣難以解釋。生活在中國的耶穌會學者對這些文獻的研究，讓其他歐洲人首度得知中國古代時間。這些文獻也表明，古代人類史比編年學者的計算所能容許的長度還要長得多。古希臘有關巴比倫文獻的記載，更是斷言人類文明能回溯到更久遠以前，只是編年學者多斥之為虛構。

最令人坐立不安的，或許是烏雪的巨作《舊約記年》發表不久後，有本小書問世，其中寫著各種推測。這本《先亞當者》（*Prae-Adamitae*，一六五五年出版後即暴得惡名）的匿名作者對一段特定的新約文本進行精妙的詮釋，藉此主張聖經故事中的亞當起先指的是第一個猶太人，而非第一個人類。這種說法在所有以亞當為人類歷史起點的編年史上打了個大大的問號。他的推測有個優點——能夠解釋世界各地的人類族群何以有時間開枝散葉、面目多端。歐洲人過去並未充分認識到人類之多樣，直到一個多世紀之前（十六世紀），才透過他們的大航海探險有了認識，他們先是領著繞過非洲前往亞洲，接著渡過大西洋到美洲。但反過來說，《先亞當者》的推測也有弱點：似乎否定了基督教救贖大戲中人類的一體性。例如，書中顯然排除了美洲原住民的戲份，也因此否定他們完整的人格。主張有「先於亞當」的人類，讓這本書的作者（其身分遭人揭露，原來是法國學者以薩・拉佩萊爾〔Isaac La Peyrère〕）惹上麻煩，落入天主教當局手裡。但在聲明拋棄這些揣測後，他至少在表面上還能安享晚年。

永恆論的威脅

不過，「先亞當者論」對這時討論的脈絡來說，其重要性在於為那些據稱是古代埃及、中國與巴比倫記載所造成的衝擊力，更添幾分。這些文獻皆暗示，人類的整體歷史可能遠比傳統西方編年學所能接受的更悠久，不僅能回溯五、六千年，或許超過萬年，甚或是好幾萬年（如果相信巴比倫記載的話）。對傳統思考方式而言，這一切都很令人不安：倒不是因為創世紀的定年或聖經的威信受到質疑，最主要還是因為這些文獻對一種更激進的猜想廣開大門。這類文獻暗示，亞里斯多德與柏拉圖等古代希臘哲人（他們對其他主題的看法向來在歐洲廣受尊崇）可能是對的——據信，他們曾主張宇宙，包括地球和人類的歷史，不只極為古老，而且是真的永恆存在，沒有任何創造的起點或最後的結束。這種言論才最讓人困擾，因為這否定人類是某種創造的產物，進而否定人類對至高無上的創造者負有道德責任，此外似乎也等於說明人類無需對自己的行為舉止付最終責任。這恐怕會威脅道德與社會的根基。

乍看之下，這種「永恆論」（eternalism，歷來都是這個名字）似乎預示了現代的設想，即認定地球與宇宙的歷史跨度要以數十億年計，跟編年學家僅以千年為單位的短促、有限歷史截然不同。但永恆論表面上的現代感會造成嚴重的誤解。其實，「年輕地球」跟永在的地球是十七世紀唯二的設想，而且同樣非現代。兩者都假設人類始終是宇宙的基本。即便編年學者短促、有限的地球史(以及宇宙史)包含一段非常短的前人類舞台布置期,但其餘時間仍是一場徹頭徹尾的人類大戲。無獨有偶,永恆論設想中的地球在過去一直都有人類存在——至少是某種具備理性的前亞當人類,未來也是。來自埃及、中國或巴比倫的極早期人類紀錄,在年代上遠早於一般人認為合理的創世時間範圍。相信這類紀錄的人,主張相關文獻也只是部分恰好遺留至今的最早文獻。他們想當然耳,認為過去有一系列悠久、甚至是無限久遠的人類文化,只是所有的痕跡都在時間的迷霧中消失了。

因此,永恆論中這種無限古老的地球(和宇宙),並非現代科學圖像之先聲,因為現代科學圖像裡,地球(和宇宙)是非常久遠但有限的歷史。但在十七世紀與之後的時代,相較於當時文化主流意象中短促而肯定有限的宇宙,永恆論確實是另一種激進的選擇。人們普遍認為永恆論具有煽動性,對社會、政治與宗教皆然。因此永恆論多半在檯面下流傳,能見度最高的時候通常不是非正統的支持者公開表達時,反而是正統批評者加以抨擊時。「永恆論對人類社會帶來嚴重威脅」——這種看法可以一直回溯到嚴格按字面解釋《創世紀》、堅決捍衛「年輕地球」之說的部分人士(而非所有人)。不過,永恆論者通常也在追求其宗教懷疑論,甚或是無神論的理念。總之,這絕非啟蒙理性與信仰教條之間非黑即白的對抗。論戰雙方的背後都有強大的「意識形態」議題在發揮作用。

然而就全球範圍來看,人類存在時間無限,甚或是生命無止境相續的看法(如永恆論所暗示)

絕非例外，而是常態。世界各地的前現代社會對時間（或者說，在時間中開展的歷史）的設想就體現在其文化中，人們若非認為時間會重複，就是視為某種循環，而非像離弦之箭般有著獨一無二、無法逆轉的方向。個人生命從出生、成熟到死亡的循環，代代重複，這是種普世的經驗，支持著循環時間觀，讓這種時間觀成為常識。在多數前現代社會中，循環時間觀對人類生活有極大影響，年年循環的季節更是大大強化這種印象。個人生命與季節的循環，共同催生出對人類文化、對地球，以及對全宇宙的類似循環或「穩定狀態」的觀點。在這樣的背景中，認為「世界有獨一無二的起點、無法逆轉方向的線性歷史」的想法便顯得格外突兀，這種想法最早出現在猶太教，接著在基督教（以及後來的伊斯蘭信仰）中發展開來。每一種亞伯拉罕信仰，都把本身的具方向性歷史觀濃縮進齋戒與節慶（例如逾越節、復活節）的年度循環中，以迷你的方式，貼近人類日常生活的規模來複製宇宙的圖像。但大的畫面始終是關鍵，亦即人類、地球與整個宇宙共享一段真實的歷程，就像箭已離弦，不會回頭。

這種強大的歷史感，讓猶太—基督教傳統跟現代的地球深歷史（與宇宙歷史）觀點有非常相似的深層結構，都有類似的有限性與方向性。而編年科學將人類歷史以精準的量化安排順序，根據內容將之劃分為重要的年代與時期序列，這樣的作法跟現代「地質年代學」（geochronology）尤其相像，後者也試圖將類似的精確與結構賦予地球深歷史，以同樣的作法將之劃分為一個個的年代與時期。至於這些相似「僅只於此」，還是有更多值得探索之處？這就是本書接下來要探討的問題。

總而言之，若與現代的看法相比，西方世界傳統上相信的宇宙、地球與人類史可說相當短暫。但這項差異其實無關宏旨：數量的差距遠沒有內容的相似來得重要。由烏雪等編年學者呈現的學術性歷史，幾乎只採用**文字**證據（過往日食、彗星等天文學證據，也同樣來自文字記載），這才是要緊事。甚至連珂雪等學者對挪亞洪水所做的歷史分析中，主角還是文字證據，自然證據的使用非常少。然而在十七世紀差不多的時間點，也有其他學者開始將自然證據大幅帶入關於地球本身歷史的論辯中，只是他們不覺得有擴大時間表、使地球史得以開展的明確需要。這則是下一章的主題。

CHAPTER 2 自然有其古文物

歷史學家與古文物家

從今天回頭看，岩石、化石、山脈與火山等來自自然界的證據，理應從一開始就削弱「年輕地球」的概念才是。但是，這類地貌的重要性其實並非昭然若揭，而且是有充分理由這麼想的。其中的充分理由是：自然或許有些真正的歷史，但那主要是發生在創世「週」（無論是不是字面意思）期間被擺上舞台之後。除了許久之後那場獨一無二的重磅事件——大洪水，人們認為自然世界一直是片穩定的背景，貫穿人類歷史大戲的進行。直到世人將歷史學家的觀念與方法「轉移」到自然界，從文化領域「轉移」到自然領域之後，這種「自然或許亦有其劇烈變動」的看法，才開始變得有其道理。歷史學——談的是人類的歷史學——是個在十七世紀蓬勃發展的學術領域，其多樣性與高標準，也為上述的關鍵轉移鋪陳了一片沃土。

烏雪的「主前四〇〇四年」，不過只是編年學者們為太初創世那一週推算出的其中一個時間。

但編年學者並非十七世紀時唯一從事歷史研究的一群人。編年學只是歷史學的一個特殊種類。編年學使用多語言、跨文化的材料；編年學透過神意積累的自我揭露或「啟示」，及基督教敘事來詮釋世界歷史；而且編年學通常將研究成果以「紀年」的形式呈現，也就是說，編年學者會盡可能精確，按照年代順序排列事件，寫編年史。其他學者寫其他類型的歷史，以古代希臘與拉丁文作家的作品為榜樣，其題材通常更世俗。這些歷史作品談特定的地點或人物、特定時期或過往事件，抑或是重要人物的生平與影響。別的歷史學家也跟編年學者一樣，經常把過往根據其特性分為若干時段，或是直接援引普遍採用的分期法。即便各時期的跨度並未精確定義，也能發揮描述性的作用。例如，「中」(Middle）世紀或中古（mediaeval）時期，便填補了古代（即希臘羅馬古典世界）的衰落和文藝復興（即標誌著「近代」〔Modern〕世界開端的文明重生）之間的數個世紀。

幾乎任何一種歷史學研究，過程中都少不了存放在檔案庫與圖書館的文件和書籍。像編年學者一樣，其他歷史學家也接受了愈來愈嚴格的學術標準，對其史料可信度（或不可信度）的評估也益發吹毛求疵。世俗文獻需要嚴格檢視的程度，不亞於宗教文獻。跟事件本身同時代的記載最受人重視，而歷史學家也學會嗅出時代錯置的味道，例如辨識出某些文件出自後人假造，其目的是政治的。許多史家認為，關於人類歷史最初的時代——早於文獻相對充裕的希臘與羅馬時代——最有價值的線索反而保存在表面上沒什麼指望的神話、傳說與寓言等形式。諸神與半人神英雄的故事，說不定其實是誤讀了古代偉大統治者與特殊自然事件記載的結果。乍看之下，這些故事似乎不合邏輯或難圓其說，但經過適當的去神話化，稱為「神話即史論」(euhemerist，源於年代更為久遠、倡導這種方法的古希臘作家歐赫邁羅斯〔Euhemerus〕)的方法處理後，便可讓我們一窺人類歷史最早的「傳說」或「神話」階段。

不過，歷史學家使用的證據類型也愈來愈多。文字類的資料可以用記錄過去發生了什麼的任何形式記載加以補充。以過去希臘、羅馬的古典時期為例，就有從古代建築中找到或遺跡中發掘到的碑文可資佐證：這些資料不下於傳統的文件，常常能補充對古代事件的重要新資訊。還有，在古蹟發現的錢幣通常有助於定年，因為上面保存了少量文字，更結合了古代統治者肖像或其他重要圖像。別的人工製品——甚至上面完全沒有文字者，也能為深受重視的古代文化之重大事件與日常生活提供進一步的證據。從希臘花瓶與羅馬雕像，到希臘神廟與羅馬劇場等「**遺跡**」，都算這種人造物，而這一切人造物便是所謂的「**古文物**」(antiquities)，共同為文獻作補充。在學者，尤其是自稱為古物學者或「**古文物家**」(antiquaries)的人，所蒐集的「珍奇櫃」(cabinets of curiosities)或私人博物館中，通常會令人馬上注意到的東西是那些比較小、容易收集的「古物」(antiques)，這些古物跟各式各樣的珍奇古怪之物(自然或人造物都有)擺在一塊兒。

古文物沒有理由不能作為歷史證據之用，縱使完全沒有文字材料亦然。在歐洲大多數地方，羅馬人挾其書寫文化到來之前的時代，其相關證據多局限於無法定年的人工器物，諸如在地面上找到的石器或武器，或是從古墳中找到的青銅器與陶器，抑或是類似英格蘭南部的巨石陣(Stone-

圖 2.1 ——丹麥鴻儒哥本哈根的歐勒．渥姆（Ole Worm of Copenhagen）所蒐藏的「珍奇櫃」。裡頭有各式各樣有趣、謎般的東西，無論出於自然或人造，全都經過仔細分類。比方說，多數他擁有的化石，都會存放在比較底層的架上，分類為「石頭」（Lapides）。這張版畫是張壯觀的扉頁（本書將之縮小很多），以視覺的方式為這本渥姆藏品的圖文說明（《渥姆的收藏》〔*Museum Wormianum*〕，一六五五年）提綱挈領；書以拉丁文寫就，歐洲各地受過教育的人都能讀懂。

henge）等震撼人心、卻又難以理解的遺跡。有些器物似乎與其他地方的早期書寫文化（比方地中海周遭的古典希臘世界）誕生於相同的幾個世紀。但人們也能想像存在有文物比任何地方的文字材料都要古老的情況（不包括寥寥無幾的聖經早期記載，以及其他文化保存的古代神話，因為這些材料會彼此衝突）。因此，古文物家研究的人工器物即便無法定年，或許也有助於了解人類歷史最早的幾個時期——遠早於有任何可信文字資料傳世的時代，而且其作用不僅只是補充傳統的史料證據，甚至能取而代之。

自然的古文物

同理可證，其他的古代實物材料雖然並非人工器物，源於自然而非人類之手，但沒有道理它們不能補充、甚至是取代上述的古文物。打個比方，自然或許也有自己的古文物。這類天然古文物中最引人注目的，莫過於在離海甚遠、有時甚至高過海面的許多地方所發現的貝殼，而且隨手可從地面拾得。回到古典時代，這些「**自然的古文物**」（natural antiquities）早有人注意並提出看法。到了十七世紀，許多學者就像古代世界的前輩一樣，認為這些貝殼顯示海在遙遠過去的範圍，遠超過今天的海岸線。例如西西里島學者（兼專業畫家）阿古斯蒂諾．西拉（Agostino Scilla），便針對自己家鄉的島和義大利鄰近地區蒐集而來的貝殼，發表一份報告。他主張，自己的第一手觀察

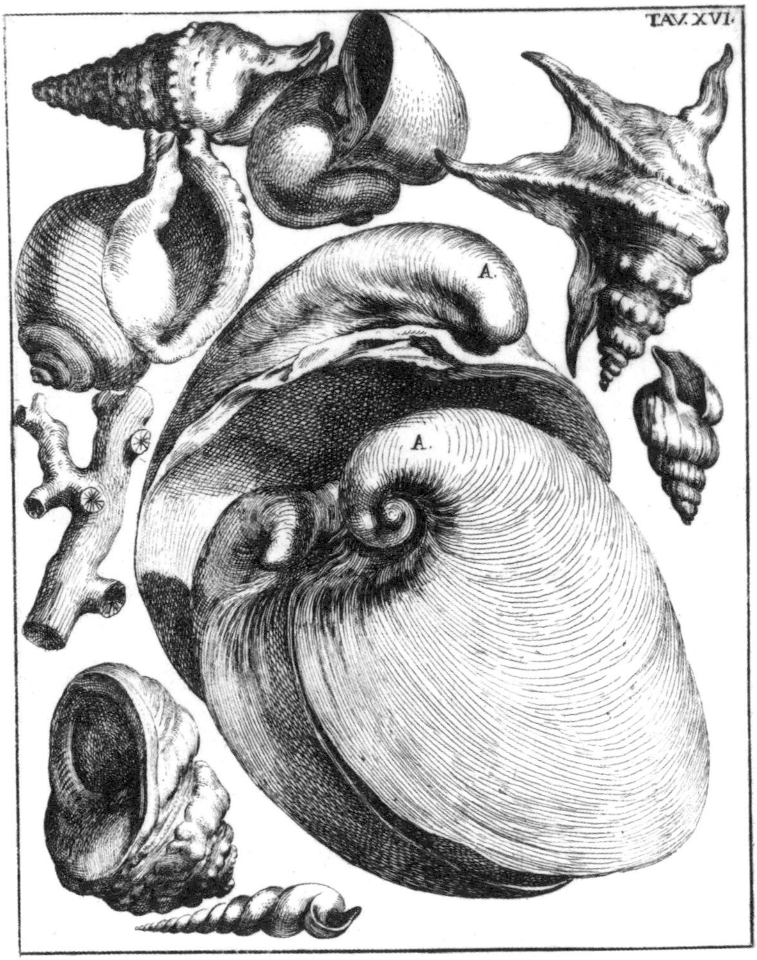

圖2.2——南義大利卡拉布里亞（Calabria）找到的貝殼化石（與一小塊珊瑚）。阿古斯蒂諾．西拉發表的《受感官欺騙的無用猜想》（*La Vana Speculazione*，一六七〇年）有許多版畫，這是其中之一。他說這類物體是貝類與其他一度生存過的生物留下的遺骸，圖片可以支持他的說法。它們與地中海附近的軟體生物殼、海膽、珊瑚等相當類似。據他說，除此以外的解釋就跟「無用猜想」差不多。（用來印版畫的銅版很貴，所以可用的版面都塞了貝殼的圖案。）

清楚顯示，這些貝殼屬於曾經確實生存過的水中有殼生物。西拉更是以直接了當的態度，駁斥若有人提出其他的可能性，那皆為違反「理智」的「無用猜想」。

若要在已知的人類歷史中，為如此重大的地質變化尋找成因，最明顯的時間點就是挪亞洪水。根據珂雪與其他許多學者的意見，大洪水是這類事件中唯一有可信的一手證言，而且記錄在可信文獻中的一次變局。從《創世紀》記錄的故事來看，既然這場洪水淹沒全世界，或許就能解釋這些不僅離海遙遠、而且甚至大大高於海面的貝殼何以分布如此之廣。大洪水為這些令人困惑的天然物體提供一種「**洪水說**」解釋。用這種方式詮釋其成因的人，可不是受到什麼心胸狹隘的聖經直譯主義所驅使，也不是受到任何教會權威的壓迫。至少在一開始，「洪水說」就跟這些貝殼一樣天然。而且，既然這是一種**歷史**解釋，就算洪水成因不明，也不妨礙其可信度。人們把發生過（或是沒發生）大洪水的這個歷史事實，跟探究大洪水成因看成兩碼子事（咸認洪水成因純屬自然力，只是人們同時也認為其終極目的出於神意）。

把前述海中貝殼歸諸於挪亞洪水的學者，多半希望能藉此強化《創世紀》的真實性，進而強化整部聖經的真實性。但反對這樣目的的人，以及懷疑、甚至否認這類環境變化肇因於大洪水的人，也還是能同意這些貝殼是可靠的天然證據，地理環境曾有劇烈變動。這些變動或許可上溯久遠的歷史，只是被以神話與傳說形式呈現（如果有的話），但研究者依然能透過「神話即史論」的方式加以去神話化。珂雪等人主張，目前的各大陸或許一度都在海底，就像柏拉圖記錄的傳說中，曾經住人的亞特蘭提斯現在已被海淹沒。陸地變海洋，滄海變桑田。至於這些地理變動可能的成因，依舊是另個層次的議題。總之，內陸深處的海貝等天然古文物，成為許多學者認真蒐集的對象。他們把這類文物與傳統上絕對是人造物的文物一塊兒擺進自己的珍奇櫃裡。這一切都是早期人類歷史的潛在證據。

並非所有據稱是大洪水或其他重大地理變遷的痕跡，都能像西拉的海貝一樣輕鬆解釋。在一批數量更多、內容更多元、統稱為「化石」（fossils）的物體裡，海貝只是其中一類。「化石」一詞指的純粹是「挖出來的東西」，而且包括地面上下（通常是地面下）找到的所有特殊物體或原料（這個詞的原義還留在我們說的「化石燃料」〔fossil fuels〕一詞裡，用來指從地底深處挖出來的煤礦，或是抽出來的石油）。十七世紀學者蒐集、保存在自己珍奇櫃或博物館的「化石」，有各式各樣的物品。這廂是石英水晶與其他礦物，那廂則是明顯來自海裡的貝殼，居中者則是教人迷惑、與現今動植物（或其中一部份）多少有些相似的東西。總之，問題不再於判斷這些「化石」是否源於生物體，而在於判斷哪些是生物體（或其部分）的遺骸，以及哪些不是。問題的重點在於，這些「化石」與動植物有哪些相似之處是因為其皆源於這些生物體，而哪些相似之處只是出於偶然、純屬意外？只有純粹源於生物體的化石，才會被當成自然本身的古文物，進而用於補充其他形式的人類歷史與地理環境證據，甚至取而代之。

其實，問題沒有上面說得這麼簡單。許多「化石」與現存動植物之間這種「多多少少」的相似處，當時一般認為不是出於偶然，也不是有簡單的因果關聯，而是看成自然界無生物與生物領域之間本有的相似。人們普遍相信，無機物或礦物界產生出（雖然它們不是真的活物）的型態，跟有機物或生物界所創造的型態之間有若干相似性，或是多少能「相互呼應」，例如，如果把一大塊石頭劈開，經常能在裂口表面找到模模糊糊的蕨狀礦物結構（現代稱為**樹枝狀**〔dendritic〕紋路）。今人很難理解當時用來解釋相似現象的這種自然觀，但這種觀念在十七世紀廣為流傳，甚至可說是主流。以「化石」為例，這種自然觀的說服力就在於，它似乎能為所有謎般物體的謎般特色帶來自然而然的解釋。簡言之，化石的**型態**經常有異於任何已知的動植物；化石的**材質**通常是礦物，而非生物；至於化石的**位置**——從地表下「挖出來」的——暗示了它們很可能是像礦物一般，是地底下長出來的，因而不屬於如今已消逝的海中生存過的某種生物體。

這，就是西拉希望消滅掉、想用「理智」或觀察取而代之的那種「無用猜想」。他解釋說，這些化石貝殼是曾經活過的水中甲殼生物留下的遺骸。但西拉的主張相對容易讓人接受，因為他的「化石」種類是光譜上容易處理的一端。這些化石外型與地中海地區的甲殼生物相似，與海岸上的貝殼在材質上相去無幾，而且是在接近今天海洋的地方找到的。其他的「化石」種類泰半難以理解得多。許多化石根本不像現存已知的動植物，至少在細節處不像；化石大多「石化」，材質硬梆梆，而且經常是封在位於內陸深處、與海平面相去甚遠處的堅硬岩石內。對這類化石來說，用生物界與無生物界之間這種微妙的「呼應」來解釋想來更有道理，也不盡然是「無用猜想」。

由於不同的自然觀念對化石有不同的解讀，「化石」成為歐洲各地熱議的焦點。十七世紀末與十八世紀初時，針對如何詮釋各種「化石」眾人吵成一團，就跟當時關於自然界基本力、物質基本結構，以及生命基本特色的爭議同樣硝煙四起。

這類爭辯並不局限於處理書籍與其他文字材料為主的學者，或是研究古代器物的古文物家之間。人們認為化石就像動植物，屬於自然史的範疇，因此也是所謂「**博物學家**」（naturalists，這個詞在當時完全沒有今天「業餘」的弦外之音）研究的對象。涉及自然因素的問題——例如化石或大洪水的緣由——則是「哲學家」的勢力範圍，尤其屬於自稱「**自然哲學家**」（natural philosophers）的那些人。這些範疇並未嚴格區分，因為所有人都自認為對互有關連的若干學科知識體有所貢獻——也就是我們所說的「科學」（他們以指涉廣泛的複數形式sciences使用這個詞，亦即我先前所說的、今天在英語世界以外的人仍然使用的用法）。他們都認為自己是「鴻儒」（savants，知識淵博的人，一個廣泛使用到十九世紀的概括用詞），公眾也認為他們是。英語的「科學家」（scientist）一詞意思狹隘得多，而且直到十九世紀才有這個詞誕生，進入二十世紀後才被廣泛使用。此處用「鴻儒」比較恰當，能避免使用「科學家」一詞造成的時序倒錯。

十七世紀時，鴻儒之間的討論，因為科學團體的成立、定期通訊和期刊的方興未艾而增強。這些科學團體在好幾座歐洲城市草創，尤其是兩大政治強國法國與英格蘭的首都。辯論的新園地包括巴黎的法國科學院和該機構的《鴻儒學報》（*Journal des Savants*），倫敦的皇家學會（Royal Society）及其《哲學會刊》（*Philosophical Transactions*），名稱中的「哲學」指的是「自然哲學」，意思大致等於今天的「科學」一詞。不過，大部分的科學討論仍然以較傳統的方式進行。鴻儒們會在遊歷歐洲的途中會面，其他時候則給彼此寫信，或是發表、分送自己的書與小冊子。

化石新觀念

其中有兩位鴻儒對化石問題的研究成果，後來變得格外重要。他們是丹麥醫生尼爾斯・斯滕森（Nils Stensen，他用譯為拉丁文的名字Steno發表其研究，因此「斯泰諾」較為人所知），以及英格蘭人羅伯特・虎克（Robert Hooke）。斯泰諾曾經在丹麥、荷蘭與法國深造，後來在義大利中部強國托斯卡尼首都佛羅倫斯得到重要的醫學教職。這種四海為家的職涯發展在當時相當普遍，現代世界中的科學家不少也是這樣。他在這座城市與一群鴻儒為伍，啟發他們的則是該世紀初的學者——偉大的伽利略。虎克與斯泰諾時代相仿，他在新成立於倫敦的皇家學會工作，受雇以實驗和演示的方式來教育、娛樂其會員。該會多少是以佛羅倫斯的那群鴻儒為榜樣。這類團體的成員都在摸索研究自然世界的新方法。由於受到蓬勃發展的技術世界所啟發，他們因此常用物質性、機械性的詞彙來詮釋自然世界。斯泰諾與虎克共同身處在這種知識環境中，當兩人投入以「化石」為題而進行辯論時，無怪乎他們發現彼此得出類似的結論。後來雙方因為類似的結論而互控剽竊，但沒有歷史證據能支持這種指控。

一六六七年，斯泰諾發表簡短的報告，內容是他對一條偶然擱淺在托斯卡尼海岸的巨鯊頭部所做的解剖。他把報告中的一段稱為「岔題」，內容談人稱「舌石」（*glossopetrae*）的知名化石。這類化石形狀有點像舌頭，但跟鯊魚牙齒非常相像，只是尺寸大很多。但舌石已經石化，在內陸發現，而且深深嵌在堅硬的岩石裡。斯泰諾認為舌石非常重要，計畫寫一本專書，處理如何從整體角度解釋「化石」。他只發表了簡短的試閱本《初步》（*Prodromus*，一六六九年），後來便受召回到哥本哈根故鄉從事醫學研究。斯泰諾後來重返義大利，但此時的他已成為羅馬天主教徒，而且經按立成為教士，身負其他職責與要務，後來再也沒有就這個主題發表任何作品（認為他是因為擔心這個主題對自己的宗教信仰有所不利而放棄，其實是種捏造出的神話，出自近代若干對他的信仰或其他任何宗教抱持敵意的人）。不過，他先前發表的作品已經馳名全歐，在鴻儒之間引發熱議。倫敦的學人們認為，斯泰諾提出的結論跟虎克已經得到的差不多。虎克利用不久前發明的顯微鏡，揭示了嶄新的微觀自然世界，並且在《顯微圖譜》（*Micrographia*，一六六五年）一書中加以描述。書裡有許多迷你物體的插圖，令人嘆為觀止——微小的跳蚤、蒼蠅的複眼等等。他還畫了石化的木頭化石與一塊煤炭在顯微鏡下的外表，顯示兩者都有由小小的「細胞」構成的微結構。虎克的「細胞」就相當於斯泰諾的鯊魚牙齒：兩人各自宣稱「化石」鐵定源於生物體。他們主張，至少這些物體確實是自然的古文物，可以跟離海遙遠處找到的海貝一起妥適運用，做為線索，研究自然界本身的歷史。

兩位鴻儒開篇就提出理由，要駁斥有機世界與礦物世界之間在本質上「相互呼應」的想法。他們援引「自然不做無用功」的傳統原則：自然不會塑造出這些顯然有可能是鯊魚、貝殼和樹木的物體，卻只為了讓它們永遠深埋於石頭中。還有一條關係密切的原則：所有型態的動植物皆出於神意的謀劃，為的是讓它們根據適合的方式生活，但那絕對不是住在岩石裡。該原則得自於「自然神學」。自然神學是神學的分支，分析神與自然界（包括人性）之間關係的陳述，跟判斷神在人類歷史中的自我揭露之「啟示神學」（revealed theology）相輔相成。斯泰諾還分析了鯊魚牙齒的生長，跟水晶在地底下某顆石頭中的生長之間的不同：兩種生長之間沒有確實相像的地方。

兩位鴻儒接著說明，他們的「化石」與任何活生生的動植物之間在形態上、組成物質上和位置上為何會有差異。他們與同時代的人發展出各種全面性的物質理論，讓組成物質方面的問題變得相對簡單。他們馬上便能想像出，木頭、鯊魚牙齒或貝殼是怎麼因為礦物質微粒的滲透而化為石頭的，過程是微粒先溶在溶液裡，然後溶液滲透石頭，微粒沉澱在原始的生物內部，甚或是完全取代之。至於包裹化石物體的堅硬岩石也能以大致相同的方式產生，亦即從柔軟沉積物固化而來，斯泰諾便主張岩石原先必然相當柔軟。虎克思索的「化石」種類遠比斯泰諾多。他也反向推想出，這一類物體中有些為何完全不存在殼。他認為沉積物一旦化為堅硬的岩石之後，滲透石頭中的水便有可能將原本的貝殼溶解出來，只留下空空的「模子」，就像珠寶匠將金或銀澆注其中的那種鑄模。但就算是個模子，也仍會保有貝殼原本的形狀，跟真正的貝類創造出來的一模一樣。

至於陸地上的鯊魚牙齒和貝殼（經常距海甚遠，高度也差很多）就沒那麼容易解釋了。斯泰諾推測，一層層的岩石，也就是「**岩層**」(strata)，是在海面遠高於今天高度時所沉積的柔軟泥狀沉澱物（他認為這應該發生在聖經所說的大洪水期間），後來在水退去後變成高處，繼而乾燥。虎克則歸因於曾經發生的地震，認為或許是地震將海床上的沉積物抬起，形成新的陸地。但這兩種猜想都引發了更多問題。虎克與其他許多評論者都駁斥大洪水說，認為洪水只是個短暫插

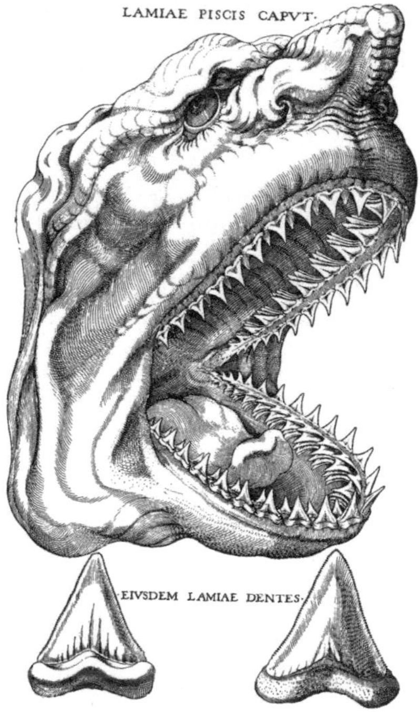

圖2.3 ——斯泰諾的鯊魚頭插畫（一六六七年），畫出大量的牙齒，多數是備用的。下面則是單顆牙齒的內、外側。斯泰諾在不久後出的書裡，將這些牙齒與人稱「舌石」的知名「化石物體」做比較，做為這些「化石」應該如何詮釋的實例。

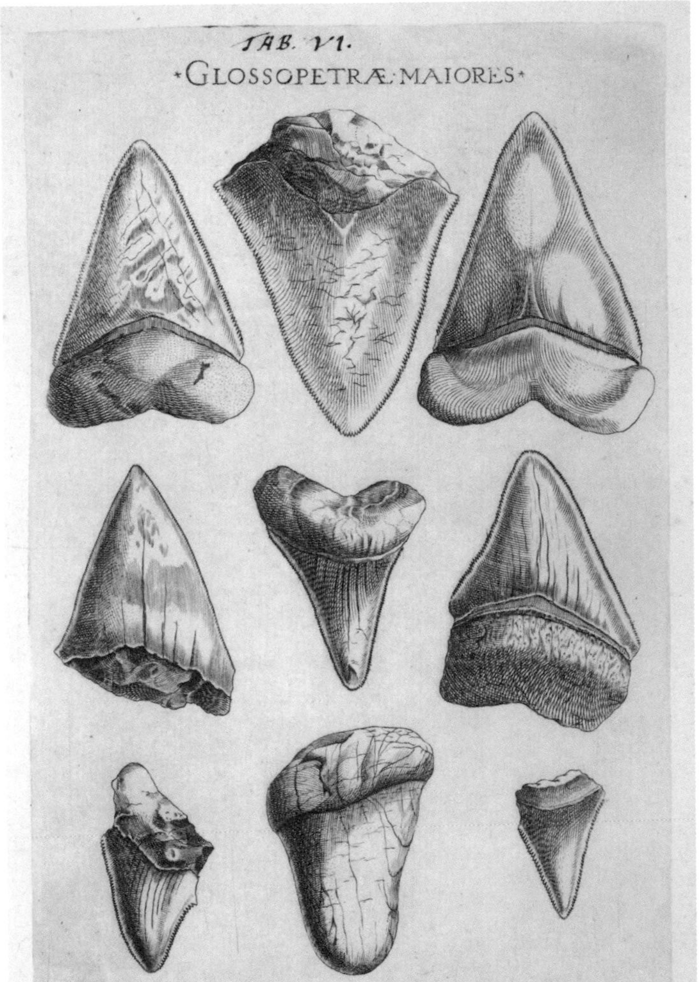

圖 2.4 ——斯泰諾的插畫（一六六七年），畫的是硬岩中找到的大型舌石。他在《初步》（一六六九年）主張，這些「地下挖出來的東西」是真正的鯊魚牙齒，而那些鯊魚則來自歷史上相當古老的時期，比現存已知者大上許多：它們這些「化石」符合這個詞在現代較限縮的詞意。

曲，無法創造出能讓人觀察到的效果。但他提出的地震說也受到其他博物學家批評，畢竟虎克的故鄉有豐富的相關化石，但當地通常沒有地震（英格蘭在當時發生的幾次地震之所以引發人們大量關注，正是因為地震非常不尋常）。

至於化石與外表類似的現生生物在型態上的相異之處所引發的問題，對虎克來說就比對斯泰諾來得迫切。舌石化石跟鯊魚牙齒極為相像，雖然最知名的舌石實例比鯊魚牙齒大上許多，但一開始促使斯泰諾從事研究的那隻巨型鯊魚，減輕了這種不一致的問題。他（以及西拉）在義大利岩石中發現的化石貝殼也跟現有的貝類相當類似。虎克卻得分析英格蘭各式各樣的「化石」。比方說，他必須對付種類繁多、令人珍視許多的美麗「菊石」（ammonites），這些菊石卻跟任何已知的水中甲殼生物的殼截然不同。不過虎克也了解，人們對於存在於遠方的動植物知之甚少，畢竟每一回長途航海或陸上探險總是能將許多新的、型態未知的生物帶回歐洲。因此，他合理預言透過化石方式認識的那些生物，最終必將發現其活體。他更轉而推測，有些物種說不定已經在時間長河中改變其外型，就像人們培育出新品種的家畜（在這一點上，他的想法跟許久後提出的生物演化變異有著相似性，但這相似性其實是種誤解）。接下來三十多年，虎克一直在皇家學會以「化石」與地震為題講課——這始終是會員們最有興趣的主題——這些問題不斷困擾著他，也困擾著許多同時代的人。

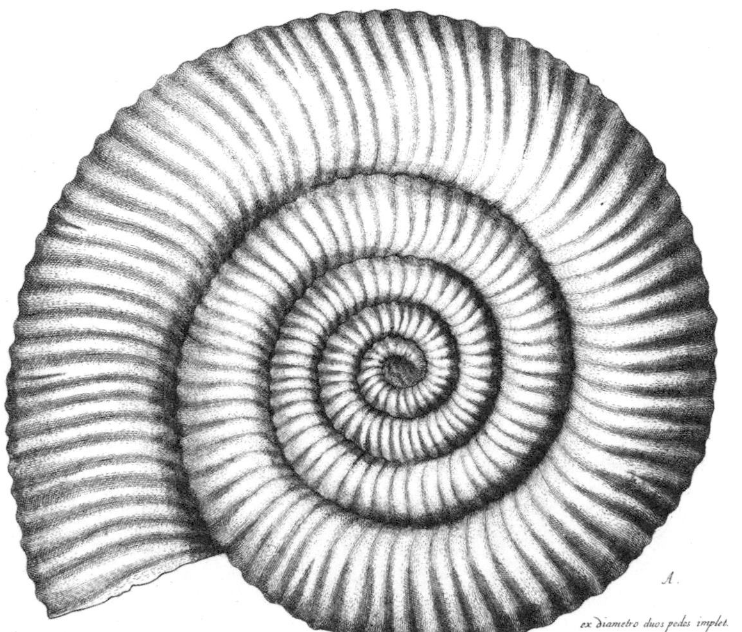

圖 2.5 ——巨型菊石（寬兩英呎，約六十公分），馬丁・李斯特（Martin Lister）大部頭插圖本《貝殼〔自然〕史》（*Historia Conchyliorum*，一六八五年至九二年）裡的插畫。李斯特是位醫生，也是倫敦皇家學會早期的會員。他懷疑這個「地裡挖出來的」殼與其他的貝殼，是否真是曾經的動物遺骸，畢竟它們跟任何現有的貝類在外型上差異甚巨（他對貝類的認識在當時幾乎無人能比），而且似乎純由石頭所組成，完全沒有任何貝殼的材料在內（用現代的話說，這些都是「模鑄化石」）。與這些菊石化石最接近的貝類，屬於東印度群島（今印尼）周遭熱帶海域的「鸚鵡螺」。

歷史新觀念

然而，無論是斯泰諾的舌石，還是虎克討論的菊石與別種「化石」，都無法讓他們任何一個人去質疑已知的地球時間跨度，幾乎所有鴻儒皆以理所當然態度視之（編年學者則試圖更精準計算之）。他們也不懷疑「這段跨度幾乎都屬於人類的歷史」的說法。舉例來說，斯泰諾曾經指出，馬爾他島（Malta）雖有知名的大量舌石出土，但這並不牴觸舌石源於生物體，也不牴觸時間跨度之短暫，因為光是一條現存的鯊魚，就能長出兩百多顆牙齒（供鯊魚實用或預備之用）。他還提到，早在羅馬人征服伊特魯里亞（Etruscans）地區、消滅當地文化之前，古代的伊特魯里亞人已使用鄰近開採出來、內含化石貝殼的大石塊，來興建托斯卡尼山丘上的沃爾泰拉城（Volterra）城牆了。這顯示上述岩石與化石不僅早於羅馬文明，甚至早於伊特魯里亞文明，可以遠遠回溯到上古歷史中。斯泰諾因此主張兩者形成的時間必然更為古老，甚或早於聖經上的大洪水。但是，他非但沒有把自己提到的證據擠進短短的時間裡，反而希望讀者要相信這些天然文物與許許多多的古代人工製品不同，前者是能在一段相當長的時間中完好保存的東西。

虎克和斯泰諾一樣，認為自己重建的這一切事件無論多麼久遠，都還是發生在人類歷史的跨度中。他主張英格蘭在遙遠的過去可能發生過非常強烈的地震（斯泰諾的義大利當時仍飽受地震之苦），從而將岩石與其內的化石抬高到海平面之上。但他並未期待從自然界中找到證據證明地震，反而寄望於古代人類的記錄，亦即寓言與傳說。這些古代地震與火山爆發的變形記錄，可以用常見的「神話即史論」方法加以去神話化。他力抗某些當代人的反對，堅稱菊石是由某種未知的貝類所形成。由於有些菊石體積巨大，在外型上也跟熱帶地區漂亮且高價的「珍珠鸚鵡螺」（pearly nautilus）外殼最為相似，他因此相信英格蘭或許一度經歷過熱帶氣候。不過，他這一回仍然寄望在古代文獻中，而非自然界中找到佐證。虎克還主張或許有可能憑藉化石「建立某種年表」。但他純粹是認為這些化石能補充編年學者使用的文字材料，或者頂多是取代這些材料，然後將記錄延伸到人類歷史最初的幾個時期，畢竟沒有任何明確屬於那個時代的文件殘存至今。他知道埃及與中國的記錄中有一段長到多數編年學者無法接受的歷史，可就算這些記載屬實（他表示懷疑），也不過是把歷史多往前延伸個幾千年，而且也仍然是人類的歷史。

虎克與斯泰諾都認為世界歷史的傳統樣貌大致正確，其時間長度也沒有錯誤。當兩人考慮該如何解釋「化石」時，他們的看法都依循前述常識，並沒有做太大修正。至於人類及其自然環境的歷史，兩人也各自為進行中的相關辯論引進了重要的新元素。兩人皆出於有意，將歷史學家的觀念與方法應用於自然世界，同時卻也不覺得自己跟同時代人理所當然認定的全球歷史時間跨度，有任何大幅延伸的必要。

斯泰諾認為托斯卡尼的地表相當典型，他利用自己在托斯卡尼觀察到的岩層與化石，來重建自然事件的歷史順序。他把這個順序跟聖經中的創世紀與大洪水故事攀比。在他眼中，這種作法絲毫不奇怪。斯泰諾在沃爾泰拉附近的山丘，找到兩種不同的地層，一層疊在另一層上，而且各層內部還有好幾個岩層，有些水平、有些傾斜。據他推測，所有這些岩層一開始都是水平沉積，但某些地方的岩層後來塌陷，變成傾斜狀。上層包含貝殼化石，至於明顯年代較早的下層則無。因此，他判斷下層的年代可以回溯到創世紀，早於有任何生命存在之時，而上層則定年於較晚的時期，或許是大洪水時代。他毫不費力，便斷定這種天然古文物能證實聖經對於歷史最初期的描述，不然至少也與之相符：他的原話是，若非「經文與自然兩相吻合」，不然就是「自然顯示之，經文亦不與之牴觸。」（這兩組地層內的岩層同樣顯示出自然事件的順序，只是規模較小，下層必然也比上層更早沉積——這種推論太過簡單明瞭，實在不值得後人抬舉為正式的「疊置原理」〔principle of superposition〕，因此不應該特別歸功於他。）

斯泰諾對於歷史順序的歸納，顯示出他的推論方法跟編年學者非常相似。編年學者拼湊證據的方式，是先從時代更為晚近、文獻相對充分的過去開始（烏雪的例子是從羅馬時代起），而後進入更晦暗難解的上古時代。斯泰諾也是從托斯卡尼目前的樣貌著手，繼而往回推論。編年學者接著掉頭，以精確定年後的「紀年」為形式，順著真實的時間之流重建其歷史。斯泰諾亦如是。雖然他並未明確估算時間，但也同樣是從最遙遠的古代往現代，重建地球歷史在真實時間中前後相續的各個階段。斯泰諾在《初步》一書裡談這個主題的短論文，是討論如何重建地球歷史的絕佳例證（對後世也深具影響力）。他利用岩石與化石等「天然古文物」，來配合、補充，甚至是取代編年學者蒐集的文字證據。

虎克則是特意將古文物家的方法應用在地球研究上，這一步同樣影響深遠。「天然古文物學家」能利用岩石與化石，做為古代地理變遷的歷史證據，溯及時間甚至早於有任何文字紀錄傳世的人類歷史時期。岩石與化石就是**大自然的遺跡**與**大自然的錢幣**。這種說法是隱喻沒錯，但也遠遠「不只是」隱喻，而是有真正的說明作用。我們甚至可以把岩石與化石視為大自然本身的文件，彷彿大自然親眼見證久遠以前的事件，而後提筆為文。

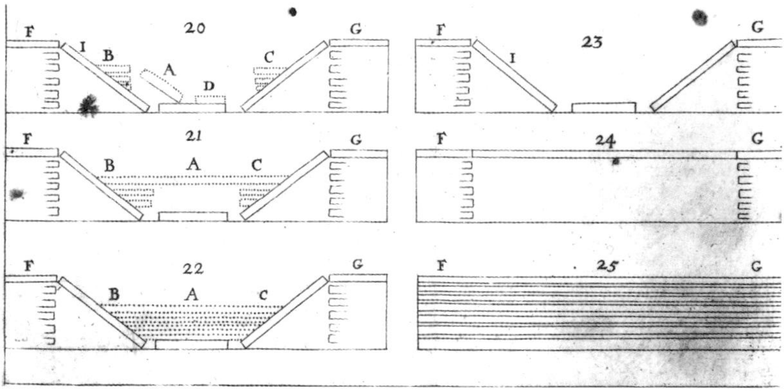

圖2.6——斯泰諾用示意圖說明他所重建的托斯卡尼自然歷史，發表在氏著《初步》（一六六九年）。這部分地殼由上到下有六個薄薄的「部分」，可以從兩個互補的方向來解讀之。數字指的是從岩層可觀察的現有狀態（20）回推到原本狀態（25）的過程；但斯泰諾推測歷史發展過程的說明文字，方向卻與此相反，是以真實時間進行順序說明，從原初地層（25）講到現今狀態（20）。最古老、沒有化石的岩層組（以實線表示）一層層水平沉積（25），但後來遭到掏空（24），接著上方地層崩塌為傾斜狀（23）。後來隨著類似但獨立的事件順序，較年輕、含有化石的地層組（以虛線表示）水平沉積於較古老地層組的上方（22），接著又受到掏空（21），最上面的地層之後也崩塌到現有位置（20）。這張示意圖以抽象的幾何線條繪製，讓人想起伽利略的物理研究，正是這個傳統啟發了斯泰諾和他在佛羅倫斯的同事們。

不過，它們就像古代人類留下的紀錄，需要破譯，而後詮釋其意義。「大自然的文法」（大自然的語言）必須先經過研究，人們才能用天然古文物來重建歷史；否則這些古文物就跟古埃及人用象形文字所寫的東西一樣，有名歸有名，卻未經破解、無從提供資訊。

化石與大洪水

斯泰諾與虎克並非不入世的天才，他們都有加入時人的熱烈討論，而兩人也確實為其他博物學者提供有幫助的模型，讓十七世紀餘下的時間與十八世紀時的深入研究得以奠基其上（虎克的看法沒有斯泰諾的影響力大，部分是因為

> There is no Coin can so well inform an Antiquary that there has been such or such a place subject to such a Prince, as these [fossil shells] will certify a Natural Antiquary, that such and such places have been under the Water, that there have been such kind of Animals, that there have been such and such preceding Alterations and Changes of the superficial Parts of the Earth: And methinks Providence does seem to have design'd these permanent shapes, as Monuments and Records to instruct succeeding Ages of what past in preceding [ages]. And these [are] written in more legible Characters than the Hieroglyphicks of the ancient *Egyptians*, and on more lasting Monuments than those of their vast Pyramids and Obelisks.

圖 2.7 ——一六六八年，虎克在皇家學會講課，這是其中一段發人省思的引文。他主張「自然古文物家」研究化石的工作，就跟傳統的古文物家研究人工器物的工作極為類似。他在另一次講課時提到，貝殼化石可能來自相當古老的時代，甚至比最古老的「古蹟」還要更早，但我們不曉得他是否認為這些化石比人類歷史最久遠以前的「傳說」或「神話」時代還要早。

他的演講內容直到他死後才發表，而且只有英文)。與他們同時代的英格蘭醫生約翰·伍德沃德(John Woodward)是最活躍的一位年輕人，他蒐集了世上最棒的化石蒐藏，遺贈劍橋大學，並捐款設置講座來詳細解釋自己關於這些化石的看法。今天，這批化石與該講座分別演變為一所重要的地質學博物館，以及執掌一個傑出科系的冠名教職；我就是在那兒接受一位二十世紀的「伍德沃德講座教授」(Woodwardian professor)指導，成為古生物學家。再回過頭講伍德沃德的大作《論地球自然史》(*An Essay on the Natural History of the Earth*，一六九五年)，這本書把重點擺在那些顯然是由有機物變成的化石(這不意外)。他把這所有化石都解釋為生存於前洪水世界的生物。但伍德沃德想像中的大洪水是一次劇烈的事件，他主張洪水徹底摧毀了先前的世界。然後，萬有引力(牛頓的這個觀念在當時仍然新穎)暫時停止發揮作用，地球上有機物以外的物質也被洪水攪拌成某種湯，或是濃稠的懸浮液體。隨著重力恢復，這些物質也各就各位，形成多半可見於懸崖與採石場的連續岩層。因此，只有化石還能作為災難前世界的證明，但也只能間接為之。原因是，伍德沃德主張化石並未保存在該生物曾生存的地點，上面也沒有留下任何原棲息地的線索，其位置不過只是大洪水湯穩定後流落的地方(用現代措辭來說，這些化石都是「移置」〔derived〕或「再沉積」〔reworked〕化石)。伍德沃德的想法與前人並無二致，認為這一切都發生在編年學者所說的短促時間段裡，不需要更長的時間跨度。

十八世紀早期有許多博物學家(無論是否接受伍德沃德對大洪水特性與成因的猜測)跟隨他

的腳步，主張如今的化石能為大洪水的歷史真實性提供無可辯駁的證據。其中的佼佼者要數瑞士醫生約翰．薛澤爾（Johann Scheuchzer），他出版了伍德沃德一書的拉丁文譯本，讓各國人都能接觸這本書。多產的薛澤爾就像伍德沃德，把所有有機物化石全歸因於聖經中的重大事件。半世紀前，珂雪將必定擠上了挪亞方舟的所有動物畫成圖錄，作為他對洪水故事文字評論的插圖。薛澤爾也出了類似的彙編，但安插在相應處的圖片卻不是動物，而是自己精美的化石收藏。這個改變相當重要。化石作為大洪水遺留的天然古文物，如今已經在關於地球自身歷史方興未艾的辯論中成為主軸。薛澤爾甚至宣稱他擁有的其中一個標本「是一個人，是洪水的見證人，也是一位神聖信差」的骷髏，要來警告自己這個世代有關那場嚴重災難的真實性。他說服自己相信，這塊獨特的化石能為此前遭人忽略的事情帶來決定性的證據：證明埋葬了眾多動植物遺骸的那起事件，跟聖經中令挪亞同時代的人葬身其中的那鉅變，確實是同一場洪水。

這種用洪水說解釋化石成因並不是未曾遭受質疑。光是《創世紀》故事的字面就想詮釋化石沉積絕對不夠。經上說只維持「四十天」的洪水，時間就足以讓所有深厚的沉積物沉澱，然後固化為岩層，同時讓所有貝類與其他化石深嵌於其中嗎？或者，如果這些化石是突然被某種為時短暫的超大海嘯猛地打上岸，那要怎麼跟聖經上海平面起落的說法取得一致？畢竟海面的高度足以讓挪亞方舟在浩蕩航程中不受損傷。這類問題難免會點出聖經有必要經過批判詮釋。而且這不是第一次了。

從後見之明來看，人們很容易將伍德沃德、薛澤爾的作品與其他受他倆啟發的研究，斥為愚蠢執著於證明聖經洪水確屬史實的無用產物。但「地球確實有其物質性的**歷史**，且能透過天然古文物等實物證據加以重建」的觀念，在當時仍相當新穎，而他們的洪水理論的確有助於鞏固這種觀念。博物學家也因此把注意力擺在化石上，繼而在未來展開對地球歷史的深入調查，成果也出奇豐碩。

勾勒地球史

然而在時人心中，除了大洪水這起萬中選一的大事以外，就鮮少有自然現象能顯示地球及其上的生靈有任何豐富的**歷史**。甚至到了十八世紀早期，任何相信大洪水之前說不定曾有獨特自然

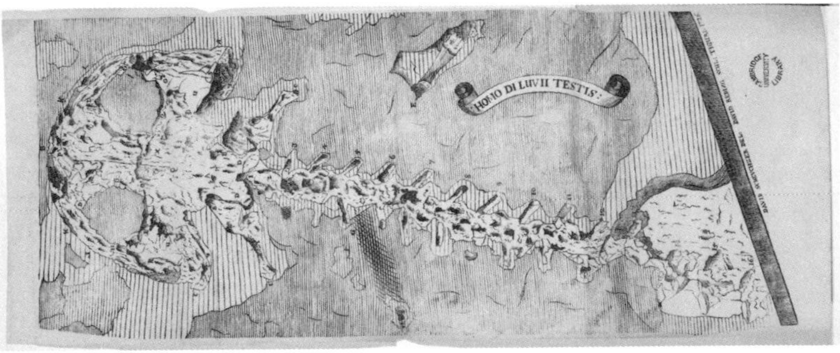

圖 2.8——薛澤爾的版畫，「一個人，一位洪水的見證，也是一位神意的信差」（Homo diluvii testis et theoskopos，一七二五年）。身為一位受過訓練的醫生，他本該意識到無論這具化石是什麼生物，都絕對不是人類；他的科學判斷力不知上哪兒去了，或許是因為不加揀擇就接受伍德沃德的主張，把所有化石都當成聖經大洪水的殘留物之故。（一世紀之後，首屈一指的比較解剖學家喬治・居維葉辨識出這是一種已經滅絕的兩棲動物：巨型蠑螈）。

事件序列或時期的人，也依舊從創世故事中尋找更多支持與靈感，而非訴諸於任何化石證據。薛澤爾的「六日論」連環畫（描繪太初創世故事那六「日」）就是個很有影響力的例子。他充分運用自己廣博的科學知識，發表以聖經歷史為題的大部頭插圖評註《神聖自然》（*Physica Sacra*，一七三一年至三五年，physics 一詞在當時語意非常廣泛），而上述連環畫就安插在開篇後不遠處。這些圖畫呈現整個世界在太初創世「週」中的想像樣貌，畫出許多連續的瞬間（但這部著作描繪的主要是更晚發生，亦即大洪水之後的事件）。以「第三日」的過程為例，前一張圖是毫無生命的大地，後一張圖就是大地有了長成的樹，以及其他與現存者類似的植物。接下來在「第六日」的過程中，出現了伊甸園中充滿各種動物（一樣是現存的物種）的畫面，而下一張就是亞當降生、主宰牠們。薛澤爾真的認為這些「日」如字面意思，每天二十四小時嗎？他或許和其他評論者有一樣的想法，推論出這些「日」指的大有可能是歷時更長、甚至長度不限的時期，歷史悠久的聖經詮釋原則其實容許這種推測。不過，薛澤爾的磅礡場景中，卻沒有納入任何圖案來暗指自己了不起的化石收藏，以當作這些遠古時代的可能證據：先前我已經說過，他把自己的所有化石都用在書本後面輔助說明大洪水的文字裡了。

姑且不論時間的長度，薛澤爾所繪的景象就跟作為其靈感的《創世紀》敘述一樣，最重要的是它們構成了某種連貫的序列：以無生命的世界起頭，然後接連添上植物、水族、高等陸地生物，最後則是人類。這些場景從視覺上強化了「自然世界必然有其可以理解的歷史」的認知，但想像中的這種歷史，不過只是悠久人類歷史的簡短前奏。這段歷史一開始是沒有人類的，最早的階段甚至連生命都沒有。但這種序列的構想與支持的證據，幾乎仍只出自《創世紀》中的故事，而非自然世界本身。

然而，如果／一旦人們發現自然界的證據需要更長的時間跨度才能解釋時，前述的地球整體歷史架構也能隨之擴大，以滿足其要求。不過就本章重點討論的十七世紀晚期與十八世紀早期而言，似乎沒有多少人要求擴大烏雪等編年學者仔細測定的傳統短跨度。只有在這些論辯的邊緣，而且是出於偶然的情況下，才有少數鴻儒對區區幾千年是否足以讓如今所有已知事物形成，表達些許懷疑。比方說偉大的英格蘭博物學家約翰．雷（John Ray），他雖然相信許多化石確實來自生物體，但伍德沃德的化石洪水說無法讓他信服。雷曾經在一封寫給另一位鴻儒的信中評道，從懷疑的角度出發，恐怕會帶來「一系列深遠影響，似乎將衝擊聖經歷史中世界之新（novity）。」假如他對走這樣的道路感到遲疑，那正是因為走下去必然得質疑經文作為歷史的可信度，但「聖經即史」卻是他與當代多數人理所當然的常識。虎克比較不受這種疑慮所困擾，他暗示貝殼化石等天然古文物終將證明比多數的人類古文物還要古老。至於他是否認為這些化石將擴大歷史的跨度，甚至超越人類最早的「神話」時代，就不清楚了。

對於時間跨度可能更長的猜測仍是少數，其中一個例子就來自英格蘭鴻儒埃德蒙．哈雷（Edmund Halley，「哈雷彗星」便是以其名命名，他還精準預測其回歸週期而聞名於今）。他估算全世

圖 2.9 ——圖像化的創世故事：薛澤爾想像中的其中一個歷史場景，出自他的多卷本聖經插圖評註《神聖自然》（一七三一年至三五年）系列作最前面。這張版畫是畫「第六日的工」，呈現亞當創造出來不久前的世界；說明文字以拉丁文與德文寫成，以符合國際讀者與當地德語讀者個別的需求。這幅景象以類似化的方式呈現，加上華麗的巴洛克畫框；我們不妨說，要是一位博物學家穿越了時空，興許就會畫出這幅過去的圖案。薛澤爾所有的圖片，皆採用繪製神聖歷史或世俗歷史場景時行之有年的藝術慣例，此圖則是伊甸園的場景。動植物都是現有物種，但這種圖像在未來成為模範，供更為久遠的地球歷史想像場景之用，其中的生物或許跟任何現存已知者相當不同。

界河川將鹽分注入海洋的速率，試圖以此計算地球的完整歲數。他的結論是，「透過這種方法，或許會發現世界比至今為止許多人的想像還要古老得多。」哈雷在倫敦的皇家學會宣讀自己的論文，但他真正的目標，在於證明地球歷史無論多麼悠久，也必然始於時間中的某一點，藉此駁斥任何主張地球永恆存在的說法（他跟許多人一樣，主張創世過程中的「日」，可以是一段相當長的時間）。對於十七世紀末與十八世紀初的多數鴻儒來說，真正的威脅是永恆存在、非創造的世界，而非長時間跨度。

本章雖然特別以化石為焦點，但內容所簡短勾勒出的論辯，卻涉及甚廣的議題。這些議題匯集成更具野心、重新提出更大假說的過程裡。在故事回到重建地球本身的歷史之前，我們（在下一章）必須先從十七世紀開始按圖索驥，直到十八世紀末為止，追尋這段建構假說的過程。

CHAPTER 3

草繪整體觀

新科學文體

假如化石（之後提到時，指的都是其現代語意）真的是大自然本身的古文物，它們便能彌補人類文獻與其他古文物之不足，讓我們深入了解人類歷史最早的幾個階段，以及當時的物質環境。斯泰諾、虎克，以及許多十七世紀晚期與十八世紀早期的鴻儒，皆主張這種看法。他們的推論還同時搭配上了另一種相當不同的研究地球的作法。在這個作法裡，他們可以不用把標誌著地球歷史的事件拼湊成序列，而是試圖去推敲這些事件內在的原因。他們無須向編年學者、古文物家與其他歷史學者借用觀念和方法，而是從自然哲學家（在這個語意脈絡下，「自然哲學家」一詞相當於現代所說的「物理學家」）的研究中汲取材料，試圖將基本的「自然律」用於解釋地球的自然外貌。原則上，這兩種發展方向能彼此互補。例如主張「大洪水是真實的歷史事件，不僅聖經文字有寫，自然裡之古文物也有紀錄」，跟試圖推敲什麼樣的原因可能導致如此劇烈的自然事件，這兩者是並行不悖的。當斯泰諾與虎克為海貝化石出現在陸地高處、乾處的現象提出物理原因時，他們就是採用這兩種作法。不過，試圖透過自然的成因了解地球，其實是為了發展出某種理論，這跟試圖重建歷史是不一樣的。

提倡因果理論的人，泰半有志於建構一套整體觀（Big Picture），亦即將地球視為整體來解釋。而且，由於地球是在不變的律則下持續推進，他們所要解釋的這個整體也就不只是現今狀態所歸因的過去，還有勢必將鋪陳出的未來。一部發表於十七世紀早期的知名著作，為這種同時納入過去與未來的劇情概要提供了模型。笛卡兒《自然哲學原理》（*Principia Philosophiae*，一六四四年）勾勒出一幅推測性的宇宙全景，其中的一切則由這位法國哲學家所謂的基本自然法則支配著。他將地球置於這片浩瀚景象中分析，此後地球再也不是傳統上那顆獨一無二、位於宇宙最中心的天體，而是許多類似行星中的一員，繞行於整個太空中四散的恆星（早在現代太空探索與SETI〔地外文明搜尋計畫〕出現之前，這種「**多重世界**」〔plurality of worlds，像我們的地球一樣住有居民的各種世界〕存在的可能性便已受人熱議）。從這種新天文學的觀點看，地球的特殊之處僅在於它是我們唯一能接觸到的同類天體。笛卡兒主張，無論位於何處，**任何**「類地球」的天體都已經歷、或是將會經歷一種從初始便內建的類似變化順序。

這個變化順序可說是由天體的初始狀態（據信其前身是恆星），以及作用於其上的自然律所先後決定，然後隨之發展。根據笛卡兒的看法，天體的結構因此必然會以可預測的方式隨著時間改變。起先是一球白熾的物質，接著漸漸分離出成分不同的若干同心地層。其中會有一層硬殼，也就是最外層的固態地層。他認為這層硬殼會在某個時刻出現裂縫，接著破碎。一部分隨後會崩解掉入其下的液體層，其餘則受熱浮上氣體層。以我們的地球為個案來看，這樣的變化會創造出人們眼中五花八門的山脈、大陸、海洋等地形，由其上的大氣所包裹，其內則有肉眼不可見的核心（與一層假設的液體）。

笛卡兒並未明確指出，他設想中以這種方式變化的類地

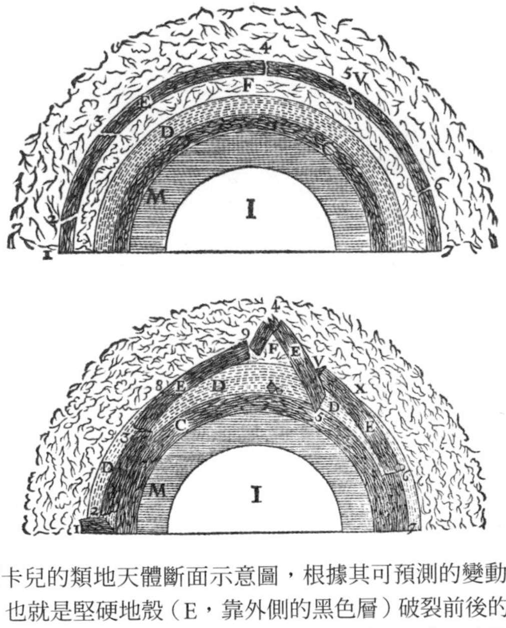

圖 3.1 ——笛卡兒的類地天體斷面示意圖，根據其可預測的變動順序分成兩個連續的階段，也就是堅硬地殼（E，靠外側的黑色層）破裂前後的情況。部分的地殼向上翹曲，進到最外圈包裹行星的氣層中，其他部分則崩落到下方的液體層（D）。這種過程讓天體出現不規則的表面地形，上有大氣，下有不可見的地核。（這兩個階段都只畫出半球，以節省製版成本，為他的《自然哲學原理》〔一六六四年〕騰出版面。）

球天體，需要搭配哪一種時間尺度。他沒有必要這麼做。真正要緊的是，這一連串過程中必然有若干變化會遵循自然律，至於自然變化過程的速率則不在討論之內。但身處氣氛緊繃的反宗教改革政治世界，他對時間尺度的模糊態度也是種明哲保身的做法。伽利略為了自己的宇宙學背後的廣泛意涵，結果跟羅馬的天主教當局糾纏得烏煙瘴氣。笛卡兒不希望招惹類似的命運。不過，笛卡兒的理論應用於我們自己的行星時，其實可以輕鬆放進編年學家計算出的區區數千年歲月，而他本人也跟斯泰諾、虎克與多數的鴻儒一樣，認為不見得有理由非得質疑這種時間尺度不可（至於整體宇宙所適用的時間尺度，則是另外一回事）。

總之，十七世紀的剩餘時光與大半個十八世紀，都有許多人和笛卡兒一樣把目光擺在自然法則，認為自然律主宰了地球的物質發展，而笛卡兒的知名理論也成了他們的典範。至少在原則上，任何這樣的理論所試圖說明的，都不只是特定現象（例如地震或火山），而是所有地球上可見的主要地貌特色和自然變化過程。他的理論提供一套適用於整體物質「系統」（system）的因果解釋，地球在過去、現在與未來皆循之而變化（現代的「地球系統科學」〔Earth-systems science〕也有一樣的關鍵詞「系統」，這並非巧合）。所謂的「地球理論」則成為一種獨特的科學體裁（genre）——與小說、十四行詩、風景畫、交響曲等文藝體裁相仿。

「神聖」的理論？

第一部以此體裁為標題的重要著作（額外加上一個重要的詞），是英格蘭鴻儒托馬斯・博內（Thomas Burnet）發表的《神聖地球理論》（*Telluris Theoria Sacra*，一六八〇年至八九年）。博內跟半世紀以前的烏雪一樣，都是當時知識生活的中心人物。他並非現代的基要主義者，但他特別整合了世人長久以來認定的兩種可靠、互補的人類知識泉源——自然與經文，神的「工」（Works）與神的「道」（Word）。因此，他在書中不只談到地理事件在不變的自然律之下開展，也提到聖經對於有史可稽的過去與預言的未來有見證的作用。他的理論概要，就總結在他煌煌巨冊的卷首插圖中。圖上畫出過去與未來有始有終的地球，眼下的地球居中，全宇宙的基督則以象徵的方式主導由初到終、由阿拉法（Alpha）到俄梅戛（Omega）*的整部大戲。

博內把笛卡兒所勾勒的、起初沒有裂縫的地殼層，等同為伊甸園這個平坦完美的原始人類世界。後來，地殼破裂，造成全球性的大洪水，這當然就是挪亞的世界。等到洪水退去，顯現出的正是破碎而不完美的今日世界——分布不規則的大陸與海洋。進入未來後，先前造成大洪水的自然法則將進一步產生作用，在適當的時刻造成全世界火山大爆發，這就對應到聖經所預言的烈焰

＊譯註：典出〈啟示錄〉二十二章十三節：「我是阿拉法，我是俄梅戛；我是首先的，我是末後的；我是初，我是終。」阿拉法（A）與俄梅戛（Ω）分別是希臘語的第一個與最後一個字母。

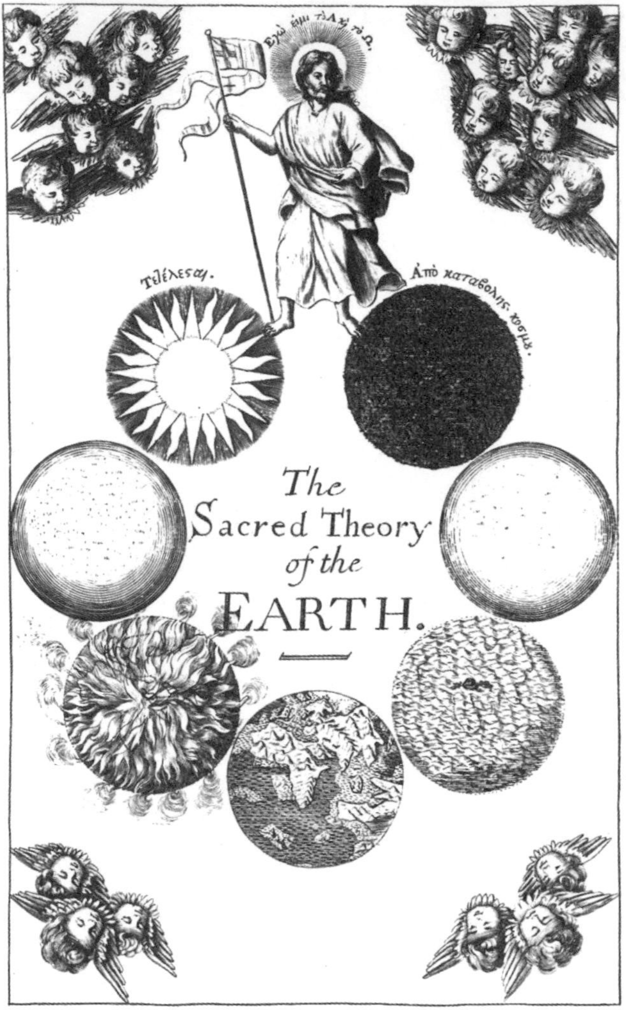

圖 3.2 ——博內用視覺的方式，為他的《神聖地球理論》提綱挈領：圖為英譯本（一六八四年）的扉頁。在此，這位編年學者的有限線性歷史繞成一個圈，象徵其未來的完滿：基督上方寫著據說是他所說的話，即希臘語的「我是阿爾法與俄梅戛」，祂則跨站在第一個與第七個階段的地球上。從順時針方向看，一開始先是渾沌，接著是前洪水天堂世界的完美平整，然後是全球性的大洪水（小小的挪亞方舟浮在水上）。現今世界居中，畫有人們熟悉的陸地與海洋。更往未來走（有鑑於不變的自然法則會進一步作用，未來是可預測的）則是摧毀現今世界的全球火山「大爆發」，跟著是地球在基督千年統治期間的完美，以及最後讓地球復歸為恆星的終局。在現在的兩側，過去與未來有著驚人的對稱。代表神域永恆的諸天使，在這個時空架構外觀察演變的過程。但地球本身並非永恆：這個環狀序列有清楚的開始與結束。

天啟。世界得此淨化後，再度變得平坦而完美，才適合讓基督未來在地上的千禧（millennial）統治實現。最後，自然律的持續作用再度使地球轉變成恆星。整個過程都跟編年學者那種時間尺度暗合（據信倒數第二期——即「千禧年」〔millennium〕本身——將如字面所說延續一千年）。博內明確否定世界永存或世界歷史有某種循環的任何看法。他的環形序列以基督的「阿拉法到俄梅戛」來表現其完滿，但絕非永恆論者所描繪的無限類似循環中的一個循環。

博內的理論不只流傳在鴻儒之間，而是影響無遠弗屆。只是造化弄人，儘管書名裡有個「神聖」，儘管他以學術的態度處理經文證據，儘管他明確拒斥永恆論，但他卻發現自己遭受無神論的指控。也有人批評他無視重要的科學證據。比方說，根據聖經敘述，原始人類被神逐出伊甸園，來到一個極為「墮落」的世界，墮落到他們的後代後來得承受死於大洪水的命運（只有挪亞一家人除外）。但博內反而忽略了墮落一事，把整個前洪水時期描述成完美的樂土，而且這種原初的完美當中，完全沒有任何海洋（而聖經裡的海洋經常象徵著混沌的自然）。因此，根據他的理論，就無法解釋海中生物的化石就封進岩層的原因，而且事實上他還忽略了關於岩石與化石的激辯，這個議題可是在皇家學會與其他地方辯得方興未艾。屋漏偏逢連夜雨，博內把大洪水與烈火兩者完全歸因於自然法則的作用，簡直是讓這些重磅事件變成早已注定、提前安排好的事情，因此在原則上是可以預測的。可是在傳統的詮釋中，這類事件是神的審判，是神對墮落的人類無法預測的道德行為所做的審判，博內的說法與傳統詮釋有難以化解的分歧。

然而，不光是批評他的人，仍然有人發現博內的說法頗具說服力，對其理論嚴肅以對。例如艾薩克·牛頓，他指點博內如何改進自己的理論：只要地球自轉的初速改變，創世紀的「日」實際的時間就能變成年（雖然這樣也延長不了多少時間尺度！）。牛頓的崇拜者威廉·惠斯頓（William Whiston，也是牛頓後來在劍橋大學的繼任人）發表了《地球新理論》（*A New Theory of the Earth*，一六九六年），在書中以牛頓的理論取代笛卡兒的理論。他宣稱此舉能改良博內的理論，讓它跟上時代。他特別指出彗星是在過去造成大洪水、在未來造成烈火的自然因素（牛頓的研究讓人們更了解彗星，但一般仍認為彗星是個有能力造成這種劇烈效應的龐大天體）。但惠斯頓主要的目標與博內無異：他在書的副標題裡說，自己是要顯示聖經裡的歷史與「理性和哲學是完美相符的」。宗教與自然科學據稱可以共存，本質上也絕不衝突。只是兩者之間的關係一直是激辯的主題。

「地球理論」這種科學文體雖然極具爭議性，但也算起了個頭。事實上，博內的研究促成了相關書籍與手冊大量湧現，其中許多都聲稱要提出真正、唯一的的理論——一位批評者以挖苦的語調，把這整個構想說成荒謬的腦內「創世」。儘管如此，地球理論文類仍然流行於鴻儒之間，時間持續整個十八世紀，但有兩個方面經過重大的調整。第一，人們對於地球可能時間跨度的看法在該世紀期間有長足的擴大，而地球理論幾乎不費吹灰之力，便將之吸收進來（由於這種看法的起源跟地球理論主題大異其趣，我要到下一章才會加以描述）。第二，「地球理論」處在知識界啟蒙運動的文化氛圍中，其整體涉及的範圍縮小為一個研究項目，僅只關注物質世界中自然法則。在博內與其他許多人的理論中，可以看到他們試圖融合自然世界與聖經證據，但這種作法在十八世紀泰半已為人放棄，至少是受到邊緣化。很少有人以明確的無神論拒斥神性的面向，即便如此，啟蒙大儒普遍接受的「**自然神論**」（deism）仍然把神性排擠到邊緣。傳統上，基督教（與猶太教）認為神全然超越，但在人類歷史進程中仍會持續介入這個世界，這是「**有神論**」（theism）。相較之下，自然神論者所提倡的「至高存在」（Supreme Being，人們實際上幾乎是以去人格的方式理解）則是在一開始設計、創造宇宙之後便讓宇宙自己運行。以自然神論的角度觀之，聖經大洪水所謂的物理影響力幾乎全面降格，甚至完全遭到否定，創世故事則被人斥為在科學上毫無價值。這有助於眾人把注意力擺在主導地球**因果**變化過程、不受時間影響的自然律上，對地球研究有深遠的影響。另一方面，由於拋棄了所有來自聖經的證據，人們也因此不再去關注地球非重複性、偶發性的可能**歷史**——這裡我將用兩位啟蒙大儒的例子來說明。此外還有第三人——他的研究反而是想試圖恢復聖經文字的角色，同時也讓對地球的真正歷史性研究重新取得一席之地。上述的每一種整體觀，都在十九世紀，乃至其後留下了舉足輕重的影響。

緩慢冷卻的地球？

其中一個恢弘的理論，出自布豐伯爵喬治．勒克萊爾（Georges Leclerc, count Buffon）。數十年來，他都是巴黎皇家自然歷史博物館暨植物園（今天的國家自然歷史博物館，位於巴黎植物園內）的館長。他是法國文化與政治生活核心的重要人物。布豐的多冊巨作《自然史》（*Histoire Naturelle*，一七四九年至八九年）是規劃要通盤調查自然世界的三個「王國」——「動物、植物與礦物」，只是最後幾乎都在處理動物。這套書是那種傳統意義上的「自然史」，而非現代意義上的自然界「歷史」——前者講的是對自然的靜態描述，後者則是對跨越時間的變化進行描述。

打算描寫生物的布豐，在自己所寫的其中一篇導言裡概述了一套地球理論，視地球為生物所處的環境。他將地球描繪成一個漸變不止的場景，而這種變化沒有整體的方向。他主張，在過去造成變化的物理原因，就跟現在可以觀察到的一樣（諸如侵蝕與沉積），未來料想也會延續。有些地方可以看到海水侵蝕陸地，其他地方則是新的陸地形成、取代海水。地球各地在不同時候必然會經是或者將會是：海和陸。布豐的理論所呈現的地球，處於某種動態平衡的「穩定狀態」。因此，這也是一個沒有任何真正歷史的地球。他的理論意味深長，完全沒有提到太初創世或後來的大洪水（他在其他地方言不由衷，宣稱大洪水是一場神蹟，因此不會留下實物痕跡）。假如地球是個變化持續但沒有方向的場景，那麼整體時間跨度也就無關緊要，可以放著不去明說。只是這麼一來，恐怕等於認為地球的存在並非出於創造，沒有開始也沒有結束，從永恆而來，往永恆而去。這是他的著作遭到巴黎若干神學家（如楊森派〔Jansenists〕）批評的其中一點（其他批評並未觸及布豐對地球的看法），但其他人（如耶穌會士）則保持比較正面的態度。情況與一個世紀以前伽利略在羅馬時相仿——「教會」並非眾口同聲，即便是其天主教分支亦然。布豐在王室圈子裡勢力根本大到無人敢公開譴責，但他確實有發表一份關於宗教正統的保險聲明，承認自己的科學構想只是出於假設（確實如此）。

總之，布豐馬上發表另一篇論文談地球的起源，從而根除任何說他私底下是永恆論者的質疑：只要讓地球有個起源，地球就不是永恆的（至於宇宙是否永恆，則是另一個問題）。他主張在過去的某一刻，有一枚巨大的彗星在跟太陽近距離接觸時，被太陽扯出一縷熾熱的物質，後來冷凝為一連串的行星，地球就是其中之一。布豐的理論和惠斯頓的理論一樣，靈感皆來自牛頓備受讚譽的自然哲學，這幫助兩人的說法在科學上受人重視（布豐曾將牛頓的若干著作譯為法語，法語在當時正逐漸取代拉丁語，成為所有科學的主要國際語言）。

至此，布豐已經勾勒出兩套對比鮮明的地球理論：一套是根據目前自然變化過程為基礎的穩定狀態理論，另一套理論談的則是地球在遙遠過去的某一刻突然起源的理論。多年後，他在篇幅長如書的專文《論自然諸紀元》（*Des Epoques de la Nature*，一七七八，這是他的巨作中最後發表的幾本之一）裡將兩者結合。當時正好發生許多事情，讓這個新地球理論看來頗為可信。人們測量礦坑深處溫度的提升（現代的用詞是「地溫梯度」〔geothermal gradient〕），從而證明地球內部存在熱源。對此，布豐認為最能解釋的方式，就是他與其他人已經提出的熾熱起源說所留下的熱能。根據牛頓提出的定律所預測，如果地球曾經是個旋轉的流體，則其整體的形狀將會是扁橢圓形，而科學探險隊前往拉普蘭（Lapland）與祕魯進行的精確測量也證明了這一點。歐洲各地的田野調查證明斯泰諾的推測：最底層的岩石完全沒有化石，其年代或許能回溯到任何生命存在之前。其上疊加了顯然較年輕的岩層，其中則包含許多奇特的化石，其中有些看來完全是熱帶所有——比如巨大的菊石。所有的硬岩層上都有一層鬆軟沉積物，裡面有大象與犀牛的骨頭，甚至在北西伯利亞都有發現，但到處都沒有任何人類化石的跡象（這否定了薛澤爾啟人疑竇的「大洪水見證人」）。

儘管布豐本人對這些研究並沒有直接出力，但因為巴黎法國科學院內的報告與討論，以及他為自己的館藏所取得的化石，因此他對這些推論也相當了解。在他看來，這暗示了地球或許是從他曾提出的極高熱起源漸漸冷卻下來，而這種漸冷的階段是可以重建的。需特別注意，布豐起書名時，從編年學者那兒借用了關鍵詞。編年學者清楚標示出人類史上的重大轉捩點，作為歷史的「紀元」。布豐著手重建自然紀元的序列。他和一世紀以前的虎克一樣，也從古文物學家處借來其他關鍵詞。化石等物的發現，是自然的「古蹟」，是來自過去的遺物。將化石比擬為錢幣、碑文、文件與檔案，更是讓人清楚看出他是在主張：重建地球本身的**歷史**。

布豐定出六個紀元，作為其推定地球歷史的梗概：從地球還是顆旋轉熾熱流體（不妨說是火球地球）的起源，一直到大型熱帶陸地動物的出現（甚至連高緯度都有）。（新型態生物的起源對布豐與當代人不是什麼大問題，他們將之歸結於某種「自發產生」〔spontaneous generation〕的自然過程，而非從其他生物演化而來，更不是神的直接行動。）我們不能漏掉這六個紀元與創世六「日」

的對應，但布豐說不定只是想淘氣模仿，而不是滿懷敬意重新詮釋《創世紀》。但無論如何，此舉突顯他的說法已轉變成帶有方向性，與先前的穩定狀態理論相較，這是個重大改變。他原本計畫把人類的首次登場擺在第六個紀元（就像《創世紀》的第六「日」）。可是這麼一來，人類就會跟巨型化石哺乳動物同時出現，而他認為其中不止一種哺乳動物已經絕種了。因此，他在自己的著作即將出版前加上了第七個紀元，標誌著人類的首次登台：這麼做，人類的現身便能安穩留在傳統的位置，成為故事中最後一件大事（只是這同樣把人類擺上《創世紀》中的至高地位，亦即神安息時！）。不過，布豐最後一刻的改動之舉更重要之處，其實在於明確點出其他鴻儒早已視為理所當然的事情：這段地球（與生命）的歷史，幾乎全部

> As in civil history title deeds are consulted, coins are studied, and ancient inscriptions are deciphered in order to determine the epochs of human revolutions and to fix the dates of human events; so also in natural history it is necessary to excavate the world's archives, to extract ancient monuments from the Earth's entrails, to collect their remains, and to assemble in a body of evidence all the marks of physical changes that are able to take us back to the different ages of nature. This is the only way to fix some points in the immensity of space, and to place a certain number of milestones on the eternal road of time.

圖 3.3——布豐《論自然諸紀元》（一七七八年）的開場白，表示要遵循歷史學家研究人類世界的相同方法，以重建地球歷史為己任。傳統上敘述性的「自然史」正要轉變為現代意義上，自然本身所具有的動態「歷史」。他提到「永恆時間路上的里程碑」，但這不代表他認為這些里程碑之間的距離相等，而所謂永恆者也只是抽象的時間維度，並非歷史上真實事件的編年。

都發生在人類之前。人類或許還是故事的高潮結尾，但非人類的序曲如今卻大幅拉長。換句話說，人類歷史已經在一場長得多的戲裡縮水成最後一幕。

布豐把其他鴻儒心照不宣的事情擺在檯面上，但是，超過傳統上幾千年的整個時間尺度究竟該有多長，又是另一個問題。然而布豐不像別人，他試圖精確推導其數字。他利用位於自己鄉間采邑的鍛鐵爐，計算尺寸與材質各異的小球從白熾降到室溫的速度，接著按比例將結果推導到地球如此大小所需的時間。他由此得出地球的總年齡約為七萬五千年，但他懷疑這個結果低估太多，並私下推測數字長達一千萬年。他發表的雖然是比較低的數字，但連這個數字也嚴重反駁了編年學者通常的計算，因此他肯定不是因為擔心遭到教會當局批評，而對較高的估計值秘而不宣。他之所以不說，是因為比較短的數字有實驗證據，但較高者僅僅是他的直覺。他擔心（擔心得有理）其他鴻儒批評自己根本出於推測：他所有的數字，皆有賴於自己從小小的模型推導到真實地球大小的方法，當然也繫乎於他的冷卻理論本身。

若將布豐估計的地球年齡數字放進前後脈絡中，便會顯示出其理論更重要的一面。他的整個序列都是以原初熾熱天體的冷卻速率為基礎，因此同樣能套用在太陽系所有天體上，行星與衛星皆然。這些天體冷卻的速率主要端視其尺寸而定，當然也跟距離太陽熱源的遠近有關。布豐的理論等於是以笛卡兒非常早期的理論為模型：一開始熾熱狀態的初始條件與天體冷卻的物理法則，兩者共同精準決定——或者說，已預先決定好事件發展的順序。而且，這不僅能套用在每一個天體的過去，也同樣適用於其未來。以地球為例，布豐不僅預測，甚至是計算其上所有生靈將要滅絕的時間——地球會進一步冷卻，極地的冰封荒原侵入地球剩餘地方，使之化為雪球地球（Snowball Earth，借個晚很多的詞彙來用）。這顯示出，儘管布豐採用了許多諸如自然的錢幣、碑文、紀元與遺跡等隱喻，他的地球理論具有的歷史感仍相當有限。這套理論重建出地球隨時間演進的、可預測的自然發展過程，彷彿一段受到永恆自然律所掌管的劇情梗概——從過去到未來，從火球到雪球。但其中缺少人類歷史中多如牛毛、無法預測的偶然。他的理論相當於《創世紀》中創世故事的世俗版本，雖然其中強化了歷史方向的變化，但拋棄了故事中意味深長、奠基於神意主動的偶然性。

布豐的新地球理論毀譽參半。這一回，巴黎本地的神學家還是有些許刁難，但他們比以前還要安靜。處在啟蒙運動的文化之都，這類批評實際上已被人掃到一邊，當成不相關的言論。一般讀者對於《論自然諸紀元》雄渾的文學風格大為讚嘆，但鴻儒們傾向於對布豐的論文不予理會，認為其推測成分太多，只稱得上是「虛構」。文中以實際觀察為基礎的地方，泰半根據的都是別人的研究，並非出於布豐本人之手（他的冷卻實驗例外）。他幾乎沒做實地調查，但這卻是當時任何同性質嚴肅研究最基本的要件。他這套說明性的體系確實有助於讀者去想像地球或許有一段浩瀚而豐富的過去，時間甚至能往回延伸到遠早於人類歷史最古老的時代。不過，若想證明這段無垠而壯觀的全景圖，不只是科幻小說裡一塊想像的拼圖，那就仍有待他人完成。

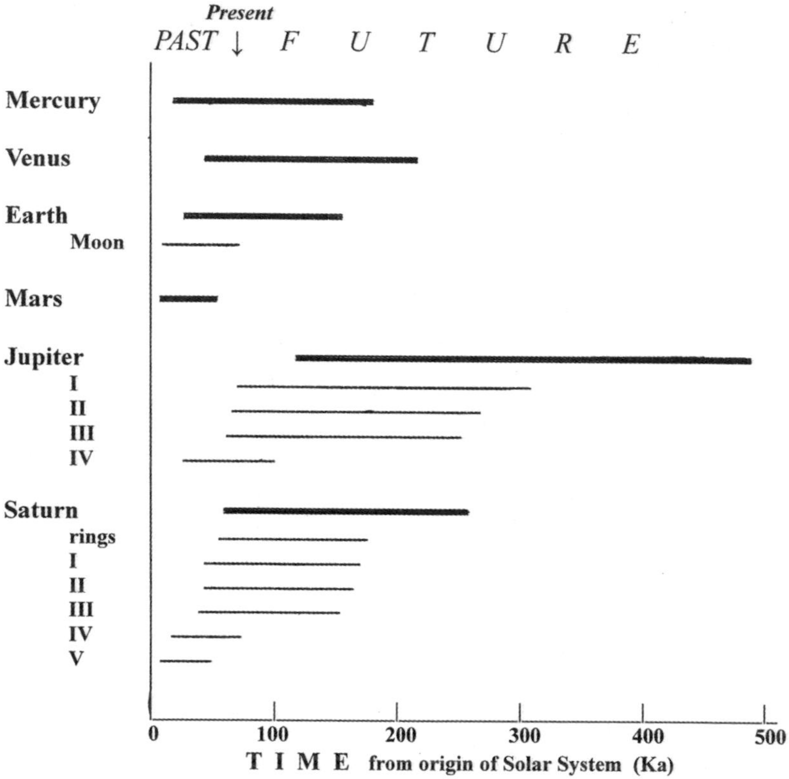

圖3.4 ——布豐對各行星及其衛星上生命存在時間所做的計算，從太陽系成形時起算，以千年（Ka）為單位。在這張以現代風格繪製的示意圖上，時間是由左流向右，根據的則是布豐的計算結果（一七七五年），實驗裡，他看模鑄小球從白熾狀態冷卻的速率，再按照各天體實際大小比例推斷其壽命。他認為，只要地表降溫到足以「碰觸」，各天體就會「自動」產生生命，直到地表溫度達到水的冰點為止（他還假設所有天體都是固態，自然環境與地球相仿）。過去與未來之間沒有分別，而「現在」所座落的位置也只能從其他數字的重重堆疊中，找到的地球現今年齡數字（七萬四千八百三十二年）來推測。驚人的是，他預測的未來要比過去長上許多。布豐坦承，所有的計算都是「假設性」的，但這些數字確實凸顯出他的觀點：所有這些天體的發展軌跡（尤其是地球），都已經根據物體冷卻的宇宙物理法則預先決定好了，因此可以預測。

循環的世界機械？

不出幾年，就有另一套大異其趣的地球理論，加入了這一大票假想的「系統」。新理論來自蘇格蘭鴻儒詹姆斯·赫頓（James Hutton），他屬於愛丁堡知識圈，成員包括大衛·休謨與亞當·斯密等啟蒙運動知名旗手。赫頓和他們一樣，認為自己是個哲學家。他最大部頭的著作談的是知識論：《知識原則探明》（*An Investigation of the Principles of Knowledge*，一七九四年），其內容範圍就跟書名所暗示的一樣廣博。他的《地球理論》（*Theory of the Earth*，一七八八年發表其大綱，一七九五年則出版更完整的內容）在他壯志凌雲的知識目標中只是一小部分。赫頓思索地球時就像布豐，他想當然認為，只要有必要，大自然就會有充裕的時間去達成所需要的效果；換個方式說，哲學家有權在解釋可觀察到的現象時，盡其所能賦予其必要的時間。赫頓也和布豐一樣，理所當然覺得應該用緩慢的自然過程——舉凡侵蝕與沉積——來解釋周遭世界可以觀察到的現象。在十八世紀晚期，這些原理已經受到鴻儒們廣泛接受，赫頓也不是第一個以開創性的方式運用這些原理的人（會以為他運用了開創性的做法，其實是個誤解，這種想法的緣由來自英語世界甚或是蘇格蘭沙文主義將「地質學之父」這種獨一無二的現代榮銜冠在並無此資格的他身上）。赫頓並未提及布豐的著作，但他肯定對布豐有所了解：布豐是國際科學舞台上的巨擘，而赫頓就跟當時每一個受過教育的不列顛人一樣，閱讀法文輕而易舉。

赫頓寫了一份談人體血液循環的論文（用拉丁文），得到享譽國際的荷蘭萊頓大學授予醫學博士學位。後來他回到蘇格蘭，投身於我們今天所說的水循環：水以雨滴的形式落下，匯流成河注入海中，在海上蒸發為雲，雲在陸地上降雨，從而完成這個循環。啟蒙鴻儒之間很流行這種循環或穩定狀態體系，這是種能同時理解自然界與人類世界事物的方式。無怪乎赫頓跟早期的布豐一樣，為地球本身規劃出另一套狀態穩定的循環系統。

赫頓推測，人類的生命仰賴動物與植物的生命，而動植物則仰賴土壤（他在愛丁堡附近有好幾塊田，對農業也有長期而深入的思考）。土壤是由下方的基岩破碎所形成，但土壤會不斷遭受沖刷，流入河中，而後流入海裡。赫頓主張，長期來看，陸地必然會因此消失，侵蝕至海平面，再也無法支持人類生存。但說不定有某種別的自然過程，能創造新的陸地，取代失去的陸地。從陸地沖刷進海裡的物質，最終必然沉積於海床。只要沉積物在海床加固，形成新的岩層，接著地球在該地的外殼慢慢受力、高舉過海平面，就會形成新的陸地，而這樣的循環會不斷重複。赫頓宣稱這種基礎的「修復」過程，其動力必然來自地球內部深處龐大的熱能；也正是這段過程，讓地球表面的景色不斷變化。

一七八五年，赫頓在新成立的愛丁堡皇家學會宣讀自己的初步論文，此後他漸漸將這套體系稱之為「可居地球系統」。這套動態但穩定的「可居地球系統」最終的目的，在於確保地球始終適合人居，始於永恆，終於永恆。他的理論奠基於自己的自然神學。他尤其深信地球建造出來，是為了支持那些能欣賞其智慧與慈愛設計的理性生物，讓他們得以存續（據此，支持「智慧設計」〔Intelligent Design〕的現代創造論支持者，只不過是在炒某個古老觀念的冷飯）。赫頓如是說：是「智慧與慈愛在這套系統裡，引導著變化無盡的世界」；他還補了一句，「這套系統是為了人所設計的，人是這個地球上唯一能心領神會的生物，這多讓人寬慰。」這種發言不只是無神論者在政治上的審時度勢（這與馬克思主義言論有異曲同工之妙，有時候也傷害了蘇維埃政權下發表的科學研究），而是他的肺腑之言，瀰漫於他整個字裡行間，我們唯有從他自然神論的信念框架中來理解才能看出意義。

赫頓直到將自己的穩定狀態地球理論公諸於世（至少是向其他愛丁堡鴻儒發表之後），才前往蘇格蘭各地進行大規模的田野調查，希望能找到證據證明自己的理論為真（他採用的科學方法，在今天稱為「假設演繹推理」〔hypothetico-deductive〕）。他正好找到證據，顯示通常位於最底層的獨特岩石——花崗岩——不可能真是最古老的岩層，因為這種岩石看起來就像某種噴進上方岩層縫隙中的極高熱液體，冷卻之後才變得硬如水晶。赫頓認為這證明地殼下方有溫度極高的液體存在，能為地殼抬升、形成新陸地提供動力。他宣稱這種抬升會一而再、再而三發生。他稱地球為「機器」，與不列顛產業革命早期最吸睛的特色——蒸汽引擎暗合。蒸汽引擎展現了龐大的熱力，能讓循環無限運作下去。赫頓主張，正是這種循環的特性，使地球成為類似蒸汽引擎的自然機器。

赫頓同時在為這種自然機器的循環運作尋找進一步的證據，他確實也找到了。有些地方的岩層是在這種接連不斷的循環中形成的，而且保存完好。如果一組很久以前在海床上水平沉積的岩層，後來受到抬升形成乾燥的陸地，接著被雨水與河川沖刷到與海平面同高，然後被第二組沉積在後來的海床上的岩層所覆蓋，繼而又抬升成為乾燥陸地……這樣就能證明有兩個連續的「可居住世界」存在。赫頓認為沒有理由懷疑在這些岩層之前還有其他岩層，未來也將會有別的岩層。他用自己最喜歡的方式做比喻：地球的「系統」就跟太陽系行星一樣不停公轉；連續的「世界」就跟接連不斷的公轉並無二致。他不認為化石有別的涵義。就此而論，他真正重視的是動植物化石能證明過去「世界」存在著陸地與海洋。赫頓承認，早於人類歷史記載的人類化石證據並不存在，但他把動植物化石當成這種遺失證據的替代品與代言人。在他的自然神論智慧設計系統中，任何擁有大量非人生物的「世界」都沒有意義，除非人類實際上也同時存在，一同來完滿這個世界的究極目的。

因此，赫頓沒有理由認為地球會一度（或是將會）與現況有顯著的差異。儘管陸地不斷遭受沖刷、消失在海面下，還是有其他陸地會不斷在別的地方出現，取代失去的陸地。所以，地球上始終都有可供人居住的乾燥陸地。赫頓的穩定狀態地球，是一套聰明設計來支持人類的生命、從永恆到永恆的「系統」，也因此比布豐的發展觀更不具歷史性。他的連續「世界」在時間中形成無止境的序列，但這不是一段真正的地球歷史，就像行星的重複公轉也稱不上是在建構太陽系的

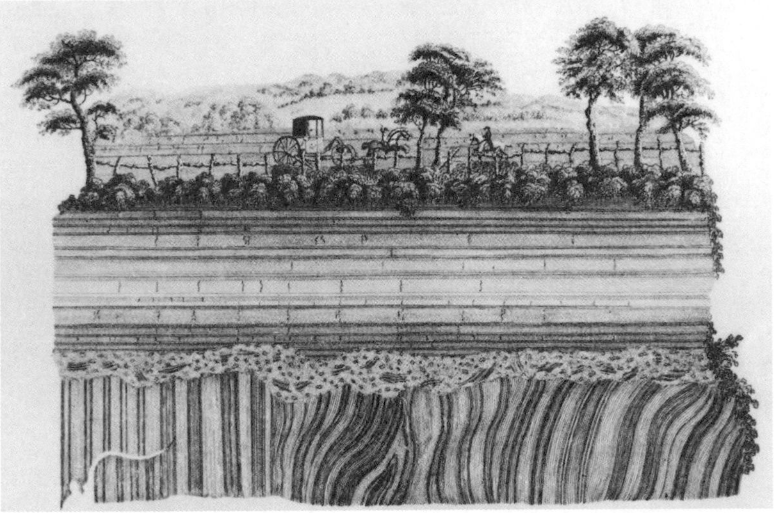

圖 3.5 ——赫頓發表的版畫（一七九五年），畫的是兩組地層之間有角度的「交接」（用現代的話來說，叫做交角不整合），這是一七八七年時，他在蘇格蘭南部傑德堡（Jedburgh）一處河谷的發現。較底層、較古老的地層原本是沉積為水平層，後來因抬升而變為垂直狀，接著遭侵蝕，岩層因而截斷（上方保有若干碎屑）；較上層、較年輕的地層組之後覆蓋在上方，此後不斷受到抬升，形成目前的乾燥陸地，上有動植物與人類。根據赫頓的觀點，這些岩層代表兩個一前一後的循環，先是在海洋中沉積，接著受抬升形成新的陸地，再遭到侵蝕：它們是兩個連續的可居住「世界」的殘跡。

真正歷史。

赫頓的理論在家鄉與歐洲各地鴻儒間得到廣泛注意。理論中把地球描繪成永恆存在，這在當代的支持者與批評者眼中是顯而易見的事。例如伊拉斯謨斯・達爾文（Erasmus Darwin，查爾斯・達爾文的祖父）便語帶讚許提到，若根據赫頓所說，那麼「水陸地球一直以來是，將來也會是永恆的。」另一位作者在稱為《宇宙永恆》（*The Eternity of the Universe*）的著作中，引用赫頓的理論來支持自己的見解。至於另一派人，有一位評論者嘲笑赫頓居然主張「自永恆以來就有規律、連續的大地！而且這個序列還會永遠重複下去！」一位礦脈勘查員（他多少對岩石有點了解）則抱怨赫頓「扭曲一切以支持某個無法自圓其說的系統，亦即永恆的世界。」這種批評一部份是針對他理論中的科學特徵，例如，他宣稱所有柔軟的沉積物必然因為受到高熱而化為硬岩，甚至在海床上融化。

世人沒有輕視或忽略赫頓的系統；他生活在啟蒙運動的文化重鎮之一，當然不會因為自己的意見而遭受迫害。不過，到了十八世紀末，鴻儒們普遍認為各種「地球理論」名過其實。赫頓的例子跟布豐一樣，內容推測過多，因此不用嚴肅看待。雖然赫頓若干的詳細觀察有其價值，得到眾人認可，但他的理論若不是在他死後經過重新包裝、合於新世紀的科學胃口，恐怕也會跟其他十八世紀的同類型著作遭到世人所遺忘。

古今兩世界？

然而，赫頓的其中一位批評者、也是最鞭辟入裡的一位，他所帶來的研究成果，卻預示了這種「地球理論」的改頭換面與消亡。日內瓦公民（日內瓦當時是城邦國家，不是瑞士的一部份）尚─安德烈・德呂克（Jean-Andre Deluc，或拼為 de Luc）是位遠近馳名的氣象學家與科學儀器製造者。他在三十多歲時移居英格蘭，加入皇家學會，獲命擔任夏綠蒂王后（Queen Charlotte，英王喬治三世的日耳曼裔妻子）的侍講。在接下來的漫長生涯中，他遊歷西歐各地，大部分的著作皆以母語法語發表。德呂克自視為啟蒙哲學家，跟布豐與赫頓不相上

> WE have now got to the end of our reaſoning; we have no data further to conclude immediately from that which actually is: But we have got enough; we have the ſatisfaction to find, that in nature there is wiſdom, ſyſtem, and conſiſtency. For having, in the natural hiſtory of this earth, ſeen a ſucceſſion of worlds, we may from this conclude that there is a ſyſtem in nature; in like manner as, from ſeeing revolutions of the planets, it is concluded, that there is a ſyſtem by which they are intended to continue thoſe revolutions. But if the ſucceſſion of worlds is eſtabliſhed in the ſyſtem of nature, it is in vain to look for any thing higher in the origin of the earth. The reſult, therefore, of our preſent enquiry is, that we find no veſtige of a beginning,—no proſpect of an end.

圖 3.6 ——赫頓《地球理論》（一七九五年）的最後一段，包括最後面那句有名的主張，說地球的「系統」沒有呈現任何開始或結束的跡象。這句話總結了赫頓的恆定狀態理論：有「一系列的世界」（此處用行星連續繞行太陽作為明喻），沒有起點，從過去往未來無限延伸。用「智慧」、「意圖」，甚至是「系統」這樣的表現方式，傳達出赫頓的自然神學觀點：地球機器的智慧設計，讓人類得以在一塊始於永恆、終於永恆的可居住土地上生活。（「*f*」形狀的字母是「s」，這在當時的印刷品相當常見。）

下，但德呂克不像他們是自然神論者，更不是無神論者。他自稱為「基督教哲學家」或有神論者。雖然他不是宗教基要主義者，但他確實相信聖經是人類生活的寶貴指引，更是神意主動形諸文字的可靠紀錄：他把聖經當成信史。德呂克與許多前輩一樣，尤其注重呈現聖經中的創世紀與大洪水描述具有可信度，當然他也把這看成歷史（這讓他在現代的名聲跟烏雪一樣糟糕，而且更沒有閃躲的藉口）。

德呂克針對相關主題所寫的早期著作，就發表在布豐的《論自然諸紀元》出版後不久，也比赫頓的《地球理論》早了幾年，但他提供的卻是與這兩人大為不同的地球結構詮釋。他的《地球史與人類史研究》（*Lettres sur l'Histoire de la Terre et de l'Homme*，一七七八年至七九年）六卷本，是要獻給自己的王室贊助人夏綠蒂王后。王后身為一位智慧超凡的女子，說不定會細讀自己的作品。他開宗明義，提議這種關於地球的理論建構應該稱為「地質學」（geology），跟研究全宇宙的學問叫做「宇宙學」（cosmology）是同一種道理。於是，這個詞就此確立，只是後來意思有了些許調整。再過來幾年，他透過長篇論文詳述自己的看法，以法語、德語和英語發表在若干科學期刊上，當時這些刊物剛開始流通於全歐洲；其他鴻儒肯定對他的著作知之甚詳。德呂克在西歐各地進行田野調查，範圍遠廣於赫頓對蘇格蘭的探勘，至於布豐在法國的踏查就別提了。他宣稱不久前的地球史確實發生過重大事件，他主張這些田調實物就是所謂「大事件」的證據，那個「大事件」則是聖經中記載的挪亞大洪水。

德呂克和布豐與赫頓一樣，其主張奠基於他對現今明顯進行中的自然過程所作的研究，例如侵蝕與沉積，他稱之為「**現時因素**」（causes actuelles），「actual」一詞裡「眼下」的含意，在許多歐洲語言中仍然常見，但英語中已幾乎不再使用。他相信，現在是過去的關鍵——這話簡直是先幫地質學想好了口號。不過，德呂克不像布豐，他是親自動手作調查；他也跟赫頓不同，他主張那些現時因素不會在如今觀察到的地方無限期作用下去。德呂克宣稱田調證據顯示，這些施加作用於如今大陸上的自然過程，始於距今不久的過去，而且持續的時間有限。例如萊茵河與隆河等大河，帶著上游沖刷的沉積物而下，在河口形成三角洲，而三角洲成長的速率可以根據歷史紀錄推估。德呂克拿沙漏（當時的人比現代更常用）作比喻：在一段時間中涓涓流過的有限沙量，能顯現出自從沙漏反擺以來流逝的有限時間量。同理可證，三角洲大小有限，因此其形成必然是始於過去的某個有限時間點。德呂克後來稱這類地景為「**自然的精密時計**」（nature's chronometer），以向約翰．哈里遜（John Harrison）精確無比的航海鐘致敬（航海鐘是十八世紀最偉大的科技成就，讓導航時碰到的緯度問題終於得以解決）。德呂克的「精密時計」遠遠稱不上精準，但這種比喻確實讓他得以主張自己所說的「現時世界」，其存在不可能多於幾千年。今人認為，他所分析的許多地貌，展現了歐洲北部自冰河時期結束起、冰河或冰緣環境消失後幾千年間的變化。

德呂克宣稱，這個估算出來的大概數字，便足以駁斥赫頓對永恆的所有主張（德呂克有一部分的研究，是指名寫給這位蘇格蘭鴻儒看的）。若要符合編年學者計算的大洪水可能發生時間，這個數字才是正確的數量級，也因此能支持他的主張：「現時世界」始於一場與聖經記載相仿的自然大事件。但德呂克不是聖經直譯主義者。據他推測，實際發生的情況是大陸與大洋突然間調換位置：前洪水時代的大陸塌陷到海平面以下，而過去的海床則抬升、乾涸，成為後洪水時代的新大陸。這跟聖經上海水短暫侵入陸地、隨後退去的圖像差距太大了，但這確實能解釋為何沒有人類化石，畢竟大事件發生前所有人類世界的痕跡如今都在海床上。倒過來說，這也能解釋陸地上何以到處都能找到海中生物化石。德呂克眼中，那些化石是他所謂「過去世界」的遺跡。

總之，一場獨一無二、規模龐大的自然「變革」，讓兩個世界截然二分，德呂克以此來重建地球的整體歷史。從他的《地球史與人類史研究》原文書名就能清楚看到，他的目標是歷史，重點則擺在幫《創世紀》洪水故事裡模糊記載的自然事件確立歷史真實性。他曉得洪水的成因是另一個問題。雖然他理所當然認為原因與自然力量有關，但他僅簡短指出可能是某種地殼崩解所造成的（笛卡兒的模型仍然能提供靈感，無論多麼間接）。德呂克努力計算「現時世界」開始的時間，希望盡可能精確。相形之下，他對前洪水的「過去世界」的時間跨度卻交代得模糊不清。不過，他強調這段跨度以人類的標準衡量，必然是漫無邊際：可見他絕非「年輕地球」直譯主義者。無獨有偶，他對洪水故事本身的分析也絕對稱不上一板一眼，而且還把當代聖經學者的看法納入考量。他主張此舉能澄清該事件的宗教意涵，而非削弱其真實性。

當時，其他鴻儒正對地層進行大量研究（將在下一章詳述），德呂克後來寫作時也吸收了他們的成果；他本人也在周遊西歐時看過相關的證據。準此，他把一整個「過去世界」化為前洪水地球史的一系列階段。他就像布豐，以傳統的創世紀「日」來詮釋這段歷史，但把時間長短一如往常擴大到超乎想像的程度。然而，德呂克的序列與布豐的「紀元」不同，他並未隨便攀比《創世紀》，而是認真排序。但這種排比就跟他對大洪水敘事的描述一樣，沒有必要精確，自然也稱不上照字面解釋。德呂克在乎的是憑藉導入自然世界的新發現，不只要守住，更要深化創世與洪水兩段敘事的宗教意義。相較於布豐，德呂克的自然事件序列沒有規劃好的必然性，也不標榜預測未來。相較於赫頓，德呂克的序列裡沒有提到自然的智慧設計，也不標榜永恆。他認為這些自然事件的成因完全跟自然界有關，當然，那些自然成因也是安排在一個無所不包的神聖「天意」脈絡中。總而言之，德呂克的理論所描繪的地球史，就跟「現時世界」的人類史一樣偶然，而「現時世界」則是這段歷史之大成。

這一切相當於跟其他大多數的地球理論（諸如布豐、赫頓的理論）分道揚鑣。德呂克的理論仍然是別具雄心的整體觀，但他擯棄了過往模型的一個關鍵：他的理論是過去與現在的劇情概要，但不包括未來。他擯棄了非歷史性的假設，不認為地球的未來全由自然法則所決定、按部就班發展，在原則上可以預測。究其根本，德呂克理論中的地球是偶然且重視歷史的，但他對作用力的自然屬性之重視也一分不減。更有甚者，這種絕對現代的觀點，其靈感再清楚不過了，那些靈感來自德呂克直言不諱，甚至充滿熱情的基督教有神論。

不像布豐和赫頓，高壽的德呂克活到了十九世紀。但他的地球理論和其他許多人的一樣，因為過時而遭人棄之不顧，而且整個「整體觀」的類別皆已失去價值。儘管如此，大為擴張的地球歷史探索活動，仍是新世紀「地質學」的特色，而上述三種恢弘理論都有特定部分延續下來，甚至是重新流行、得到運用，而且成果豐碩。不過，下一章還是會停留在十八世紀下半葉，以探究本章中隱約浮現於表面的兩個相關主題。其一，人們看待地球歷史事件發生的時間跨度，在此時急遽擴大，只是通常隱而未顯。其二，整體觀、地球理論等過去與未來的發展梗概，是志在為一切提出解釋，但類似德呂克這種詮釋地球的歷史方式，卻開始在目標沒那麼遠大、但確實更貼近大地的研究中得到發展與運用。

CHAPTER

4 擴大時間與歷史

化石：大自然的錢幣

十七世紀的鴻儒鮮少覺得有充份的理由，去質疑傳統的世界歷史時間尺度、其所使用的量級是否正確，而編年學者的嚴肅研究又強化了這種看法。伍德沃德與薛澤爾等活躍於十八世紀早期的人，並不認為自然本身的古文物（以化石為主）暗示著自然的歷史比幾千年來得長，因為人們向來把這樣的時間長度視為理所當然。但到了十八世紀下半葉，能確實證明地球時間尺度長上許多的證據開始迅速累積。然而，這段擴大後的時間如何以歷史性的方式解讀，漸漸成為一件更為關鍵的事。事實證明，追尋地球在時間之中或許曾發生過什麼、何時發生與如何發生，要比單純試著衡量所需時間的總量級來得重要許多。時間與歷史一前一後拓展開來，但「深歷史」變得比「深時間」更為重要。

啟蒙運動的文化氛圍造成許多影響，其中之一就是大幅提升人們對於地球以及其所有物產的好奇心，而且各種規模都有，大如火山與山脈等巨型自然地貌，小至能收集、蒐藏、展示於博物館的「標本」或樣品。十八世紀比起十七世紀是名符其實的大蒐藏時代，尤其是跟「自然史」這種描述性科學有關的物體。和動植物標本（與動物學、植物學相對應）並列的，是屬於自然界第三大「王國」的標本，也就是「礦物學」的主題（當時的礦物學包括對岩石與化石的研究，比今天的範圍寬廣許多）。在所有這些樣本中，化石尤其引人入勝，這正是因為此時人們對化石已經習以為常，認為它們是自然本身歷史的殘跡。虎克稱之為自然的「錢幣」，這隱喻變得很常見，而自然界錢幣的範圍之廣、種類之多（以及它們作為地球歷史證據的潛在價值），也因為化石蒐藏家的努力而大幅擴張。有許多種化石在十七世紀時被人質疑，認為說不定根本不是有機物，但此時也獲得承認，視為確實曾經存在過的生物之遺骸。會有這樣的轉變，泰半是因為蒐藏家找到了比過去保存狀況更好的化石。例如外型獨特而美麗的菊石。菊石以前保留下來的都是個空模，或是壓扁在頁岩上，但後來發現的標本證明菊石無疑有著空腔殼，盤旋為優雅的平面螺旋狀，跟如今外殼光滑、價值不斐的活體鸚鵡螺殼多少相仿。更叫人詫異的例子，是一種稱為「箭石」（belemnites）的子彈型堅硬物體，經常跟菊石在同樣的石頭中發現。箭石具有堅硬的礦物結構，這讓它看似不可能是任何生物的一部份。不過，十八世紀有人找到保存更完整的樣本，證明箭石本身只是某種軟體空腔殼生物（就像非螺旋版的鸚鵡螺）身上最堅硬的部分，也因此最容易保存下來。因此，箭石也能跟菊石一起被當作大自然本身的古文物看待。

十八世紀時，歐洲許多城市的博物館變得親近許多，至少對受過教育、得到社會尊重的民眾而言是如此。伍德沃德偉大的私人化石蒐藏（死後贈與劍橋大學）就是其中一個例子。只要為這些最精美的標本繪製精準的視幻覺（trompe l'oeil）版畫，出版為插圖豐富的套書，就能有「紙上博物館」的效果，而且成了可以攜帶、更容易被觸及的東西。無論是實體還是紙上的博物館，最引人注目的都是歐洲幾個特殊、零星地點找到的化石，因為其保存格外完整。這些地點包括位於巴伐利亞的佐倫霍芬（Solnhofen）、康士坦茨（Konstanz）附近的厄寧根（Oeningen），以及維諾那（Verona）近郊波爾卡（Bolca）等地的採石場，這些地點都是現代所說的「化石庫」（*Lagerstatten*），如今最有名的是不列顛哥倫比亞的伯吉斯頁岩（Burgess Shale）。這幾個地方遠近馳名，利潤豐厚的精美標本國際貿易隨之興起，化石蒐藏家與博物館館方都是買主。這些化石讓人過目難忘，纖細的結構鉅細靡遺。它們保存在一層相當薄的岩層中，顯然原本是質地非常細密的泥狀沉積物，而且是在非常平緩的水中以非常緩慢的速度沉積的。根據伍德沃德、薛澤爾與其他許多人的想像，所有化石應該出於一場短暫、劇烈的「洪水」事件，但前述的這些化石卻削弱了過去的這種主張。有好幾條推論的發展線開始暗示地球的時間尺度或許需要大幅延伸，這是其中之一。

圖 4.1 ——版畫，畫的是石灰岩板上的龍蝦化石，來自巴伐利亞知名的佐倫霍芬一地。這張畫收錄於一七五五年的一本「紙上博物館」，也就是有大量插圖的多卷本自然史。這種精細的化石雖然已經壓扁了，卻仍然在薄岩層表面保存完好。因為有這些化石的緣故，這塊石灰岩以及其他地方類似的岩石，看起來都不太可能是任何短暫的聖經大洪水或地質學洪水期間，甚或是任何劇烈的自然事件中所沉積出來的。

地層：自然的檔案庫

這些獨特的單一岩層及其中保存絕佳的化石，只是整個厚得多的地層的一小部分，這個現象更是強烈暗示整體地層所代表的或許是一大段時期。然而，光是閉門在博物館裡研究岩石與化石，是無法讓人接受這一點的，田野調查有其必要。處在自覺的啟蒙時代，田野調查的價值愈來愈受人重視——就算普羅大眾不關心，至少還有博物學家會關心。根據定義，田野調查就是要在戶外進行：例如像字面所寫的到田野裡，或是前往採石場，沿著海岸峭壁走，甚或是爬上高山、走進礦脈深處。田調通常很累人，跟文明的舒適沾不上邊。博物學家不能把工作交給下屬，他必須親力親為（幾乎都是「他」在做，因為戶外的田野調查跟室內的標本蒐集不同，女性的活動深受當時的社會舊慣所局限）。博物學家必須用自己的雙眼，「下田野」看岩石或山脈長什麼樣子，期間經常得仰賴社會底層民眾的草根知識，讓農人、採石工與礦工指引他到最重要的地點去。

許多博物學家之所以從事田野調查，主因並非滿足自己的科學好奇心，而是有更實際的理由。田野調查是十八世紀下半葉的標誌，當時有好幾個歐洲國家政府成立礦業學校，為國內蓬勃發展的礦業訓練科學人員（不列顛把採礦完全交給私人企業，算是例外）。想在任何特定地區尋找、開採全新的礦藏，就需要釐清、描述地底下的地層結構，之後才能為開闢新採石場、開鑿新礦脈豎井提供指引。這類詳盡的立體測量帶來礦物學的新分支，時人稱為「地識學」（geognosy，

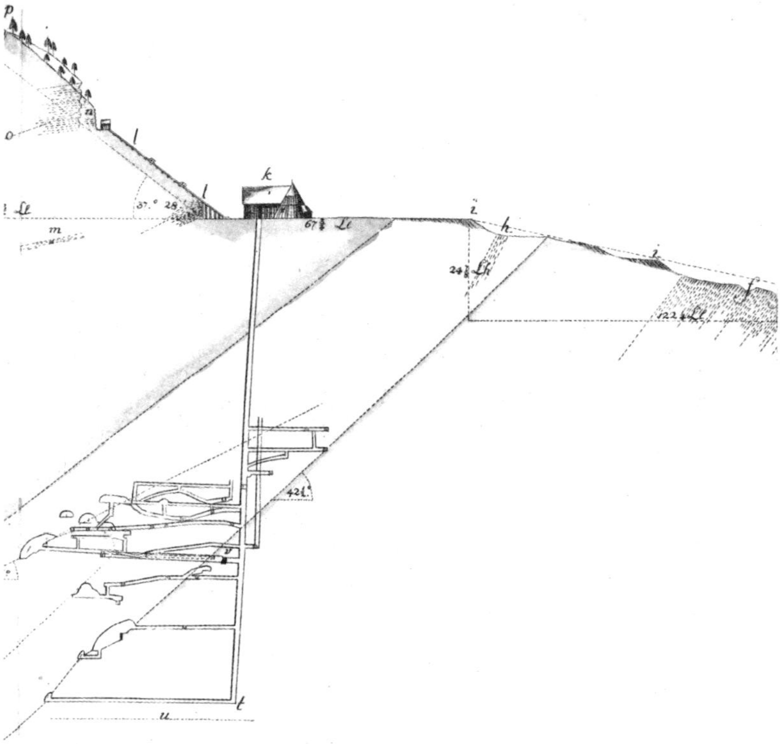

圖4.2——日耳曼北部哈次（Harz）山區一處礦坑的剖面圖，畫出垂直的「豎井」與水平的「橫坑」，空白處則是所要開採的沉積礦物。這些地底下的作業與地表的可見的岩石相結合，便能讓人以立體的方式繪製出岩層結構——此處是一組以約四十五度角傾斜的岩層。這只是地識學的初步工作。這張剖面圖是由地識學家弗里德里希·馮·特雷布拉（Friedrich von Trebra）於一七八五年所發表。特雷布拉是弗萊堡的薩克森礦業學校最早的畢業生之一。

意即「Earth-knowledge」)。這些自稱為「地識學家」的人，把精力主要用於描述地殼的組成與結構，而非為自己觀察到的事物提出因果解釋，更別提重建地球過去的歷史。他們經常把自己嚴謹而細碎的調查，跟德呂克倡議稱之為「地質學」的那種理論建構劃清界線，認為地質學不啻於花俏的猜想。

不過，若干以因果和歷史來詮釋岩石及其結構的方法看來不僅可靠，而且幾乎無法不去使用，連最硬頸的地識學家也躲不掉。他們發現，許多地區的岩石都能劃分為兩大類，這讓人想起斯泰諾一世紀以前在托斯卡尼所辨識的結果。他們把花崗岩、片岩與板岩等位置最低、顯然最為古老的岩石稱為「第一紀」(Primary 或 Primitive)岩層，而且通常認為第一紀岩層誕生於行星歷史最早的階段。由於裡面沒有找到化石，人們多半認為這些岩石早於生命出現之前。砂岩、頁岩與石灰岩等則疊加在第一紀岩層上。這類岩石顯然比較年輕，有些似乎是由第一紀岩層的碎片構成的，因此稱為「第二紀」(Secondary)地層。許多第二紀岩層包含化石，有時候數量還相當豐富。這些岩石(第一紀與第二紀皆然)大多顯示為多層狀，因此人稱「成層」(stratified)岩——這暗示成層岩是一層層漸漸累積的(花崗岩等少數岩石體積龐大或「不成層」〔unstratified〕，這多少支持了赫頓的主張，即它們是以相當不同的方式成形的)。各種岩石都可以成組歸類為特別的單位，亦即所謂的「層」(formations)，其在地表上的露頭經常遍布原野，可以畫在地圖上。第二紀岩層裡有個知名的例子，叫做白堊層(Chalk formation)。白堊層遍布歐洲西北，最顯著的組成岩為潔白的石灰岩；狹窄的多佛海峽分隔了英格蘭與法國，海峽兩側就能看到上述石灰岩。另一個例子是煤炭層，其中除了許多侵入的砂岩與頁岩層外，還帶有一層細薄但貴重的煤層：曾經為初生的工業革命（尤其是不列顛的工業革命）提供動力的，正是這層煤。

植物學家分類植物，動物學家分類動物，地識學家也試圖為一切各式各樣的岩層做分類。例如在日耳曼薩克森地區弗萊堡的礦業學校教書的頂尖地識學家，亞伯拉罕．維爾納（Abraham Werner），便發表了《對不同岩層的簡易分類與描述》（*Kurze Klassifikationund Beschreibung der verschiedenen Gebirgsarten*，一七八七年）。他本人在豐富的田野調查中閱歷無數，對當代人在其他各類地區的發現也有認識，這本書就是打算為眾多田調新發現建立一點秩序（維爾納的這本小冊子跟斯泰諾一世紀前的作品一樣，都在為一部從未問世的巨作做預告）。書名寫得很清楚，這本書是在分類、描述各**物種**（species）——和植物學家與動物學家為動植物物種所做的規劃一樣。但這本書並不打算，或者說並非以透過因果過程來解釋地層的形成，當然也稱不上是地球史。維爾納在每一個類別中列出各式各樣的「物種」，但並未提及任何必然的岩層累積順序。

不過，就像斯泰諾，地識學家們泰半認為第一紀岩層與第二紀岩層之間的分野，反映出某種具有方向性的地球史：從早於生命首度出現的時期，到隨後有著豐富生命的時期。維爾納後來還提出「**過渡**」（Transition）型地層類別，不只是因為這類地層在整疊岩層中處於中介位置，也是因為在其中只發現少數、難以辨認的化石。在這種地球史綱要中最接近現代的一端，他和其他地識學家已經劃出一種「沖積」（Alluvial）類別，即鬆散的砂礫沉積物。沖積層疊在硬岩上，因此其形成時間顯然也比任何硬岩更晚；此外，沖積層明顯是由那些較古老岩層的碎裂物所組成，例如能夠符合其他地方底岩的獨特花崗岩與石灰岩卵石或巨石。

地識學家在歐洲好幾個地方進行仔細的田野調查，發掘出大量的第一紀岩層與第二紀岩層（以及其上的沖積層）。這類岩層上面多少都覆蓋著土壤或植被，但在峭壁、河床、採石場與礦坑等地就直接可見。不過，其龐大的整體厚度與多樣性卻教人意想不到。對於認識地球歷史來說，這些發現的意涵是人們無從躲避的。如果現在還去主張所有第二紀岩層形成於單一、短暫的洪水事件——無論你所想像的是全球海平面平緩的升降，或是一次短暫而猛烈的超級海嘯，都變得難以自圓其說。十八世紀中葉後，已經很少有人堅持把第二紀岩層與聖經記載連在一起了。事實上，由伍德沃德與薛澤爾提出的全球大洪水事件所代表的洪水理論，已經逐漸消失在鴻儒的辯論中了（但還留在資訊不充足的民眾之間）。大洪水本身其實完全沒有消失在他們的討論內容裡，但主張其歷史真實性的人，已經不再宣稱這場洪水有能力造就所有的第二紀岩層及其化石。從今以後，第二紀岩層就被人們劃歸到地球的前洪水歷史了。第二紀岩層形成後若發生大洪水，其可能的痕跡則僅限於沖積層：儘管厚度有限，這些沉積物遍布之廣，仍足以作為某種據信是全球性事件的遺跡。對於地殼的結構、以及其地層形成順序的地識學新認知，顯然意味著連大洪水（如果這樣的事件真有發生過）也必然是地球史上相對晚近的事，只不過對人類歷史來說是很遙遠的過去。

這件事再度顯示地球的整體歷史，恐怕比編年學者過去計算的幾千年要長得多。

更有甚者，連最完整的化石蒐藏，裡面也沒有人骨化石或人造器物的標本。就算有，也大有問題，甚至有高度爭議。前面我已經提到，薛澤爾曾宣稱自己辨識出「一位大洪水見證人」。十八世紀晚期還有幾個類似的主張。一位博物學家報告說，在巴黎近郊一處採石場內堅實的第二紀岩層找到了一把鐵鑰匙，但物件本身並未保存下來，只有某個採石工的證詞。另一位博物學家則描述在布魯塞爾郊外的採石場發現了一把精製石斧，但這把石斧的重要性，還是得看採石工說「斧頭是在堅硬的第二紀岩層，而非棄置於表土層」的證詞是否可信。還有一位博物學家報告在日耳

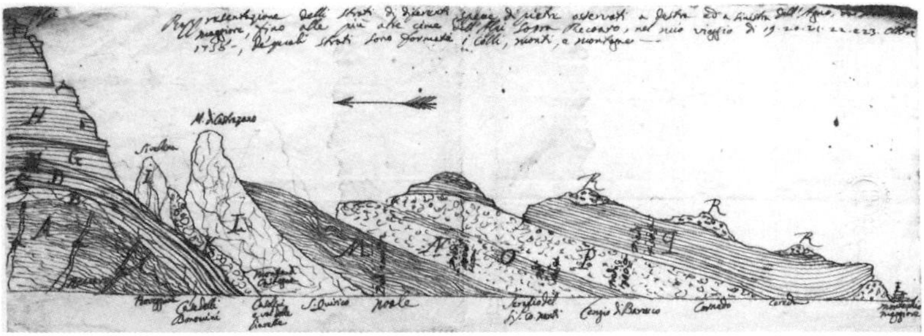

圖4.3——威尼斯地識學家喬凡尼・阿爾杜伊諾（Giovanni Arduino）在一七五八年畫了這張地殼剖面圖，呈現出從北義大利平原一直到阿爾卑斯山（箭頭指向北方），由河谷一側所能看到的各種龐大的岩層堆疊。位置較深，也因此較古老的岩石（左方）為「第一紀岩層」；位置較高、較年輕的（右方）則是「第二紀岩層」。從M一直標到Q的堆疊，總厚度達數千英呎（用現代的話來說，這些岩層的年代是從二疊紀到漸新世）。岩層堆疊如此之厚，看來就像是代表了相應時間跨度之廣，遠超過傳統上僅僅幾千年的時間跨度。雖然這張畫從來沒有公開發表，但在旅途中曾經拜訪過阿爾杜伊諾的博物學家們，幾乎肯定有看過這張畫，而且阿爾杜伊諾說不定還是在田野現場展示給他們看的。這段剖面圖畫出來的長度約為三十公里；垂直比例經過大幅誇大，以清楚呈現其結構。

曼地區一處洞穴的沉積物中找到一些人骨，連同大量的動物骨頭化石，但這些骨頭說不定出自某種在洞穴地面挖的墓葬，時間也晚得多。這類主張若非可信度不高、不能作為證據，就是太過仰賴於社會下層民眾的證詞——一旦他們知道講出什麼話，能讓博物學家獎賞他們的發現，說不定就會這麼說。當然，上述這些全都是消極證據，但學者們仍然沒能在第二紀岩層的豐富化石中找到任何確切無疑的人類生存痕跡，甚至連沖積層內都沒有。這暗示上述沉積物必然是在漫長的前人類時代中累積而成的，因此，人類必然很晚才出現在地球上（這正是布豐明講出來、學者們普遍有的猜想）。

火山：自然的古蹟

在所有召喚人們前來田野調查的自然景致中，就數火山最能引發十八世紀受過教育之人的遐想。維蘇威活火山的身影，壟罩著義大利南部大城拿坡里。這座火山是歐洲鴻儒（與貴冑遊人）在遊歷古代世界古蹟與景點的壯遊中所不能錯過的一站。人們認為去看維蘇威山，甚或是在火山平靜時爬上山頂的火山口，是跟造訪山腳下遭到掩埋的羅馬城市赫庫蘭尼姆（Herculaneum）與龐貝遺跡同等重要的行程。這兩座城市已經在十八世紀早期重見天日，發掘結果也讓人興奮不已。羅馬時代的赫庫蘭尼姆與龐貝，在西元七十九年一場有詳細記載的火山爆發中被毀，這件事

圖 4.4 ——一七六七年，維蘇威火山爆發，熔岩流威脅山腳下的拿波里城。這張蝕刻版畫發表在威廉．漢彌爾頓爵士的《坎皮佛萊格瑞》(Campi Phlegraei，一七七六年；內文並非義大利文，而是法文與英文)，他在書中以豐富的插圖描述了這個火山地帶。維蘇威火山本體的龐大火山錐（被火山爆發點得相當明亮）顯然是由連續的熔岩流與火山灰落塵堆積而成。時代更晚的熔岩流與火山灰，還可以憑藉歷史紀錄定年，一直回溯到西元七十九年那場知名的爆發。左邊黑色的山丘是索馬山（Monte Somma），漢彌爾頓將之詮釋為更古老的火山錐殘餘——顯然可以把一連串的火山爆發往更古老的時代推去。此情此景是根據當時風景畫的戲劇性風格所繪，這種風格也挺適合用來描繪這項具有科學重要性的地貌。

代表人類歷史與自然歷史一次驚人的交錯。不列顛駐拿坡里大使威廉・漢彌爾頓爵士（Sir William Hamilton，他後來娶了迷人的愛瑪，她是海軍提督何瑞修・納爾遜勳爵〔Lord Horatio Nelson〕的愛人。這是一段知名的三角戀情）下足功夫，成為首屈一指的火山與古文物專家。造訪拿坡里的遊客或許會帶回家的，不只是類似「伊特魯里亞」花瓶的古文物，還有火山岩石與礦物。從古文物家的角度，漢彌爾頓指出前者其實是希臘花瓶，而從博物學家的角度，漢彌爾頓則把後者寄給倫敦皇家學會，增添自己報告特定火山爆發事件的風采。自西元七十九年以來，維蘇威山有許多有史可徵的爆發，而西西里島上山體更大的埃特納火山則有更多清楚的紀錄。漢彌爾頓意識到，這些爆發之前必定還有一長列類似的爆發，可以一直回溯到古代希臘人抵達當地之前的無記錄時代。這些由火山灰與熔岩流構成的龐大火山錐，顯然是以更古老的岩石為基。這一切皆暗示，無史可稽的時代恐怕比此前認為的來得久遠。

有人在法國多山的中央高原發現了死火山，而這些死火山距離所有活火山有上百英哩。這項驚天動地的發現，強化了前述的推論。當火山岩石在法國中部這個偏遠地區找到的消息一出現，博物學家尼可拉・德馬雷（Nicolas Desmarest）便馬上跟進。當時他在附近正好有行程，主要是向法國政府報告當地產業情況。德馬雷以前曾陪著一位年輕貴族壯遊，行程包括造訪拿坡里與維蘇威火山，他因此有辦法認出火山的特徵，甚至是隱藏在晚近植被下的地形。他在奧弗涅（Auvergne）行政區發現許多明白無誤的火山錐——鬆軟的火山灰蓋在火山口上，以及從火山口流出、往山谷延伸數英哩、同樣明白無誤的固化熔岩流。不過，法國各地都沒有任何火山爆發的歷史記載，當地的民間傳說也沒有曾經有人目擊的跡象。德馬雷找到一座小湖泊（一位羅馬晚期詩人〔兼早期基督教主教〕喜歡來這兒釣魚），其存在得歸因於熔岩流阻塞河谷、形成天然水壩所致。這座湖強力證明所有類似的火山爆發，必然早於羅馬時代，甚至早於任何地方最早的人類文字記錄。法國中部的死火山旋即在科學界聲名大噪，也暗示火山活動可能回溯到久遠的地球歷史中。

Avec un Courant de Lave qui donne naissance à un pavé de basalte prismatique.

圖4.5——一座死火山，位於法國多山的中央高原區，一道狹窄的熔岩流（示意）從山頂的火山口流出。在前景的受侵蝕熔岩河畔，顯示出其組成為稱為玄武岩的岩石，有其獨特的垂直柱體。這張阿札克切口（Coupe d'Aizac，位於南奧弗涅維瓦萊鄉間）的版畫，是在一七七八年，由與德馬雷同時代的年輕人巴瑟勒米・弗賈斯・德・聖豐（Barthelemy Faujas de Saint-Fond）所發表，他後來在巴黎成為世界上第一位「地質學」教授。

隨著德馬雷對整個奧弗涅火山地區的詳細研究出爐，火山活動可回溯到久遠以前的可能性也更接近真實；他使用的地圖，是一位在七年戰爭結束時失業的軍事測量員幫他畫的。德馬雷發現，河谷地面的熔岩流跟附近若干山頭覆蓋的類似岩石吻合。如果山上覆蓋的岩石也出自火山，其必然是順著早已消失的河谷流下。德馬雷主張，古時候引導熔岩流的山丘，肯定已經被雨水與河流沖刷等緩慢、但可以觀察到的現象（德呂克說的「現時因素」之一）所磨去，最終導致古代熔岩留在山頂上成為乾燥的山地，下方則是較新的河谷（這一區的岩床相對柔軟，遭到侵蝕的速度遠高於堅硬的熔岩）。山峰與谷地等於交換了位置。假如侵蝕的過程確實跟看起來一樣緩慢而穩定，這就暗示了造就如今奧弗涅地貌所需的時間，絕對得大幅延伸，遠超過人類的整體歷史，而且這段過程看起來沒有被任何類似大洪水的事件打斷過。

重點是，德馬雷跟編年學者借來他們的關鍵概念「紀元」，從人類歷史領域搬到自然歷史領域。接著他又借了斯泰諾的方法（斯泰諾的著作在科學界仍相當有名），利用可觀察的「現在」去穿透撲朔迷離的「過去」，接著調轉方向，重建從過去到現在的真實歷程。德馬雷在早期的報告中提到時代最晚的火山錐與熔岩流時，將之歸屬於「第一紀」，畢竟時間最接近現在；但後來他重新改名為「第三與最後紀」，以反映這些地貌在當地歷史中的位置。（德馬雷使用「紀元」這種表達方式的時間，比布豐早得多。但布豐在科學界更有份量，他發表的《論自然諸紀元》把注意力搶走了。）他還特別提到不久前開挖的赫庫蘭尼姆遺址（保存狀況比龐貝好得多），與自己對

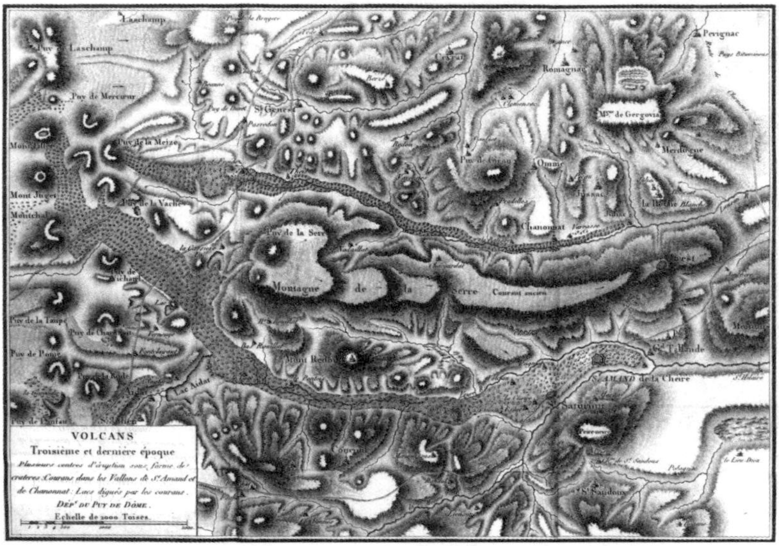

圖 4.6 ——德馬雷為奧弗涅一小塊地方所畫的詳盡地圖，圖上有兩道熔岩流（以點畫法呈現）從小小的火山錐流出，由西（左方）向東流入兩個平行的河谷。兩河谷之間是一段狹長的高原，同樣也是往東傾斜，頂上為堅硬的玄武岩所覆蓋。德馬雷的解釋是，這是更古老的熔岩，過去曾經流經類似的河谷。不遠處的山丘（也有玄武岩覆蓋）則是其他古代熔岩流的痕跡，受到的侵蝕更為嚴重。德馬雷把這所有的熔岩流，視為該地區兩段獨特的火山活動「紀元」的產物（岩床下方找到的玄武岩卵石，則暗示有更古老的第三個紀元）。時代最晚的其中一道熔岩流，則回流成一座小湖（艾達特湖〔Lac Aidat〕，左下方）。已知這座湖自羅馬時代就已存在，也就是說，連「最後這第三個紀元」在時代上也早於人類的歷史記錄。這張地圖直到一八〇六年才發表，但它是根據德馬雷在一七七五年時，於巴黎的法國科學院所展示的地圖為基礎；圖片描繪的區域寬二十公里。

奧弗涅過去歷史的重建是可以相互對照的。

然而，德馬雷的結論完全基於自己以下的主張：他說，奧弗涅山頂上的岩石（稱為「玄武岩」）是古代熔岩。其實，這種質地細緻的黑色岩石，其由來仍有高度爭議（製陶業者約書亞．瑋緻活〔Josiah Wedgwood〕發明的知名粗陶——「黑色玄武岩」，就把這種岩石模仿得唯妙唯肖）。玄武岩經常集體形成壯觀的正六角形石柱：在整個十八世紀愈來愈有名的例子，是北愛爾蘭海岸的「巨人堤道」（Giant's Causeway），以及位於蘇格蘭西部外海斯塔法島（Isle of Staffa）的「芬格爾洞」（Fingal's Cave）。玄武岩的厚岩層也經常出現在砂岩、頁岩與石灰岩等第二紀岩層的中間，這些岩層顯然當初是沉積在已消失的海洋中：有名的實例可見於索爾茲伯里峭壁（Salisbury Crags），上面有垂直的玄武岩柱，高聳於赫頓的愛丁堡故鄉。

但德馬雷仍主張玄武岩絕對是熔岩。比方說，他發現在奧弗涅當地若干相對晚近、且無疑是火山熔岩的岩石中，也能看到同樣的六角形石柱。這類田調證據終究說服了大多數博物學家，使他們相信玄武岩必然是火成岩，只有一小批有影響力的少數（維爾納是其中之一）依然主張玄武岩是某種固化的沉積岩（研究細粒岩微觀結構的技術有助於解決這個謎團，但這要到十九世紀中葉才發展出來）。由於這些博物學家皆飽學古代經典，有人便把他們的爭論笑稱為「火神派」（Vulcanists）與「海神派」（Neptunists）的對決，即一位古代神祇信徒之間相互的對抗。最後，多數人都同意玄武岩屬於火神的國度，海神則繼續執掌其他大多數的岩石。有一位重要的博物學家認為，這整起玄武岩爭議只不過是茶壺裡的風暴，畢竟其中涉及的只是多種岩石中其中一種的歸類（這種想法有其道理）。要不是玄武岩的由來對於地球本身的歷史來說有著重要的暗示，這起爭議就真成了一段無關緊要的科學拌嘴。一旦意識到玄武岩是種火成岩，也就顯示原以為可能屬於「現時世界」的火山活動，其實得往回延伸到「過去世界」的時代，亦即各種第二紀岩層大量沉積形成的時候。不妨說，火山顯然是地球運作體系中不可或缺的組件，而不只是現況中表面的地貌（人們以前曾經認為，為火山活動提供動力的，說不定是第二紀岩層的煤礦層在地底下燃燒所造成）。

自然史與自然的歷史

德馬雷提到，在赫庫蘭尼姆的古文物挖掘，就像他對奧弗涅死火山所做的研究。一位年輕的博物學家仿效德馬雷，到中央高原的另一個地方——維瓦萊（Vivarais）地區做研究。研究中，他把這種跟人類歷史的有力比喻用的淋漓盡致。這名博物學家就是尚—路易．吉羅—蘇拉維（Jean-Louis Giraud-Soulavie）。他年輕時在某個村莊擔任牧區教士，當地正好能看到一座死火山的全景，他因此對死火山引發的有趣問題有第一手的了解。後來他搬去巴黎、展開鴻儒生涯，在七卷本的《南法自然史》（*Histoire Naturelle de la FranceMeridionale*，一七八〇年至八四年）中詳述自己廣泛的田野調查，並提出自己對結果的詮釋。其實，他這套書更接近傳統上具描述性的「自然史」。蘇拉維認為「重建自然本身的歷史」（此處是指這個詞的現代含意）是個仍然新穎、未經充分探索的概念，書中滿是這種看法。他自命為「大自然的檔案管理員」，宣稱要釐清火山的「物質編年」，以編纂「物質世界年鑑」。各式各樣的岩層（包括他認為是古代熔岩的玄武岩）都是自然的「古蹟」與「碑文」，記錄著該地區悠久的自然「紀元」序列。

德馬雷與蘇拉維就像許久之前的斯泰諾與虎克，他們將編年學者與古文物家使用的方法與觀念，仔細從人類世界搬到自然世界，從人類歷史的短暫跨度搬到地球本身歷史幾乎無法想像的深度中，而且比斯泰諾與虎克還要徹底。他們這麼做的時候，不僅是人們對考古學新發現感到興致高昂的時代，更是出色的人類歷史書寫之學術成就問世的時代——例如愛德華．吉朋（Edward Gibbon）的巨作《羅馬帝國興衰史》（*Decline and Fall of the Roman Empire*，一七七六年至八八年）。這一點絕非巧合，無怪乎蘇拉維後來改寫吉朋所寫的那種歷史，發表一份舊政權統治下法國政局的詳細研究。他跟德馬雷以讓人不得不服的方式，展現了如何用詳細、可靠的類似方法對自然證據進行與人類歷史寫作同等仔細的觀察、檢驗，藉此重建自然的歷史。但其他眾多博物學家並未立即跟上腳步：蘇拉維已經指出，這種思考方式仍相當新穎，不為人所熟悉。不過長期看來，他們以人類歷史書寫類比的作法，確實演變為重建地球歷史的關鍵策略。

除了維瓦萊地區的火成岩，蘇拉維還描述了三種第二紀岩層組成的疊層。他發現能夠根據各自獨特的化石群，從整個地區辨識出三種第二紀岩層（以現代的用語，這些化石在年代上分屬於侏儸紀〔Jurassic〕、白堊紀〔Cretaceous〕與中新世〔Miocene〕）。研究歐洲其他地方第二紀岩層的博物學家，也有注意到岩層及其化石之間的這種關係。此前人們並未密切關注這件事，但很顯然位置較深、較古老的第二紀岩層（現代用語來說，是屬於中生代〔Mesozoic〕）經常含有菊石與箭石，而較淺、較年輕的第二紀岩層（今稱新生代〔Cenozoic〕）則完全沒有這兩種化石；反過

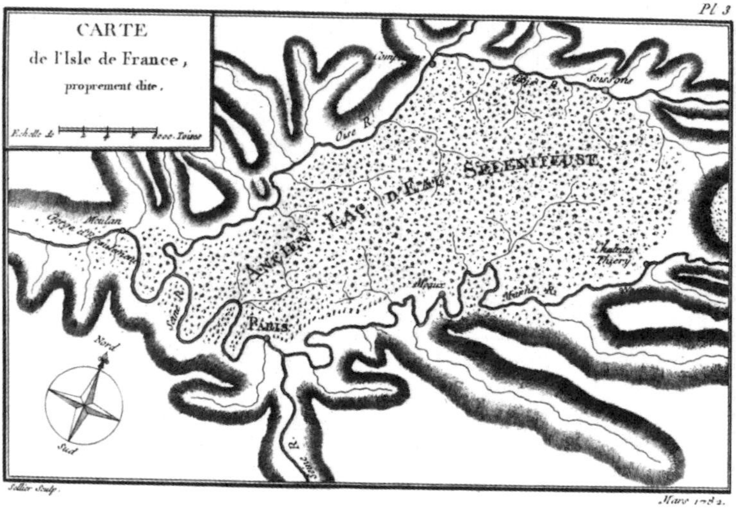

圖 4.7 ——巴黎北方一處龐大的乾燥湖泊，是透過該地區第二紀岩層中這個位置獨有的石膏沉積證據重建出來的。這張地圖（現代稱為「古地理」地圖）是法國博物學家羅貝雅·德·拉瑪儂（Robert de Lamanon）在一七八二年發表的；他把這些石膏（即亞硝酸鹽）解釋為「過去的亞硝酸鹽水」沉積出來的蒸發岩（evaporite，這也是個現代用詞）；湖長約有一百二十公里。這是個把岩石與礦物進行的結構與地識學調查得知的結果，類似這種明確採用歷史角度加以解釋的例子在十八世紀下半葉仍然不常見。

來說，較年輕第二紀岩層中的貝殼化石，也比古老第二紀岩層中的化石更接近今天海中的甲殼生物。然而，人們對於這些現象該如何詮釋仍莫衷一是。蘇拉維主張，在他提到的地層中，化石的排列順序紀錄了一部份真正的生命發展史。但其他博物學家則傾向於認為化石的差異，僅僅反映了生物生活與沉積物累積的環境多變的狀況（今稱為沉積物的**沉積相**〔facies〕）。古老的第二紀岩層或許沉積在非常深的水中，保存了那些仍生存在該環境的貝類遺骸。

這其實很有可能。虎克老早就意識到，人們對於世界上的動植物所知實在太少：每一次遠距離的航海或陸上探險，都會將此前所未知的動植物標本帶回歐洲。海洋深度更是難以估量。例如菊石，就很有可能還在海中健壯生長。今天所謂「**活化石**」的發現，似乎是很好的間接證據。活海百合（crinoid）是最引人注目的例子——一條長鉛錘線碰巧把它從加勒比海的深處帶了上來。當時若干第二紀岩層中的海百合化石已經相當有名，而這個標本雖然跟化石不盡相同，但顯然很相似。發現深海中的海百合「活化石」，讓人認為菊石的活體也很有可能在未來的某天從深海找到。（腔棘魚在現代的發現，充分提醒人們這種論點仍然有效。如今我們已經知道，這種「活化石」魚在印度洋科摩羅群島〔Comoro Islands〕外的深海中相當常見。）

既然許多（甚至是所有）最常見的化石，或許仍在某個地方以「活化石」的樣貌蓬勃生長，那麼就不能斬釘截鐵說維瓦萊或其他任何地方找到的地層可以提供全球性的生命史。不過，它們當然記錄了地球自然環境在**地方上**的一系列改變。地球在其整段歷史中，說不定都能讓種類大致

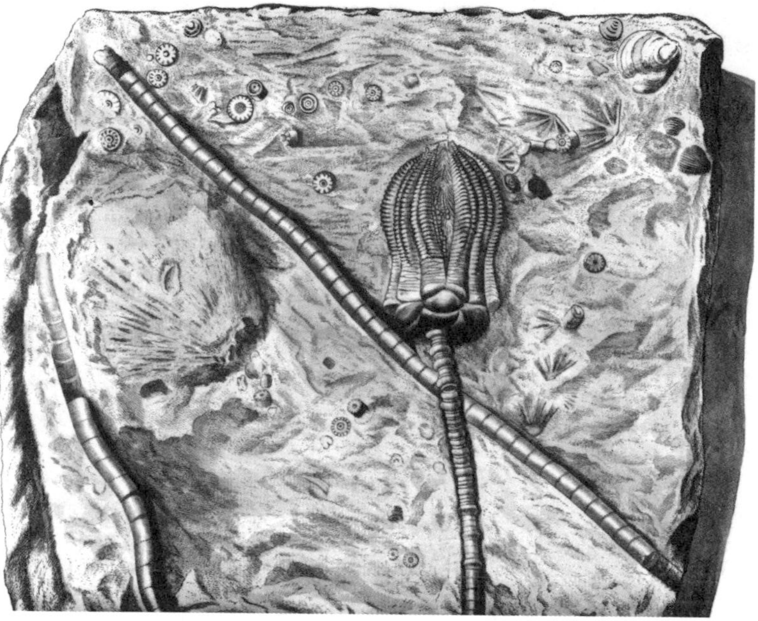

圖4.8——一塊第二紀石灰岩板上的化石「海百合岩」(encrinite,即海百合化石):這是一七七五年一本自然史「紙上博物館」所刊載的版畫。人們原本認為這種知名的化石(在化石蒐藏家之間價值不斐)已經絕種;但類似的海百合卻被人從深海中拉起來,最早是在一七五五年出現在印刷品中(剛好跟這張圖同一年)。這類「活化石」嚴重動搖了「滅絕」的概念,也讓所有生命歷史的重建變得問題重重。這塊石板上還能看到一些小型圓形物體,過去有許多化石讓人們懷疑其是否源於生物,這些物體就是其中之一。但像這塊保存如此完好的標本,卻能表示該物體是海百合的部分軟管。儘管外表看來像植物,人們仍然在不久後意識到海百合基本上跟海星、陽隧足與海膽差不多;這些生物隨後被劃分為「棘皮動物」(至今亦然)。

相同的動植物得以生存，就算地理分布有了變化也一樣。這意味著赫頓（以及比他更早採用地球冷卻模型的布豐）所提出的地球穩定狀態「系統」推論，或許比德呂克帶有方向性、具強烈歷史性的體系更接近真實情況。德呂克一系列不同時期的概念，其靈感來自《創世紀》敘事，只是沒有嚴格按照其鋪陳。除非他的「過去世界」看起來能跟地球上任何一個地方的「現時世界」截然不同，而且其中的動植物以及自然特色也天差地遠，他的理論才會比穩定狀態系統更為可信。貝類與其他海中生物的遺骸（在當時與今天都是最常見的化石）卻讓這一點有了疑問，因為其中許多、甚至是全部的生物，都很有可能仍以「活化石」的姿態存在。但人們對於活著的陸生動物（至少像大型哺乳類等顯眼動物）熟悉得多，因此若要跟「過去世界」的類似動物做比較，以陸生動物為基準或許更好。

這也正是為什麼巨型化石骨頭與牙齒（經常是在沖積沉積岩中發現）會在十八世紀晚期成為博物學家關注的焦點。這類化石在歐洲發現時，未受教育的人總認為它們來自前洪水時代的巨人，但早期解剖學家已經證明這些化石絕非人類。許多人轉而把它們當成大象的遺骸，接著認為是漢尼拔從北非引進、用於跟羅馬人作戰的那些知名大象。然而，歐洲各地都有許多新發現的類似骨頭（最東及於西伯利亞，原住民稱牠們為「猛獁」〔mammoth〕，最西則見於北美洲），人們因此把注意力擺在可能造成這種現象的自然原因，例如大洪水——假如真的發生過巨型海嘯，說不定就能把大象的屍體從位於非洲與亞洲的熱帶棲息地，給打到更北邊的地區（但這種解釋對北美洲的情況不大管用）。

然而謎團卻愈來愈深，因為這類骨頭與牙齒化石中，有一部分顯然不屬於任何已知的現存動物。有些類象牙與類河馬齒似乎都長在同一種哺乳類身上。這種「俄亥俄動物」（Ohio animal，名稱出自北美洲不列顛殖民地大西部的一個著名地點）顯然同時遍布於舊大陸與新大陸較北的緯度帶。若干博物學家把這當成完全滅絕的決定性證據：布豐認為，這種動物說不定適應的是比今天的熱帶溫度更高的環境，之後隨地球冷卻下來而滅絕。但湯瑪斯·傑佛遜等其他人後來卻認為（甚或是出於愛國之情而有此希望）俄亥俄動物仍然存在，而且在美國（當時已獨立）甚少探索的內陸活得好好的。傑佛遜身為美國總統，他指示梅里韋瑟·路易斯（Meriwether Lewis）與威廉·克拉克（William Clark），在兩人橫越大陸前往西岸的知名探險之行中，尋找這種動物。由於有這樣的不確定性，光是這個俄亥俄動物案例，還不足以讓人確信物種的完全滅絕（許多博物學家覺得很難接受這種可能性）是自然世界的常態。整體而論，人們很難證實「根據岩層、甚或是更晚近的沖積層中所有化石的排列順序，來建立一段真正的生命歷史」是可行的做法。

猜測地球的時間跨度

我已經指出，光是研究博物館裡的化石或岩石樣本，還無法讓人充分體會到「地球時間跨度

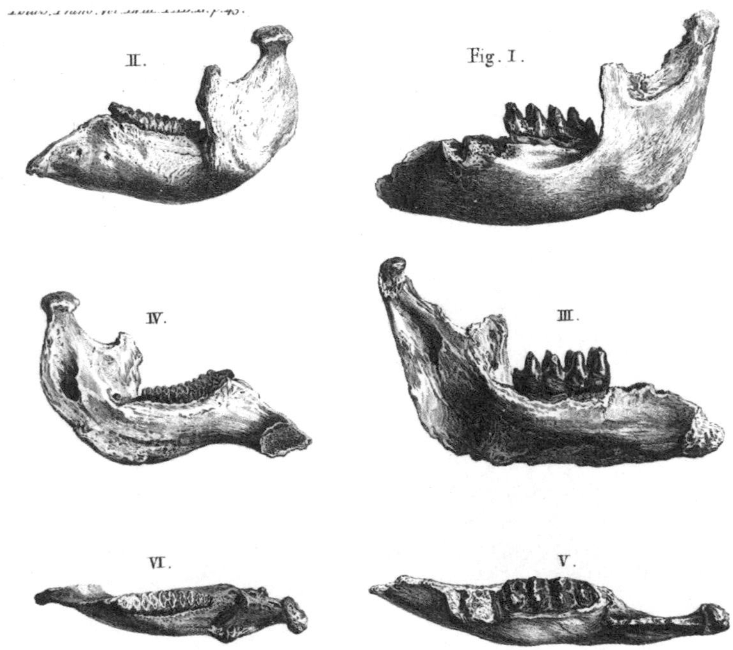

圖4.9——謎般的「俄亥俄動物」（右者，後來命名為「乳齒象」）下顎化石與現存大象（左者）的比較，兩者都畫出了內外側與上方角度。這些版畫是一七六八年時，外科醫生兼解剖學家威廉．亨特（William Hunter）在倫敦皇家學會宣讀論文中的插圖。他主張這種「美洲未知生物」是今人未聞其存在的獨特物種，很有可能是生物滅絕的真正實例。但其他博物學家確認為這種動物仍然以「活化石」的身分生活在世界上某個未經探索的地方。

極大」的這些線索與暗示，只讀圖書館裡的書就更不可能了。對於親自下田野，親眼見證岩層堆疊之深厚與火山體積之龐大的博物學家來說，地球歷史需大幅延伸（而且說不定幾乎整段都是前人類的歷史）是相當具說服力的。他們暗自猜測這些地貌少不了極大的時間跨度，但對於這樣的猜測通常不明講，而且也沒有提出明確數字。這不是因為害怕教會當局的批判，而是有更強烈的理由——他們缺乏可靠的方法來測量所需的時間，也不希望別人覺得自己只不過是亂猜。不過，他們未發表的非正式評論顯示（從所有歷史紀錄中留下來的來看），到了十八世紀下半葉，已經有許多人帶著直接、習慣、幾乎是隨興的態度，以至少數十萬年、甚或數百萬年為單位，去思索地層的積累與更晚近的火山形成。例如維爾納，據說他曾表示或許要一百萬年，他所熟知的深厚岩層才得以堆疊出來。其他人也有類似的猜測。在今天的地質學家眼中，這種時間的長度或許短得可憐，但這顯示他們在十八世紀下半葉的前輩已經邁出關鍵的想像步伐，以遠超越傳統上數千年的跨度來思索地球本身的歷史。在當時，就連想像個數十萬年，其衝擊力也跟想像個數十億年相去無幾。就算是比較小的那個數字，也足以讓整個已知的人類歷史相形見絀。如此寬廣的時間跨度簡直匪夷所思。

截至十八世紀下半葉，田野證據足以說服許多博物學家相信，在思索一切有關地球的問題時，都把某種極長的時間尺度看得理所當然。布豐明確提出、甚至公開發表這樣的跨度，但他遭受批評的原因並非其數字之大（畢竟若以當代人的標準來看，這數字還算小的），而是因為他提出的數字精確得嚇人，偏偏他所根據的卻是有爭議的猜測。赫頓把沒有極限的時間跨度視為理所當然，但他也不是因為不明確的數量級而遭到批評，是因為其中毫不遮掩的永恆論。德呂克的做法比較典型——除了最接近現在的時期（「現時世界」）以外，他拒絕為任何時期的長度加上數字，同時他還為此前的所有時期（「過去世界」）配上一段無法給出精確數字的龐大跨度。在這一門學科後來的歷史中，擁有相關領域經驗的人對於「地球的時間跨度必然讓人類整體信史顯得渺小」再也沒有懷疑；但普羅大眾缺乏這種第一手的知識，反而抱持相當不同的看法。到了十八世紀後期，鴻儒們認為「地球之古老讓人無法置信」的想法已無需再論，這種理所當然的態度，就跟他們上個世紀的前輩們認為「區區幾千年便足以度量地球歷史」時是一樣的。從今以後，任何一位主張或提及極長時間跨度，或是單純相信「地球極端古老」的鴻儒，都算是順勢而為（認為這種觀點的改變，要留待十九世紀早期地質學、甚至得等十九世紀後期達爾文演化論才出現的想法，其實是現代人的誤解）。

許多自視為基督教信徒的鴻儒，就跟當時不在乎宗教的人一樣，不覺得這種擴大後的時間尺度有什麼問題或麻煩。我先前提到：傳統常識認為《創世紀》敘事中的關鍵字「日」，指的就是普通的一天，有二十四小時；但早在任何出於自然界的證據讓人開始懷疑傳統之前，聖經學者便意識到這個字有其模糊性。如果這些「日」指的就像未來將臨的「主的日子」所說的「日」，或是指神聖創世大戲中的重要轉折點，那麼世界歷史說不定就遠比幾千年來得長，而這並不影響聖經文字的權威，也不影響其宗教意涵（後者比前者更重要）。無怪乎十八世紀下半葉那些開始把非常長的時間尺度當真的人，並未受到教會當局的批判，只有非常偶發、特定地區性的例外（與今人對當時充滿衝突、鎮壓與迫害的迷思正好相反）。從信仰的觀點看，更重要的是應該持續肯定整個宇宙所具有的有限「受造性」（createdness），力抗那些堅持宇宙永在、因此並非出於創造的人。這是個哲學與神學問題，光靠科學觀察是無法解決的。在如此根本的議題上，虔誠的人才會經常感到自己是需要嚴陣以待的少數派，抱持懷疑的人反而不會有這種感受。例如德呂克，他完全不屬於強勢觀點或專橫正統派，他就覺得自己是在捍衛基督教一神論，去對抗文化上強大的多數派——啟蒙自然神論者與無神論者等「有修養之宗教蔑視者」（cultured despisers，此為神學家弗里德里希・施萊爾馬赫〔Friedrich Schleiermacher〕之語）。

因此，對於德呂克這樣的基督教鴻儒來說，去吸收、支持一段此前無法想像的時間跨度，並且將之用於地球歷史也就不是什麼難事。他們心裡明白，此時世人正將用於理解古典文學的歷史性詮釋方法，開始套用在聖經文本上（現代人有另一項誤解，以為聖經批評直到十九世紀過了大半之後才開始發展）。聖經批評在十八世紀有驚人的發展（遠甚於烏雪的時代），但它不必然是此前人們所經常描繪的反宗教利器。聖經批評是一把雙刃劍（當然，此前我已經指出，此處的「批評」一詞跟文學、音樂或藝術「批評」是同樣的意思）。人們確實常常打算用聖經批評來削弱傳統宗教信念，或是使之失效，而這麼做的時候經常是為了服務於世俗政治目標。不過，推動聖經批評的同樣可以是某種希望——希望深入理解聖經文本對原始作者與讀者而言具有的意義。若想以切合、有益於當代宗教信仰實踐的方式傳達箇中深意，就必須有這種深刻的理解。因此，縱使人們早已不再用過去的「字面」方式來詮釋創世敘事（任何熟悉科學新發現的人都不會這麼做），但創世故事仍然是思索地球整體時豐沛的靈感泉源。

總而言之，比起單純擴大地球時間跨度的量級，真正的要緊事是去問在這段大幅擴張的跨度中，要重建何種性質的地球歷史。前面已經提到，深歷史比深時間重要多了。具體來說，聖經的創世敘事能讓鴻儒們預先適應（除非他們積極反對任何宗教），使他們自然而然把岩石、化石、山脈與火山當成地球歷程的證據。《創世紀》是一段由人們能夠理解，但偶然、不會重複的事件序列所構成的故事，地球及其生靈則以目前的狀態現身，而這段故事已經準備好讓人從字面上的「星期」擴大為難以估量的時間跨度了；人類登台前的創世頭五「日」，已經準備好從一段布置舞台的區區序曲，擴大為目前為止整齣戲最長的一部份。這就是十八世紀下半葉發生的事情——至少是發生在鴻儒間的事情。

不過，截至十八世紀末，這齣大戲的細節仍然撲朔迷離。地球在久遠的過去，是否跟如今的狀態有極大的差距？若有，那又是多麼不同呢？人們對此並不清楚，尤其完全不確定生命是否真有發展歷程可言，抑或是種類大致相同的動植物始終未曾遠去。相較於人類的整個歷史，地球的歷史顯然漫長得難以想像。至於人類究竟是否能詳細得知這段久遠的前人類歷史中發生什麼事，而且像對人類歷史的掌握同等有自信？這一點仍不得而知。這就是十九世紀早期尚待解決的問題，也是下一章的主題。

CHAPTER

5

撐破時間的極限

滅絕，確有其事

截至十八世紀晚期，對於相關證據有第一手經驗的博物學家們，已經有了心照不宣的共識——地球歷史的整體時間跨度，必然大幅超越前幾代人信以為真、當作常識的區區幾千年。不過，在這一段剛拓展開來的深時間跨度中究竟發生什麼事，始終五里霧中。學者們探勘、描述了歐洲好幾個地方的岩層堆疊，顯示在一段起初並無任何生命存在的期間（以第一紀岩層為代表）之後，是另一段海中充滿大量生物的時期（以第二紀岩層為代表，其中經常有豐富的化石），而人類一直到最後一刻才出現在舞台上（顯然完全沒有任何化石代表他們）。可是，就連這種粗略的地球深歷史輪廓，都帶有不確定與爭議。就說布豐吧，他把這段歷史擴張成《創世紀》中創世敘事的世俗版本，但他的說法建立在薄弱的證據上，很容易被人當成純屬想像的科幻小說。德呂克根據大量的證據，主張在相對晚近的過去曾發生一場獨一無二、斷裂性的「鉅變」；但是，由於他把這場「鉅變」跟挪亞洪水的故事畫上等號，像赫頓等拒絕採用任何宗教文獻、不接受自然常態發展會有這種例外偏差的人，便會強烈否認他。赫頓等於同時拒斥布豐以截然不同的「紀元」構成的序列，以及德呂克的戲劇性晚近「鉅變」；他反而主張地球是一架平順運轉的自然「機器」，類似的「世界」不斷重複循環，始於永恆，終於永恆。

即便因為所有這類整體觀太自不量力、太不成熟而姑且不論，但其他博物學家的研究——在尺度上沒那麼宏大，但在田野調查方面通常做的比較透徹——在重建更可靠的地球深歷史時，成果也相當有限。尤其是，他們的圖像對於生命本身是否真有任何發展的歷程（除了姍姍來遲的人類以外），仍莫衷一是。深海發現的「活化石」意味著任何顯而易見的早期生命歷史序列，或許都只是根據對現今世界不夠充分的知識所推導的假象。例如較深、較古老的第二紀岩層中有豐富的菊石與箭石，較年輕的地層則無，但這或許只是跟牠們在當時與現在的深海棲息地位置有關。說不定，牠們並未完全滅絕。除非生物滅絕確實是自然世界經常發生的情況，否則就不能把化石當成大自然可靠的「錢幣」或「遺跡」，作為地球深歷史早期階段的可信證據。偏偏人們對滅絕一事完全無法確定：所有紀錄詳實的滅絕案例，都能歸結於人類近期的所作所為，知名案例如印度洋模里西斯島（Mauritius）上面不會飛的渡渡鳥。何況人類的本能會強烈懷疑這類大自然中生物滅絕的真實情況，無論是猶太—基督教有神論中慈愛應人的神，或是啟蒙自然神論中幾乎非位格性的至高存在，既不會也不能允許任何受造的物種走向滅絕，除非是因為罪惡的行為，或者是因為人類粗心之過。

因此，對於任何想了解久遠過去的嘗試，滅絕問題都是關鍵。正因為如此，骨頭化石才會在一八〇〇年前後成為博物學家注意力的焦點。「俄亥俄動物」的化石對這件事沒有決定性的影響，因為就算實際上跟任何已知哺乳類完全不同，但這種動物說不定仍然以「活化石」的樣貌，生活在北美洲或中亞未經充分探索的內陸。不過，要是能證明還有其他化石骨頭跟任何現存物種截然不同，完全滅絕的說法就會更為有力。所以，化解這種不確定性的最大希望，就在於比較化石與現今動物的骨頭，而且要調查得更細緻，檢視的物種範圍也要更大。

有一位博物學家在恰到好處的地點與時間做了這件事，事實證明他也有這一行需要的絕佳天分。法國大革命最血腥的階段恐怖統治結束後不久，年輕的喬治．居維葉（Georges Cuvier）獲得任命，成為自然歷史博物館的下級職員。自然歷史博物館才剛經歷「民主化」，從君主制舊政權底下由布豐專斷管理的巴黎學會中脫胎換骨。人在館中的居維葉得以接觸世界上最好的動物學標本蒐藏，這對於比較化石與現今物種來說，可能是最好的資料庫了。他抵達巴黎後不久，法蘭西學會（此機構取代了舊有的皇家科學院，就像自然歷史博物館的情況）便收到了若干版畫，畫的是西屬美洲出土、不久前在馬德里拼成的化石骨頭。居維葉把這些骨頭跟世界各地現存的哺乳類相比較。他提出驚人的主張：最接近這種動物的是現存的樹懶與食蟻獸，而這些他後來分類為「貧齒類」（edentates）的哺乳類動物，可是比化石骨頭小得太多了。這暗示著他稱之為「大懶獸」

（megatherium，意即「巨獸」）的動物恐怕已經滅絕了，畢竟牠體型這麼巨大，如果現今尚存，人在南美洲生活或工作的歐洲人必然會聽到消息。就像「俄亥俄動物」，「大懶獸」是自然史研究逐漸使用全球資源的絕佳實例，只是實際上仍幾乎都侷限在歐洲式的解讀。

幾乎在同一時間，居維葉仔細分析了猛瑪象的化石骨頭與牙齒，跟現存的大象比較，從而強化了自己的論證。他很幸運，館方恰好獲取了相關的新標本，那是從荷蘭掠奪來的文物（法國在不久前的革命戰爭中征服了荷

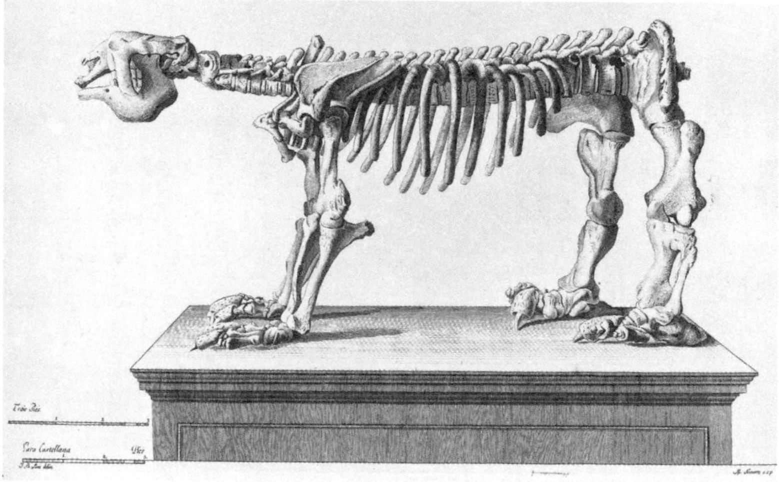

圖5.1——這具巨大的化石骷髏（將近四公尺長，兩公尺高），是西班牙博物學家胡安—保蒂斯塔・弗盧・德・拉蒙（Juan-Bautista Bru de Ramon）在馬德里的皇家博物館中，用西屬南美洲布宜諾斯艾利斯附近的沖積物中找到的一套骨頭化石拼出來的。一七九六年，館方把這張當時仍未發表的版畫副本寄給巴黎的法蘭西學會，年輕的喬治・居維葉認出這動物是隻巨大的樹懶，將之命名為大懶獸（*Megatherium*），並斷定牠可能已經絕種了（現代的研究則以兩腳站姿呈現之，讓牠用後腳站立）。

蘭)。居維葉證實印度象、非洲象是截然不同的物種。更有甚者,他還宣稱猛獁象與兩者完全不同。他主張其間的差異之大之徹底,就跟(打個比方)山羊跟綿羊一樣;這些差異無法只歸諸於年齡、性別或環境的影響。布豐主張在西伯利亞發現熱帶哺乳類動物遺骸一事,證明全球正逐漸冷卻,但居維葉的發現卻嚴重打擊了他的說法。此外,動物屍體是被巨大海嘯型態的大洪水從熱帶掃到西伯利亞的另一種說法,可信度也大受影響。假如猛獁象確實是不同的物種,說不定找到骨頭的地方就是牠生存的地方,意即非常能適應當地至今依舊的嚴寒氣候。這一點不久後便得到證實,有人在西伯利亞凍土中發現猛獁象骨架,連厚重的皮毛一起保存了下來。居維葉相信,這種比較解剖學的事實「就我看來,證明在我們的世界之前,還存在一個被某種災難摧毀的世界。」他來到巴黎之前就讀過德呂克的著作,這位老鴻儒的看法——「過去世界」因為猛烈的自然「革命」而與現今世界斷裂——仍清清楚楚迴盪在他心裡。

居維葉隨後研究「俄亥俄動物」,斷定牠其實跟大象或猛獁象完全不同,應該另立一個新的屬,他命名為「乳齒象」(mastodon,暗指其巨齒上乳房狀的突起物)。他進而主張在西伯利亞隨猛獁象一同發現的犀牛骨化石、巴伐利亞洞穴中找到的大型熊化石,以及從世界各地沖積層中找到的其他許多哺乳類化石,全都跟目前現存的相應物種不同(用今天的術語來說,他研究的是更新世巨型動物〔Pleistocene megafauna〕)。法蘭西學會意識到這項研究無與倫比的重要性,幫居維葉發表了一份聲明,呼籲博物學家與化石蒐藏家能把進一步的標本,或者至少是精確的素描寄來給他。縱使當時正值世界上第一場全球戰爭（編按：指十九世紀初的拿破崙戰爭），國際間仍慷慨響應，讓他得以大幅擴充相關標本的資料庫，他也穩定發表科學論文，分析一個接著一個的哺乳類化石，各自與現存最接近的相應物種做比較。

居維葉採取精準的科學研究策略，把研究焦點擺在大型陸生動物遺骸上，因為這些物種的後代（要是有任何「活化石」存在的話）很難視而不見。就算牠們生活在各大洲未經探索的偏遠地帶，大型動物就是不太可能躲過注意；即便博物學家還沒有親眼

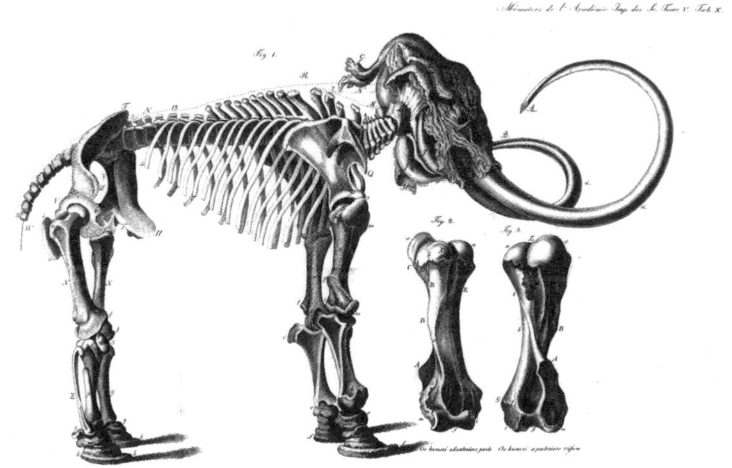

圖 5.2 ——一七九九年，一具完整的猛瑪象骨骸在西伯利亞凍土中出土，送往聖彼得堡重建，重建結果在一八一五年發表。骨頭上堪堪留下了些原本包裹著整隻動物的厚毛皮。這暗示該物種已經充分適應西伯利亞北部的極地氣候，而非居住在今天印度象與非洲象所生活的熱帶氣候（居維業早已如此主張）：人們再也不能把猛瑪象當成地球漸冷，或是猛烈大洪水、超級海嘯等的證據了。（猛瑪象的巨大大腿骨〔股骨〕約一公尺長，這張圖也擺了大腿股的兩張放大圖，以充分利用印製這張版畫的昂貴銅版。）

見到活體，牠們也很可能出現在獵人的報告，甚或是原住民口耳相傳的傳說中。居維葉體認到，自己支持生物滅絕屬實的論點，只能靠機率加以證明。他能證明這些化石與現存任何物種之間有別，只要這樣的化石數量愈多，該物種就愈有可能真已滅絕（居維葉的研究在一八一二年完整發表，同年還有一部同等重要的數學機率巨作出自他的老同事皮耶—西蒙．拉普拉斯〔Pierre-Simon Laplace，他讓機率的概念廣為人知，影響深遠〕）。他的論據要靠累積，隨著他對各種化石骨頭的細緻分析發表得愈來愈多，其主

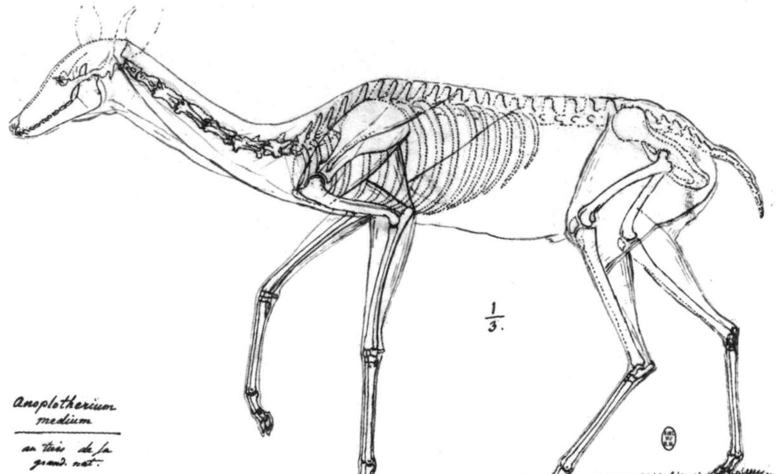

圖 5.3——居維葉讓一頭從蒙馬特（Montmartre，當時是巴黎城郊）的石膏層出土的絕種哺乳類動物之一（無防獸〔*Anoplotherium medium*〕）「復活」了。對於各式各樣的現存哺乳類，居維葉擁有無與倫比的比較解剖學知識與認知。藉此，他不僅能用許多四散的化石骨頭重組出整副骨架，更能重建動物的外貌與可能的姿勢，甚至加上眼睛與耳朵。不過，他從來沒有發表過這張與其他類似的圖畫，或許是因為擔心科學界的同儕會認為這些圖案純屬臆測，不能接受。

張也更形穩固。

居維葉在博物館的一位同事誇獎他，說他在科學舞台上就像「雨後春筍」。年輕歸年輕，他還是很快就成了巴黎首屈一指的鴻儒之一；雖然連年戰亂，但巴黎仍然是科學世界無庸置疑的中心。他在比較解剖學上有著無與倫比的知識，讓他得以重建哺乳類化石的骨架，即使手邊有的只不過是一大堆分散的化石骨頭也難不倒他（他並未如後來的傳說那樣，宣稱自己有能力只靠一根骨頭就能重建整隻動物的樣貌，他只有說自己在情況不錯時，能辨認出這骨頭屬於哪種動物）。他對於動物身體結構與功能間關係的深度認識，更是讓他有能力推斷（幾乎跟辨識骨頭時一樣信心滿滿）這些已成化石的哺乳類動物過去如何生活、移動，以及長什麼樣子。聖經中有個段落，先知以西結在異象中見到滿是枯乾骸骨的平原。居維葉暗自援引這個典故，宣稱自己能讓化石骨頭復生，至少是在腦海中；他還用打趣的口吻說，自己可沒有神奇號角之助。他「復活」這些動物，就跟他家隔壁、博物館園區中動物園的動物一樣有生命力。居維葉等於豐富了德呂克「過去世界」的概念，讓裡頭多了一間迅速拓展的動物園，住著此前未知的各種哺乳動物，其中許多有著驚人的大小，而且全數都已滅絕。即便有更多的「活化石」現身（有是有，但情況稀少），也愈來愈難用牠們為化石和現有物種之間的差異做出全面的解釋。至此，人們已經把滅絕當成自然世界確實會發生的事情。化石因此可以當成「過去」的可靠見證，而過去與現在截然不同。深歷史確實是個陌生的國度。

地球的上一場鉅變

居維葉適時再刷自己的論文，變成四卷本的《化石骨頭研究》（*Recherches sur les Ossemens Fossiles*，一八一二年）。書中有一大篇導論，是根據他過去給受過教育的巴黎人講課的內容所寫的。導論一開始，他就自稱為「新種的古文物家」：說新，因為他的研究聚焦在相對少人探索的大自然「遺跡」——化石骨頭。他可以「修復」這些骨頭，重建動物的樣貌，以追尋「地球的古代史」。他從人類歷史借來的隱喻，就跟上一輩的蘇拉維一樣俯拾皆是。但提到將傳統的「自然史」轉為真正的自然**歷史**（這個詞的現代含意）時，居維葉是更有力的新一代研究者。

居維葉拿聲望更高的天文學與宇宙學等科學進行生動的比喻；他把自己的著作題獻給拉普拉斯——他在巴黎的贊助人與當代最偉大的宇宙學家。宇宙學家藉由讓束縛於一個小小行星上的人類，了解支配太陽系星體運動的自然法則，已經「撐破空間的極限」了；居維葉則志在「撐破時間的極限」，讓前人類時期歷史以可信的方式，傳達給束縛在這顆行星的人類所知。有需要撐破的並非時間跨度本身：居維葉就像其他鴻儒，認為這個跨度相較於人類歷史，簡直長得無法想像，比如：恆星視差（stellar parallax）能證明星際空間必然大得難以想像，但當時的天文學家還無法測量之。問題的關鍵在於居維葉的主張，他主張哺乳動物化石與現存同類之間的差異，肇因於一場相對晚近的大規模滅絕事件，化石因此能視為某個超乎於人類歷史紀錄、與今天截然不同的

「過去世界」留下的遺跡。

但居維葉的說法也有人反對，反對的人認為上述物種說不定殘存到人類時期，接著像渡渡鳥一樣，因為人為因素而滅絕。為了還擊這種看法，居維葉化身為古典學者，重新檢視古代希臘人、羅馬人對當時已知動物的大量文字敘述與圖像。排除明顯的神話生物，他指出其餘所有動物其實都是目前已知存在的物種。關於現存物種與化石之間的差異，在居維葉的看法以外就只剩另一種可能的解釋（如果「活化石」無法成立的話）——一位較居維葉年長的同事不久前才開始支持這另一種解釋。尚—巴蒂斯特·德·拉馬克（Jean-Baptiste de Lamarck）是博物館的軟體動物與其他低等動物（後人稱之為「無脊椎動物」〔invertebrates〕）的專家，他主張：動物的物種究其根本只是種虛構或主觀認定的分類單位，因為所有生命形式都會根據各自的天性持續不斷變化。只要時間足夠，任何一個物種都會慢慢、自然而然轉變（transmute）為另一個物種（不用「演化」這個現代詞彙，而是採用當時的「轉變」一詞，有助於把拉馬克的構想跟達爾文等人後來提出的概念區分開來）。拉馬克認為，假如化石有異於現存物種，那是因為後者已經徹底轉變了；假如兩者相同，則是因為時間不足以讓任何可以察覺到的轉變發生。無論何者為是，拉馬克都否認有任何物種已經滅絕了，除非是人類所導致。

居維葉回擊拉馬克的論點，拿古埃及人的聖獸朱鷺為測試拉馬克說法的例子。拿破崙在革命戰爭期間遠征埃及，隨軍的鴻儒們蒐集了一些製成木乃伊的朱鷺遺骸。居維葉將古代朱鷺和博物館裡現代朱鷺的標本做比較，認出古代朱鷺跟當時尼羅河流域數量仍多的朱鷺是同一個物種。大約三千年時間時間裡，朱鷺的解剖構造並未出現能察覺到的變化。他承認，若跟無邊無際的地球歷史相比，三千年是極為短暫的時間，但假如所有物種確實都在持續轉變的話，縱使流逝的只是一小段時光，也應該顯示若干細微的改變才是（天文學家採用類似的推算方式，他們測量極長的外行星軌道時，是用一段短更多的時間裡的精確觀測來估算的）。反正，居維葉就是覺得拉馬克的緩慢轉變學說根本不成道理。就他看來（大多數動物學家也作如是想），每一個物種都是一架「動物機器」，體內每一個器官與其他所有器官共同構成整體，實現特定的生活方式（用現代的說法，大多數的動物皆恰好適應特定的環境）。任何緩慢的轉變，都會讓物種的身體結構脫離可存活的狀態，早在達到新的可

> We admire the power by which the human mind has measured the movements of the globes [i.e., the planets], which nature seemed to have concealed forever from our view; genius and science have burst the limits of space, and observations interpreted by reason have unveiled the mechanism of the world. Would there not also be some glory for man to know how to burst the limits of time and, by observations, to recover the history of this world and the succession of events that preceded the birth of the human species?

圖 5.4 ——宇宙學與新的地球科學——亦即德呂克的「地質學」——之間的類比。語出居維葉巨作《化石骨頭研究》（一八一二年）的導論（原為法文）。目前已經「撐破」或可以「撐破」的那個極限，並不是空間與時間的區區尺度，而是人類超脫直接經驗，去認識這兩者的能力；居維葉實是暗指拉普拉斯談「天體運行機制」的大作，一般認為後者的作品讓牛頓的宇宙學更為完滿。

行狀態、成為新物種、對不同的新生活方式適應良好之前，就會讓物種不適合生存了。因此，居維葉相信物種是個確切無疑的自然單位，在形態與習性上必然穩定，否則他們將因為環境突然的改變而滅絕（或是穩定直到他們因此滅亡為止）。

假如成為化石的物種已經完全被目前的全體物種所取代，而非從一個物種徹底轉變為另一個物種，那麼，是什麼導致第一組物種滅絕，而第二組物種又是從何而來？居維葉認為，必然是一次重大的自然「改變」或「災難」，導致舊有物種死光。可能是古代大陸突然間崩落到海面下，就像德呂克的主張；或是像其他人所說的，有一場超級大地震引發了超級大海嘯，例如一七五五年一次規模較小的海嘯就摧毀了里斯本城一樣。為了瞭解新物種來自何方，居維葉提出一個四兩撥千斤的思想實驗，提到澳大利亞新發現的有袋哺乳動物與知名的亞洲胎盤哺乳動物，表示當兩者各自居住的大陸在未來若遭洪水淹沒或浮出海面時，將會有遷徙的情況發生。這種設想挺省事的。新物種取代了滅絕的舊物種，而新物種的起源難題就這麼擱置了。不過，對居維葉的研究來說，無論是滅絕還是起源問題，都有點離題，因為他心裡所想的是重建自然的**歷史**。當他提及滅絕與起源時，他的目標其實都在於確立這些事件的歷史真實性，那些造成滅絕和起源的自然原因，都不是他真正在意的問題。

居維葉沒有在自己的論證中，偷渡任何「物種的滅絕或起源並非純屬自然的事件」的暗示。推動他建構理論的動力，並非聲援任何一種現代式創造論的渴望。他在路德派（Lutheran）的環境中長大，在文化上則是始終忠於法國為數不多的新教徒少數（主要是歸正宗〔Reformed〕，即喀爾文派）；許久之後，他還為新教徒擔任與政府間的正式聯絡官，幫助他們保護自己的公民權。但他個人的宗教信仰似乎只是表面功夫，甚至可說是敷衍；他虔誠的女兒在早逝之前，還祈禱他能真正皈依宗教。巴黎鴻儒中的無神論者當他是盟友，直到他宣稱地球先前的「鉅變」（以及他那些化石哺乳類的大規模滅絕）除大洪水外別無可能，從而讓他們大失所望。不過，他會這麼說，主要只是因為他試圖追隨德呂克，利用聖經中的事件，把人類早期歷史跟地球本身歷史的尾巴綁在一起，使兩者合而為一。

德呂克認為挪亞洪水確屬史實，但居維葉對於其說法的支持，卻是根植於一個遠勝於聖經故事的廣泛論證。此時，他又當起了歷史學家：他從所有已知擁有文字的古代文化中尋找記載（最遠及於中國），提到許多文獻中都有類似的傳統看法——在這些文化的歷史發端時，都發生某種災難性的洪泛。他重新爬梳所有記載，把《創世紀》故事擺在最重要的位置，因為他認為《創世紀》是同類型記載中最古老的一個（當然也是因為他的讀者最清楚這個故事）。他引用一位頂尖日耳曼東方學與聖經批評家的說法，佐證《創世紀》文本可能成文的時間點，接著他把《創世紀》純粹當成古埃及人古老的文獻（因為當時尚未破譯）的替代品，認為摩西在猶太人長久流亡埃及時很可能對此略有所聞。這一切都很難稱得上是聖經直譯主義者的思維。總之，居維葉斷定，無論這些各種古文化的記載有多麼隱晦費解，甚或是遭到扭曲，它們全都能跟德呂克等鴻儒前輩的看法相容——亦即地球先前的「鉅變」，頂多就是數千年前發生的事。

大洪水因此成為決定性的分水嶺事件，不僅分隔現在與過去的世界，也（幾乎）分隔了人類世界與前人類世界。居維葉承認，在遭逢災難打擊之前，必然有若干「前洪水」的人類存在，否則就不會有生還者對事件的記憶，自然也不會有後續的記錄。但他認為，這些人的分布應該局限於少數有限地區（或許只有美索不達米亞與其他一兩個地點）因此在全球層面上沒有什麼重要性。如此一來，居維葉那個以世界為範圍的消失物種動物園，就不太可能是因為人類活動而滅絕的（就像是消失在小島上的渡渡鳥那樣）。為了證明，居維葉運用自己無人能敵的比較解剖學專業，檢視許許多多與他那些絕種動物一起出土、據稱屬於人類的骨頭。他按部就班，把它們全部剔除。這些骨頭若非根本不是人類，例如許久之前薛澤爾「大洪水見證人」的案例（居維葉鑑別為巨型蠑螈！）；不然就是跟其他化石骨頭不見得出土於同樣的沉積層，因而可能來自不同時代；抑或是其時代其實距今不遠，根本不是化石。他斷定，目前已知的範圍內完全沒有真正的人類化石：毀於地球先前「鉅變」的「過去世界」，幾乎是個徹底的前人類世界。這證實許多鴻儒早已有的猜想：在這場無邊無際的地球整體歷史大戲中，人類直到最後一刻才出現在舞台上。

居維葉「復活」出一間令人讚嘆的絕種哺乳類動物園，將之詮釋為一個遭到某種距今不遠的地理「鉅變」或「災難」所毀滅的「過去世界」。這不只對國際上的鴻儒有巨大的衝擊，同樣也影響了曾在巴黎聽過他講課，或是讀過他出版著作的民眾（讀法語版本或是其他語言的譯本，比聽課機會更多)。他的文筆深具說服力，又位居科學界重鎮的大位，進而確保在十九世紀早期時，鴻儒們都把他「將地球視為自然本身的歷史產物」的想像視為理所當然(雖然稱不上是他原創的)，西方世界受過教育的民眾也普遍吸收了他的看法。

現在：通往過去的鑰匙

不過，情況並非完全按照居維葉及其支持者的意思發展。有些鴻儒無法接受地球先前曾發生異常事件的想法，更別說是一場獨一無二的鉅變。例如，德馬雷在仔細重建奧弗涅的自然發展歷程時，就沒有找到這種事件的證據。據他推斷，光是雨水與河流等尋常的沖刷作用，便足以造成地貌不間斷、漸進的改變了。進入新世紀後，老而彌堅的德馬雷依然堅持上述自然過程便以足夠。赫頓的愛丁堡友人約翰．普雷費爾(John Playfair)在《赫頓地球理論解說》(*Illustrations of the Huttonian Theory of the Earth*，一八〇二年，illustrations，有圖解之意，這本「解說」是文字書，不是圖片書)也提出類似的主張，但企圖解釋的層面更廣。赫頓死後，是普雷費爾的這本書讓他的理論更容易為新一代的人所消化；後來出版的法語譯本更是讓普雷費爾的研究廣為流傳。普雷費爾採用赫頓的散文風格(其實沒像他自己主張的那麼不明顯)，來為自己重寫這個理論的做法增添正當性。赫頓是自然神論者，在他的著作中充斥著「自然的智慧設計」，而普雷費爾卻極力加以淡化，幾乎等於從視線範圍內一口氣吹走。他畢竟是個醫生與天文學家，難怪他會轉而強調不變的自然法則。這些自然法則顯然構成了德呂克所謂的「現時因素」——也就是在現今世界中產生作用、可以觀察到的尋常自然過程。無怪乎循環不已的自然力量過程在普雷費爾的論證中躍居要角。他主張上述的「現時因素」，便足以解釋久遠的過去發生過的事情所留下的所有痕跡，無需引入任何其他的因素，或是去主張任何不尋常或災難性的事件。

至少從斯泰諾與虎克的時代之後，鴻儒們便想當然認為「現時因素」這套思路對於理解地球過去的歷史來說，是最有效的策略，後來還演變成現代地質學家朗朗上口的格言：「現在是通往過去的鑰匙」。由於德呂克本人將眼下可以觀察到的自然過程稱為「現時因素」（*causes actuelles*），這種由現在往回推的方法後來就稱為「現時論」*（*actualism*，「actual」此處的意思是「當前」〔current〕或「現今」〔present-day〕，在如今的英語中幾乎已不再使用，因此現代英語系國家的地質學家對於「現時論」仍然陌生，但對其他地方的地質學家則是耳熟能詳）。不過，發生在地球久遠過去的事件畢竟無法觀察，而「現時」或現今存在的這類自然過程，是否足以為所有發生在那時的事件提供因果解釋，就成了重大爭議點。居維葉對此的態度就很明確。他主張沒有已知的現時自然過程，足以為他提到的大規模滅絕提供解釋，而一場在現今可觀察的世界中找不到實例的不尋常「鉅變」，必然是造成大滅絕的原因。但「不尋常」並不會讓這種鉅變事件比侵蝕等尋常過程少幾分自然，也不會因此就不照自然的物理法則運作。「不尋常」只是暗示特定自然過程或許很偶然才會以罕見的強度發生影響，以至於幾乎像是不同種類的過程。例如前面已經提到的，造成大規模滅絕的「鉅變」或許是一次超大海嘯，就像半世紀前里斯本人目擊、記錄的那種毀滅性自然事件，只是規模龐大許多。

然而，普雷費爾不只提倡現時論的方法，他還提倡赫頓的猜想——地球的運作就像一套循環或狀態穩定的系統，始於永恆，終於永恆。但這一點爭議更大。有愈來愈多證據顯示，在相對晚近的過去發生過一次強度超乎尋常的事件，而地球的上古歷史整體上也有一種方向性（我會在下一章回來談這一點），可是支持赫頓的猜想就必須否定這些證據。對其他大多數鴻儒而言，就算他們對居維葉將那場「鉅變」與《創世紀》大洪水掛勾的作法有所質疑，但去徹底否定任何一種不尋常的自然事件在久遠的過去發生的可能性，對他們來說似乎更有問題，甚至是不可理喻。至少在短時間內，普雷費爾的觀點還找不到幾個支持者。

＊譯註：關於「actualism」一詞，一般有譯「漸變論」、「現實論」者。但作者在書中多次強調，其中的「actual」是時間的概念，而非今天英語中常用的「實際」、「確實」的意思。因此我擬將之譯為「現時論」，以符合作者凸顯地質學「以現在做為過去的鑰匙」的本意。

漂礫作見證

除了來自居維葉的化石骨頭，散落在歐洲好幾處地表上的巨型岩塊（比化石更讓人震撼）也是不久前確實發生過「鉅變」的證據。這種岩塊的組成岩多半跟目前所在地的基岩大不相同，有不少案例中的岩塊甚至跟構成數十、數百英哩外某些地區基岩的岩石相同。這些「漂礫」（erratic blocks）體積太大，數量太多，不可能歸因於人類的活動；但也因為其體積之大，散落範圍之廣，似乎只有一場規模難以想像的自然「鉅變」，才有力量移動它們。這你得眼見為憑。曾經有一位居維葉著作的匿名評論人（說不定是普雷費爾）公開對這類事件的真實性表示懷疑，此時一位日內瓦鴻儒說，只要這個蘇格蘭人自己來看看日內瓦附近的巨型漂礫，他的懷疑就會煙消雲散了：這些漂礫顯然是一路從白朗峰（Mont Blanc）的阿爾卑斯山高處，不知怎地給帶到日內瓦來的。

日內瓦漂礫其實屬於阿爾卑斯山北側好幾條漂礫流中的一支，普魯士首屈一指的鴻儒萊歐波特・馮・布赫（Leopold von Buch）對此已有研究與描述。他當時主要是在該地區的納沙泰爾（Neuchatel）附近調查礦藏資源，此時的納沙泰爾還是普魯士領土。他坦承自己對漂礫完全摸不著頭緒，但最說不通的解釋，大概就是一場突如其來的劇烈大水，例如超大海嘯。過沒幾年，發生在某個阿爾卑斯山谷的的災難消息，卻減輕了馮・布赫的困惑。巴涅谷（Val de Bagnes）附近的山頂有一道岩石與冰構成的屏障，堵塞出一個大湖（今天，同一個地方有個水泥蓋的水壩，供儲水發電用）。一八一六年某日，這個天然水壩突然潰堤，大量而猛烈的混濁泥流傾瀉而下，淹沒了好幾個村子，還把大岩塊以高速沖下河谷好幾英哩。這件事就像個引人注目的小模型，說不定可以放大成同類事件，把馮・布赫之前追蹤的巨型漂礫從阿爾卑斯山高處，一路帶過瑞士高原，堆到北邊的侏羅山（Jura）山腳。這起真正的「現時因素」（用現代的說法，這是某種地表「濁流」〔turbidity current〕），顯示所謂的「鉅變」是確確實實、可以理解的自然解釋。這起「鉅變」發生的時間不可能估算出來，但若以地球整段漫長

圖 5.5 ——一塊巨型第一紀岩層花崗岩漂礫，躺在侏羅山坡的第二紀石灰岩床上，山腳就是瑞士的納沙泰爾城。與該漂礫相同的花崗岩床，則是位於阿爾卑斯山高處的白朗峰附近。這塊特別的漂礫之所以在博物學家之間出了名，是因為萊歐波特・馮・布赫在一八一一年把它當成自己論文中的重要實例，並且在柏林科學院宣讀。這張速寫是由英格蘭地質學家亨利・德・拉貝許所繪：一八二〇年，他在前往義大利做田野調查的途中拜訪了這個知名地點，在現場也看到許多更大的漂礫。這絕對是個國際級的謎團。

的歷史來看，顯然發生在非常晚的時候；至於能不能把這「鉅變」跟聖經中的大洪水畫上等號，那就是另一個問題了。

馮．布赫等人後來追溯一些特別的漂礫蹤跡，追了上百英哩，從地勢相對低的瑞典與芬蘭跨過波羅的海，並及於俄羅斯與北日耳曼平原。但這些漂礫比日內瓦的情況更難解釋。例如，聖彼得堡有一塊巨大漂礫，是作為建城者彼得大帝那尊知名騎馬像的底座之用；另一塊出現在柏林附近的漂礫，則是打磨成巨型花崗岩盆，用來裝飾城中心的開闊地。鴻儒們很難忽略這些手邊證據，可以用來證明某種不尋常自然事件。有人猜測這些石塊之所以會有浮力，是因為嵌在冬天的浮冰中，之後才被水掃上歐洲北方各地。但這種猜測只能稍微減輕一點疑惑，鴻儒們還是不知道排山倒海的事情是否可能發生。

蘇格蘭鴻儒詹姆斯．霍爾（James Hall）是主張晚近鉅變事件屬實的人之一。他在探究可能原因時，把這件事跟聖經大洪水之間的關係存而不論。年輕時，霍爾便已跟人在愛丁堡的赫頓成為朋友。但他跟赫頓不同：他到義大利壯遊，回程路上親眼看過侏羅山坡上的阿爾卑斯山漂礫，曉得這些漂礫意味著什麼。回到故鄉後，他在愛丁堡附近發現岩床上有平行溝紋與其他線條紋路，心裡的印象就跟看到漂礫一樣深刻。他認為，假如濁流中帶有大量的小石子，猛烈掃過這片地區，或許就會在經過時在底層基岩造成這些刮痕。為了解釋這個事件本身，霍爾猜想只要海床有任何突然的抬升，規模夠大，就會產生超大海嘯，造成所需的效應（里斯本遭遇的海嘯成了小規模的

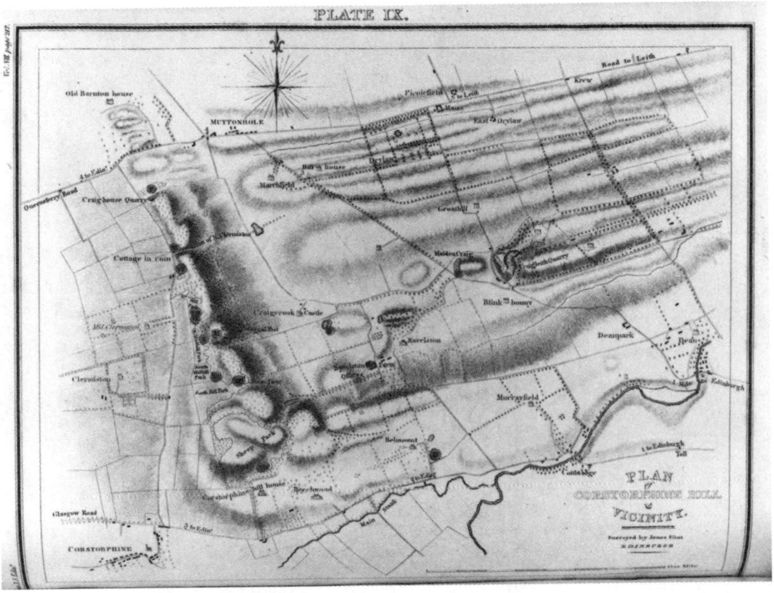

圖5.6——詹姆斯・希爾的柯斯多芬丘陵（Corstorphine Hill，位於今天的愛丁堡郊區）地圖。他把圖上的線狀地形，詮釋為一次「洪波」或短暫的超大海嘯從西向東猛烈掃過所留下的痕跡。他認為，掃過山丘的岩石在岩床上刮出了同方向的痕跡：他列出若干這種有刮痕岩床的知名「樣本」，圖上的黑點就是其所在地，這種自然的古文物就保存在柯斯多芬丘陵這所露天博物館裡。一八一二年，他的論文在愛丁堡皇家學會宣讀，其效果等於邀請其他鴻儒前往當地，親自判斷相關證據。

範例）。霍爾雖然佩服赫頓恢弘的理論，但他認為維持地球穩定狀態的新大陸抬升現象，也可以是突如其來的事件。因此，他主張自己所重建的這起特殊事件，只是無邊漫長的地球歷史中不時發生、成效相同的事件中最靠近當代的例子。除了時間相對晚近之外，這起事件本身沒有什麼特出之處；他宣稱這種偶發的「鉅變」，是地球本有的運作方式。

聖經大洪水與地質學洪水

對於一場發生在相對晚近的過去、情況猛烈的「鉅變」來說，漂礫與居維葉那些引人注目的絕種動物提供了最有說服力的證據。居維葉主張事情發生在人類歷史的開端，他的這種說法尤其吸引人，也格外令人信服。如果這起「鉅變」能夠跟《創世紀》與其他古代記載中的大洪水畫上等號，就能把地質學家對地球深歷史和前人類歷史的嶄新說法接續到人類歷史，構成壯觀的單一敘事。

然而多數的鴻儒都曉得，支持地球晚近歷史中真有一場不尋常的插曲，跟支持這個插曲發生的時間晚得足以等同於挪亞的故事，可說是兩碼子事。人們經常把這個自然篇章本身（假設確有其事）稱為「**地質學洪水**」（geological Deluge）。也就是說，這場洪水是否跟《創世紀》記載的**聖經大洪水**（biblical Flood）是同一件事，抑或是一起發生在久遠以前的前人類歷史事件？這是各自獨立的問題。後人所說的「洪水理論」(diluvial theory，這跟伍德沃德、薛澤爾等人許久前的看法相當不同)，其內容是主張地質學洪水乃是真實發生的自然事件，但這不必然表示支持挪亞大洪水的歷史真實性，有些主張洪水理論的人更是反對挪亞大洪水為真。接下來，「洪水」一詞指的就是這起可能的自然事件，無關乎人們是否相信這場「洪水」就是《創世紀》所記錄的「大洪水」(當時的鴻儒在使用這兩個詞——即「Deluge」與「Flood」——的時候沒有一貫的用法，總之，講英語的人有任意使用這兩者的好處)。

不過，許多博物學家卻不同於馮．布赫與霍爾等人，他們明確擁護居維葉的主張——這場範圍廣大的洪水(人們這時在瑞士與歐洲北部積極尋找其痕跡)發生的時間距今不遠，很可能跟聖經的大洪水是同一起事件。愛丁堡大學自然史教授羅伯特．詹姆森(Robert Jameson)將居維葉著名的導論譯成英文時，把這種偏見帶進譯文的字裡行間。他把居維葉的著作當成新的「地球理論」來呈現，以期有助於駁斥赫頓永恆論帶有的無神論意涵，但居維葉本人其實對所有這一類的整體觀皆嗤之以鼻。詹姆森利用居維葉在科學界的威望，強化不列顛政治保守派跟傳統宗教結盟時的文化權威(從此以後，他處理文字時帶入的偏見，便害居維葉在英語世界中蒙受莫須有的污名)。詹姆森宣稱，儘管反對陣營(尤其是人也在兩人共同故鄉愛丁堡的普雷費爾)有懷疑的聲音，但居維葉如今已證明《創世紀》敘事確為史實。在不列顛，地質學與《創世紀》詮釋之間的關係，也因此跟爭議性的政治與文化議題分不開來，不像歐洲其他地方(關於這一點，故事後來會再次提到)。

詹姆森翻譯的居維葉作品的讀者當中，有一位是年輕的牛津大學教師威廉・巴克蘭（William Buckland）。巴克蘭才剛獲得任命，開了一門礦物學。他選擇把令人興奮的新學科地質學納入自己的講課內容裡。他迅速跟上腳步，研究居維葉的《化石骨頭研究》全本對他特別有幫助（他跟其他受過教育的不列顛人一樣，閱讀法文對他輕而易舉，就像今天非英語世界的科學家得看英文一樣理所當然）。巴克蘭採納居維葉對地質學洪水的定年，但他卻按照德呂克的做法，專注於地質學洪水與聖經故事之間的相符之處，不像居維葉那樣爬梳各種不同文化的文獻。他之所以凸顯洪水屬實的證據，是因為他認為這是說服牛津同事們的機會，讓他們知道地質學並非威脅，而是一門值得在他們的大學裡——也就是英格蘭教會的知識重鎮——傳授的科學。如果可以證明地質學洪水就是聖經大洪水，地質學就能證實《創世紀》故事的歷史真實性，從而全面強化聖經的權威。

巴克蘭簡直是在家門口外就馬上找到支持洪水的新證據，為馮・布赫、霍爾與許多學者已經描述過的現象提供生力軍。巴克蘭在未來的妻子瑪莉・莫蘭（Mary Morland）協助下（地質學田野調查通常不讓女人參與，她則是顯著的特例），為牛津周邊的沖積礫石沉積物繪製地圖。他注意到，這些沉積物中有些卵石與眾不同，絕對不是源於當地。他發現這些礫石（和裡面的卵石）不僅沿泰晤士河谷一路分布到下游的倫敦，上游也有，越過科茨沃爾德丘陵（Cotswold Hills），再到北邊的英格蘭中部（Midland）平原——他在這裡找到卵石的源頭。當他在重建是什麼樣的歷程創造出這種教人困惑的分布時，他推測這些小卵石就跟巨大的阿爾卑斯山漂礫一樣，可以當成大自然的古文物：他們標示出一道龐大的「洪流」（diluvial current），其路徑顯然掃過英格蘭的這個地區，其發生時間就地質年代來看則相當晚近。地質學家不久後開始把這類沉積物統稱為「洪積物」（diluvium）。「洪積物」不同於定義更狹窄的「沖積物」（alluvium），如今，「沖積物」專指時代更晚，甚至是洪泛後的沉積物。洪積物不僅包括礫石和大塊的漂礫，還有分布甚廣的「冰磧物」（till）沉積——亦即「冰礫泥」（boulder clay），其中滿是尺寸不一、充滿稜角的大石塊。由於眼下世界上沒有已知的作用會形成冰礫泥，因此相當令人困惑。

巴克蘭不像馮．布赫和霍爾，他把自己重建自然界「洪流」的過程，跟居維葉聚焦在化石證據上的作法相結合。他第一次巡禮歐陸時，是一八一五年拿破崙終於敗在滑鐵盧（Waterloo）之後，此後英格蘭人才真的能到處旅行。巴克蘭特別跑去看了位於巴伐利亞的知名洞穴景點，此時已經有大量的化石骨頭從裡面發掘出來了。據居維葉的鑑定，這些是熊的骨頭，但其體型遠大於任何已知的物種，說不定現已滅絕。但是，這些熊在洪水前就已棲息在當地，亦或是洪水期間從其他地方（說不定很遠）被水掃過來，就不得而知了。

巴克蘭很幸運。一八二一年，一處在國內不遠處發現的洞穴，使他得以解決這個謎團，並利用化石骨頭，將地球深歷史的重建提升到新的境界。誰都料想不到，英格蘭北部約克郡（Yorkshire）科克戴爾洞（Kirkdale Cave）發現的骨頭之所以能提供決定性的證據，恰恰是因為這個洞穴遠比巴伐利亞的小了許多，也更不引人注意。巴克蘭利用居維葉的方法，辨識出這些骨頭來自各式各樣的動物，小至水鼠，大至猛獁象。但這個洞穴實在太小，地質學洪水的大水不可能把更大的動物遺骸掃進洞裡。巴克蘭反而發現大量的證據，顯示一種絕種的大型鬣狗曾經把這個洞穴當窩，牠們必然是在洞穴外尋覓腐肉，接著一點一點拖回小洞裡悠閒享用。巴克蘭運用標準的現時論方法，他到動物園觀察活生生的鬣狗進食的習慣，接著在化石骨頭上發現一樣的齒痕；無獨有偶，他還鑑識出跟骨頭一同出土的其他物體，是吃骨頭的鬣狗留下的獨特糞便。因此，這個洞穴與裡面的骨頭，就可以當作一窺洪水襲擊前不久「過去世界」的窗口。這些已消逝世界的證據跟巴伐利亞洞穴的情況一樣，都封在一層後來累積的石筍下，而這層厚度相當薄的沉積物，作用就相當於德呂克的「自然的精密計時」。石筍證明，以地質學的角度來看，這場將洞穴鬣狗與猛瑪的世界摧毀的地質學洪水，發生的時間據今相當近。巴克蘭後來宣稱，這場洪水時間之近足以等同於聖經的大洪水，不做他想。

巴克蘭重建出生活在科克戴爾洞周遭地區的一整群草食動物、肉食動物與腐食動物。他的「鬣狗故事」（他本人的稱呼）不只像居維葉那樣，單單是讓個別的動物重生，而是讓一整組彼此互動的物種（今天的用詞是「生態系統」）重現眼前。當代人認為，他使局限於現在的人得以確切知曉前人類的過往，精彩實現居維葉「撐破時間的極限」的志向。巴克蘭的研究顯示（而且清楚更勝居維葉），打造一台觀念上的時光機確實是可能的。他這種透徹的調查，能夠讓人類走入久遠的過去：不只像想像力豐富的科幻小說，而是一段自然歷史，就跟仿效嚴謹的人類歷史研究

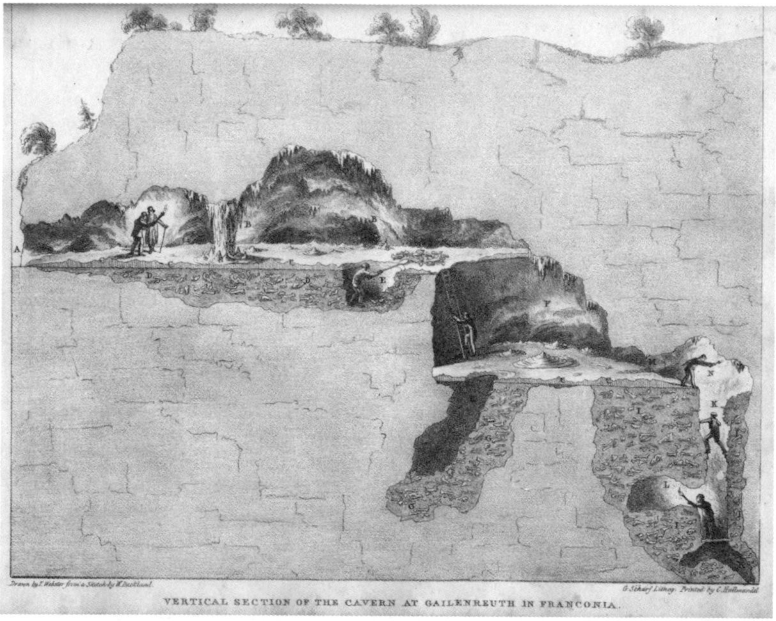

圖 5.7 ——巴克蘭畫的蓋稜羅伊特洞窟（Gailenreuth cave，位於巴伐利亞穆根多夫〔Muggendorf〕附近）。這張圖在一八二三年發表時，洞窟本身已經相當有名了。圖中畫出大量的熊骨化石，是從洞窟地面的石筍層下挖掘出來的。石筍（當時仍以極慢的速度，從滴穿洞窟的水滴中澱析出來）可以作為某種「自然的精密時計」。巴克蘭主張，這些骨頭證明許久之前有熊生活在這個洞穴中（或是遺骸被水掃進去），遠早於「現今世界」開始之前。

一樣，深深根植於實體證據。這就是巴克蘭向皇家學會提交的科克戴爾洞長篇報告結論，這份報告也讓他得到學會最高的獎項。他的下一本書是《洪水遺跡》（*Re liquiae Diluvianae*，一八二三年；只有書名是拉丁文），使他的研究更廣為人知。巴克蘭大量走訪法國與日耳曼各地，盡可能多親眼看看有化石骨頭出土的洞穴，此外還在本國挖掘其他洞穴。他描述了以歐洲為範圍的地質學洪水大量證據，此時他清楚指出這就是聖經的大洪水。巴克蘭的書名是在跟一位牛津同僚的《神聖遺跡》（*Reliquiae Sacrae*，爬梳基督教關鍵事件的歷史證據）相呼應，強調他重建的這起謎般過去事件，也同樣具有歷史的性質。

巴克蘭為了把地質學洪水跟聖經大洪水畫上等號，在學術與個人方面都有不少投入。人們八成會認為，每一個支持人類事實上與那些絕種的哺乳類同時存在的新證據，巴克蘭都會表示歡迎：所有跟「洪水」動物群一起發現的人類骨頭，都是真正的「大洪水見證人」。但巴克蘭跟居維葉一樣，對於任何所謂人類化石的可信度抱持高度懷疑；他倆對於所有這一類的主張，都有小心翼翼的科學態度。他本人曾經在威爾斯南海岸一處洞穴的地底下，發現一具距離猛獁象頭骨不遠處，有副人類骷髏。但由於兩者保存狀況差異很大，他宣稱這其實是一處羅馬時代挖掘的墓葬，只是挖進更古老的洪水沉積物中；這具骷髏後來以「紅女士」（Red Lady）之名為人所熟知。然而，她並未削弱巴克蘭把地質學洪水等同於聖經大洪水的信心，因為他相信事件發生時，人類活動範圍或許還局限在距離歐洲甚遠的地方（可能只有美索不達米亞）。他說不定認為，一大堆野生動

圖 5.8 ——巴克蘭彎腰爬進科克戴爾洞，發現絕種的穴居鬣狗居然還活得好好的，享用著大大小小的動物骨頭饗宴，當下鬣狗與人吃驚對望。他手舉著「科學之燭光」，穿越時空，回到了因為他的仔細研究而為人所知的前洪水世界。這張漫畫（形式是開玩笑，但意義很嚴肅）配了一首近乎於打油詩的作品，作者則是他的朋友兼牛津前同事威廉・康尼貝爾，內容在歌頌巴克蘭鑿開這個「門眼」，看進地球深歷史的成就。這張平版印刷大張（一八二三年）的複本，在不列顛內外的地質學家之間廣泛流傳，人在巴黎的居維葉也拿到一張。

物棲息在不列顛，就沒有讓人類生養眾多的餘地；要等到野生動物已經滅絕之後，人類才能安全在歐洲開枝散葉。洪水因此仍然是個分水般的自然事件，清楚分隔人類世界與幾乎沒有人類的「前洪水」世界。

巴克蘭在十九世紀初的嚴謹研究，為地質上晚近一次罕見洪水的真實性提供若干最有說服力的證據，造成大規模滅絕的或許就是這場洪水；而最早揭露這一場大規模滅絕的，則是居維葉詳盡的研究。馮・布赫、霍爾與其他許多人追尋漂礫的路徑與「洪流」留下的其他痕跡，例如有刮

圖 5.9——巴克蘭的南威爾斯海岸帕維蘭洞（Paviland Cave）圖片，發表於一八二三年：剖面圖的這部分畫了一具人類骨骸（右邊），旁邊就是已絕種哺乳類骨頭。儘管猛瑪象頭骨就在旁邊，但人骨保存的方式相當不同，染成了紅色，因而得名「紅女士」。巴克蘭相信她是別人埋葬的，可能是羅馬時代，只是下葬的墓穴挖進了更古老的沉積物，定年甚至早於地質學洪水。他因此認為，這不能證明生活在不列顛的人類曾在洪水襲擊前與猛瑪象同時存在（現代的研究證實巴克蘭這兩階段的詮釋，但也指出這具骨骸其實是個年輕男子，來自舊石器時代，其他化石則出自更古老的更新世）。

痕的基岩與冰礫泥、冰磧物。他們的田野調查大大強化了巴克蘭與居維葉的研究。事實上，隨著這樣的地貌在更多地方為人所發現，洪水理論也愈來愈有力：從阿爾卑斯山兩側，跨過歐洲北部的大片土地，甚至遠至美國北部和加拿大都有一樣的地貌。雖然居維葉爬梳了多個文化中的早期人類文獻，提供「地質學洪水」發生過的間接性證據，但這場洪水在時間上是否夠近，足以跟《創世紀》裡的大洪水故事畫上等號，則是更有爭議性的問題。這個問題也顯示，主張地質學洪水與聖經大洪水是同一件事情的人，其動機不必然是希望新科學證據能強化聖經記錄的權威（但巴克蘭當然是，至少一開始是）。洪水理論畢竟是個科學構想，讓大多數可茲使用的證據變得容易理解。至於這場地質學洪水發生的時間跟人類歷史的關係，特別是跟聖經大洪水的關係，則是另一個議題——但顯然是個重要的議題。

這一章所描述的，是那些習慣自稱為「**地質學家**」的博物學者們是如何一致同意：以地質學來看，這場地質學洪水事件（無論是不是聖經大洪水）發生的時間非常晚。洪水的證據就在洪水沉積物，而這些沉積物就跟時代更晚的沖積物一樣，覆蓋在所有第二紀岩層中最上層、最年輕的那一層之上。下一章要講述的是十九世紀早期的事：地質學家是以什麼樣的方式，試圖揭露地球更古老、遠早於地質學洪水，即深歷史期間，所發生的事情。

CHAPTER
6 亞當之前的世界

地球的上一場鉅變之前

居維葉的大多數化石骨頭，是在礫石等沖積層中找到的；至於這些沖積物的由來，他則歸結於地球在地質時代上不久前的那場「鉅變」（許多文獻中或許有隱約提到這次鉅變，例如聖經的大洪水故事）。不過，有些骨頭卻出自沉積物下方的第三紀層，尤其是巴黎郊外開採的石膏沉積物中（石膏是建築工事中製作灰泥的材料）。這些骨頭帶來的挑戰比猛獁象和乳齒象更大，因為據居維葉判斷，骨頭的主人是跟現今已知物種大不相同的哺乳類。如果他想藉由讓「前人類」的過去能充分為人所認識，從而「撐破時間的極限」，他就非得了解這些動物在地球歷史中的位置。想了解這一點，就需要知道石膏在整個地層堆疊中的位置，因此他的化石解剖學，得跟非常不同的學科——地識學相結合。過去已經有少數博物學家意識到，地識學的確可以為「自然編年史」的重建提供框架，但先決條件是這門學問對立體岩石構造的靜態描述，可以當作地球動態歷史的證據來詮釋。

居維葉因此跟亞歷山大・布隆尼亞爾（Alexandre Brongniart）成為工作上的夥伴。布隆尼亞爾是礦物學家，不久前才成為巴黎郊外塞夫爾（Sevres）的國家瓷器工廠廠長。十九世紀頭幾年，兩人在巴黎地區進行大量的田野調查（布隆尼亞爾也是為了尋找新的製陶原料）。他們採用地識學家久經實證的方法；日耳曼地區的維爾納在這前後曾親自造訪巴黎，或許對他們也有幫助。兩人利用地表的岩石露頭，以及地表下的採石場和鑽孔，來釐清巴黎周遭岩層堆疊的立體結構。偉大的化學家安東萬—羅倫・拉瓦席（Antoine-Laurent Lavoisier）的事業生涯在法國大革命期間慘遭斷頭台中斷，但他此前的發現卻成為居維葉與布隆尼亞爾的研究基礎。他們證實巴黎位於淺碗狀地形，也就是「盆地」的中央；構成這個盆地的，是個獨特的白堊層——巴黎城下方的白堊要靠鑽深孔才能確知，但周遭鄉間的白堊則是露出地表。

這個「巴黎盆地」（Paris Basin）證明白堊層並非第二紀中最上面的一層，上面還有一疊更年輕的厚岩層——包括砂岩、黏土、石灰岩，和那層獨特的石膏。一八〇八年，居維葉與布隆尼亞爾在法蘭西學會開會時，用一張「地識學地圖」總結他們的調查，顯示若將所有表土與植被撥開之後，可以看見的所有岩層分布。這種地圖不是新玩意兒：維爾納在弗萊貝格的一位同事曾發表一張類似的薩克森地圖，而拉瓦席和他的同事也製作過法國許多地方的詳盡地圖，描繪不同岩石與礦脈的分布。不過，居維葉與布隆尼亞爾就像過去幾位博物學家，他們發現要辨識田野中的特定岩層時，不只能從不同種類的岩石與相關礦物下手，還能用各岩層獨特的化石來判斷。地識學習慣用一組標準來區分不同的岩層和追查這些岩層在地表上遍布的露頭；如今把軟體動物的殼等常見化石加入區分標準後，能讓這門學問益發豐富。

居維葉與布隆尼亞爾進一步提升對地識學的認識，幫助了重現地球的歷史。例如，獨特的粗石灰岩（這種獨具魅力的岩石，是巴黎許多建築的材料，今天的舊城區仍然如此）當中包含的化石貝殼，顯然與今日棲息在海中的物種相當類似。這些化石是自然的古文物，而且顯然是來自已經消失的海洋，可見海面必然曾覆蓋大半個巴黎地區。這沒什麼好奇怪：多數第二紀中最常見的化石，長得多少都像今天生存在海裡的動物。不過，若干其他的巴黎地層中，所有貝殼化石都跟今天只生存於淡水中的貝類極為相似。如果考量整個地層堆疊，這顯然暗示當地的環境在鹹水與淡水間重複、但不規律的交替。巴黎地區看來一下子是海，一下子是湖（或淡水潟湖），接著才終於在不久前的「鉅變」後切穿所有這些岩石，沖積礫石則在內部沉積。

該地區豐富的歷史以令人印象深刻的方式得到重建：從巴黎地層堆疊中最早沉積的底層白堊起算，中間顯然經過非常長的時間。居維葉與布隆尼亞爾不只把地層看成一層層岩石的堆疊，同時也將之詮釋為鹹水期與淡水期交替的歷史序列。運用化石重建該地區過去歷史的做法，不僅加倍豐富了地識學，也轉變了這門學問。居維葉布隆尼亞爾進一步重建歷史。他們在田調時發現，若干鹹水層與淡水層（以及各自的化石）的交界處差異非常明顯。他們說，這是環境突然從鹹水

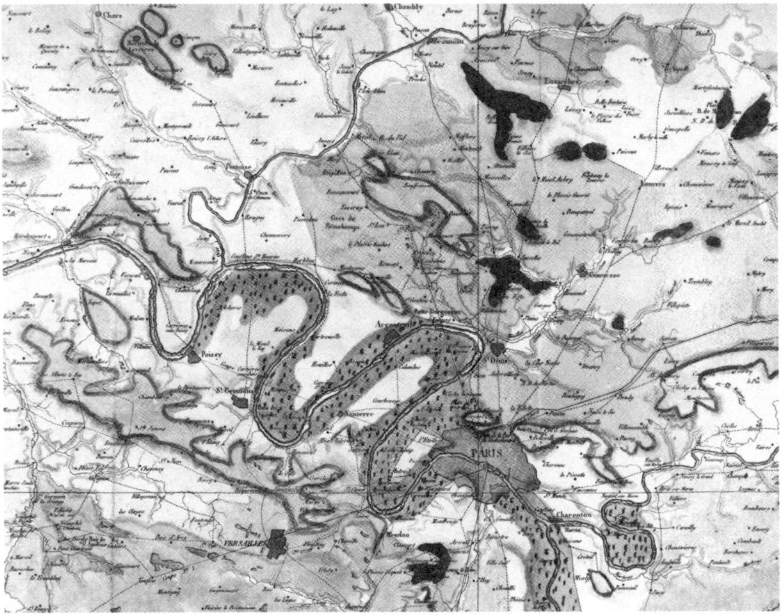

圖 6.1 ——居維葉與布隆尼亞爾製作的巴黎地區「地識學地圖」局部，一八〇八年首度展示於法蘭西學會，一八一一年出版。地圖顯示（原圖為彩色）不同岩層可以在地表的哪個位置找到：石膏層——最讓居維葉感到費解若干骨頭化石，就是在這一層找到的——是圖上黑斑塊與黑線圈起來的地方（位於某些丘陵的頂部與兩側）；至於沿蜿蜒的塞納河谷分布的黑點區，則代表更年輕的河川礫石，有猛瑪象與其他絕種哺乳類骨頭出土。這種地圖成為各地地質學家手頭的標準工具，幫助他們用視覺方式呈現特定地區的地識學或岩層立體結構。

轉變到淡水（或是從淡水到鹹水）的相應跡象。換句話說，這種交界就是「鉅變」一再重複的證據：正常力量驅動的變化沒有更晚近那場謎般的洪水事件那麼劇烈，但這仍然能進一步證明地球（至少巴黎地區）擁有一段複雜而豐富的歷史。看起來，這段歷史就跟不久前的法國人類歷史本身一樣沒有規律、偶然而無法預測，這指的就是法國大革命年。革命期間發生一連串令人暈頭轉向的政變，拿破崙執政下的戰爭期間更是多事之秋。

居維葉與布隆尼亞爾對巴黎盆地所做的詳盡分析，成為最有影響力的例子，讓世人看見如何將地識學家描述的靜態立體結構，轉化為地球特定地區的動態歷史。此外，白堊層上方這些相對晚近的第二紀層也開始受人矚目。人們此前多半不理解這些地層的規模與種類，但兩人詳細描述其中的化石，藉此凸顯這些地層與白堊層以下、更古老的第二紀層堆疊之間的對比。晚近第二紀層中的動植物，比古老第二紀層中的化石更接近現有的生物體；白堊層以下的第二紀層通常有大量的菊石與箭石，但其上的地層則明顯沒有這些化石。居維葉呼籲地質學家要深入研究這些較年輕地層及其化石：由於時代相對晚近，這些地層或許是通往地球更古老的早期歷史之關鍵。

其實，歐洲其他地方已經有好幾名地質學家開始描述這些較年輕的地層，但居維葉的名望卻能抬高其研究的重要性。喬凡尼—巴蒂斯塔・布羅奇（Giovanni-Battista Brocchi）在米蘭負責新成立的自然史博物館（仿效偉大的巴黎自然史博物館，也就是居維葉工作的地方），他研究的就是亞平寧山腳下的「下亞平寧」（Subapennine）層。其中豐富的貝類化石，就跟拉馬克描述的巴黎近郊

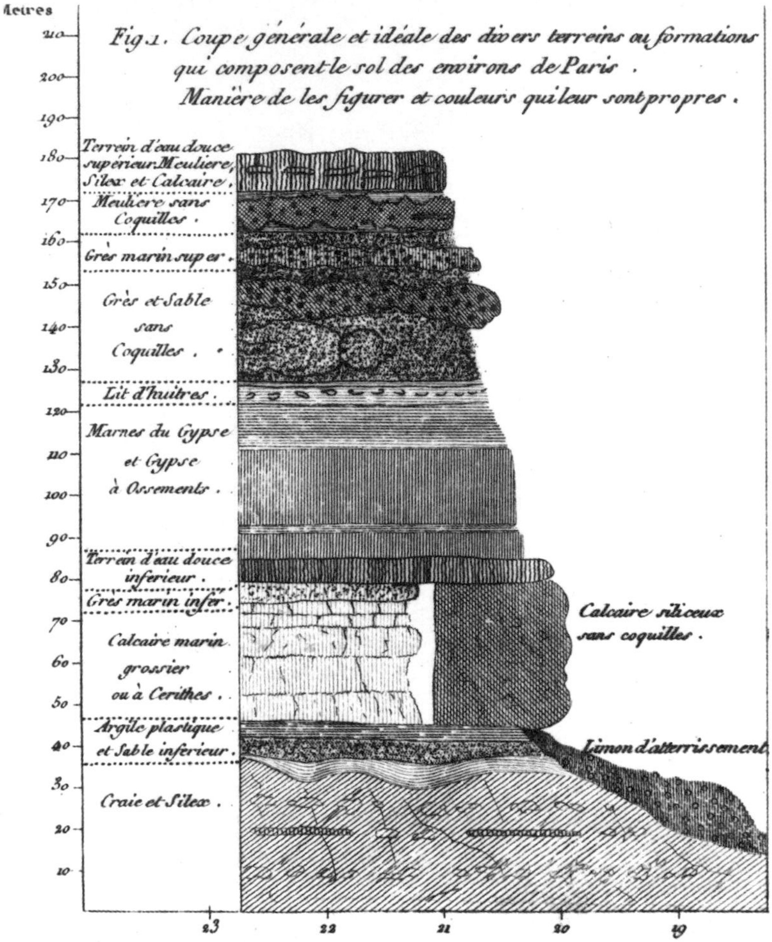

圖6.2——巴黎盆地地層「理想情況中的剖面圖」，由居維葉與布隆尼亞爾於一八一一年發表。兩人把這樣的岩層堆疊，詮釋為海水環境（標示為marin，以及一層牡蠣〔huitres〕層）與淡水環境（d'eau douce）交替出現所留下的歷史紀錄。蘊含化石的石膏層（Gypse a ossements）靠近堆疊的中間，下方則是粗石灰岩層（Calcaire grossier），白堊層位置最底。剖面圖描繪地層的的方式，就彷彿它們全數暴露於某個想像的峭壁，位於河川侵蝕出的谷地之一側，許久後才沉積的沖積礫石則落在峭壁腳下。（有兩個岩層佔據了堆疊中同一個深度，這一點頗令當時人費解；用現代的說法，這就是兩個相，是在同一時間、不同環境中沉積而成。）這張剖面圖畫出了白堊層之上所有岩層一般的厚度，大約在一百五十公尺左右（五百英呎）。

粗石灰岩中的貝類化石一樣，與現今生活在海中的軟體動物相當類似。布羅奇為所有這類地層冠上「第三紀」（Tertiary）一詞，將之與較古老、仍然稱為「第二紀」（Secondary）的地層區隔。各地的地質學家馬上採用了這個稱呼（他們的現代傳人也還在沿用之）。布羅奇的研究證實，第三紀地層及其化石代表著地球整體歷史上一個獨立的主要時期。

差不多在同一時間，倫敦外科醫生詹姆斯・帕金森（James Parkinson，由於其醫學研究，他的名字後來冠在那個慢性虛弱疾病上）描述了「倫敦盆地」（就像巴黎盆地，下方與周圍被白堊層包圍）內部的第三紀地層。還有畫家兼建築師托馬斯・韋伯斯特（Thomas Webster），他在倫敦新成立的地質學會（Geological Society）工作，而他也描述了英格蘭南海岸「懷特島盆地」（Isle of Wight Basin）的類似情形。布隆尼亞爾把手邊的巴黎淡水化石標本寄去倫敦之後（躲避拿破崙的戰時封鎖），韋伯斯特馬上認出這些標本跟其研究地層的化石一模一樣，而且這些地層確實也有類似的鹹水層與淡水層交替，暗示兩地有類似的歷史。

針對懷特島盆地的研究（後來改名為漢普郡盆地〔Hampshire Basin〕）還揭露了關於這段晚近時期的其他重要新發現。從島上的峭壁，可以看到白堊層（甚至還有若干其上的第三紀地層）已經傾斜至近乎垂直的狀態，相當震撼。類似的巨型「褶皺」（folds）在阿爾卑斯山與其他地方早已為人熟知，但這些褶皺影響到的是更為古老的第二紀或第一紀，因此可以放心劃歸於地球早期歷史中極端久遠的時代。相形之下，懷特島的情況卻顯示地殼在相對晚近的時代曾經歷劇烈的抬升。這暗示地球的發展歷程比多數地質學家（除了霍爾等若干赫頓的追隨者不這麼做如此想）此前想像的還要更為活躍。懷特島的研究顯示地質學家或許能「撐破時間的極限」，讓這段歷史透過證據——不只是化石，還有地球本身的結構（現代名詞叫做構造〔tectonics〕）——為人所知。

然而，布羅奇的義大利研究卻顯示，從比較普通的貝類化石證據出發，搭配對於現存軟體動物的詳盡知識，還可以學到更多東西。當時流行蒐集世界各地的漂亮貝殼，人們對

圖6.3——托馬斯・韋伯斯特所繪的三針石（Needles，位於英格蘭南岸懷特島西端）。潔白的厚白堊層石灰岩（一條條深色的燧石凸顯出其分層）在北邊（圖左）傾斜到幾乎垂直，南邊（圖右）則沒有這麼嚴重。在其他張版畫中，韋伯斯特所畫的阿勒姆灣（Alum Bay，更左方）白堊層上方的第三紀地層也同樣成垂直狀態。這證明地殼層大規模褶皺過，時間晚至地球歷史的第三紀，接著受到侵蝕。亨利・恩格菲爾德（Henry Englefield）在一八一六年，以該島「如畫的美景、古文物與地質現象」為主軸，推出一本圖片豐富的書，而這幅壯觀的景象就收錄於該書；書名反映出這本書意圖吸引的讀者群之廣，不僅有韋伯斯特在地質學會的同行，還包括古文物家與當地居民。

軟體動物因此已有相當認識。布羅奇發現，下亞平寧層中大約有半數的物種不曉得是否仍存在，他推測多數必然已絕種（或許有少數在某個地方以「活化石」的面貌存在，只是還沒發現，但活化石說已經變得無法通盤解釋明顯是滅絕的情況），但另外一半的化石卻是現存已知的物種，許多在不遠的地中海還能找到。他的發現引發一個極為重要的議題。居維葉用大規模滅絕理論解釋他的哺乳類化石，但這個理論無法應用在第三紀地層的軟體動物上，因為有些物種消失了，有些還在。

布羅奇的多卷本《下亞平寧貝殼化石研究》（*Conchiologia Fossile Subapennina*，一八一四年）有對下亞平寧貝殼進行文字與圖片的描述。書裡還收錄了一篇談滅絕問題的重要論文，布羅奇在文中指出，這些海中生物的滅絕或許是個逐步的過程。他按照居維葉（以及拉馬克以外的大多數博物學家）的做法，把物種當成真實的自然單位，能適應特定的生存方式，因此只要物種存在，其形態就不會改變。但他主張每一個物種都有一段有限的生命跨度，會因為內在的因素而滅絕，就像個體老死一樣。這個主張反過來暗示物種或許是以類似的方式逐步登上舞台，過程彷彿個體的出生。假若如此，整體軟體生物的生命歷史就跟人類整體的歷史並無二致：人口組成會以緩慢但持續的方式改變，物種（就像人類個體）也會隨時間出現與消失。進一步推論，假如不同的生物群體之間的物種平均生命跨度各不相同（就像個別動物的生命跨度可以有極大的差異，例如昆蟲與哺乳類），而且哺乳類的翻新速率不知怎地比軟體動物更快，才能解釋第三紀地層出土的所有哺乳類化石物種似乎都已滅絕，但許多軟體動物化石的物種卻還存在的謎團。

關於生命的歷史，布羅奇的推測帶來了一個與居維葉大相逕庭的觀點。他勾勒出一幅逐步、平靜改變的畫面，而非一場偶然的鉅變。自然的革新或許可以比做「行星繞太陽」這種緩和、經常性的「運轉」（就像哥白尼的名著《天體運行論》〔*De Revolutionibus*〕），而非不久前震撼歐洲與北美洲的激烈政治「革命」。布羅奇與居維葉的模型似乎在各自的領域——海生與陸生動物界分別運作良好。但對於第三紀地層化石的深入研究，即將把主題擴大到更根本的問題——地球歷史的特質。不出居維葉的預料，連接現今世界與久遠過去的第三紀，將成為理解整體地球史的關鍵。

奇特爬蟲類的時代

當居維葉展開他壯志凌雲的化石骨頭研究計畫時，他的目標是辨識、描述其中所有的「四足類」：也就是不只哺乳類，還有爬蟲類（包括後來劃歸於兩棲動物者）與鳥類。他馬上確定，從第三紀地層之下（亦即整個地層堆疊中位於白堊層之下的地層，這時已重新定名為指涉範圍比過去更嚴格的「第二紀」）的地層所找到的許多骨頭，屬於爬蟲類，而非哺乳類。其中一個例子是已經很有名的「馬斯垂克動物」（Maastricht animal）。馬斯垂克動物是在一座荷蘭城市附近的白堊層中找到的。居維葉挾自己無人能敵的比較解剖學知識，確認牠既非有齒鯨，甚至亦非鱷魚，而是巨大的海蜥蜴；這種動物後來重新命名為滄龍（*mosasaur*，意為「馬士河〔Maas〕或默茲河〔Meuse〕的蜥蜴」），也就是用城市依傍的河流名之。同樣驚人（但體型小得多）的另一個例子，是居維葉辨認出的飛行爬蟲類，稱為翼手龍（*pterodactyle*），相當於爬蟲類中的鳥和蝙蝠（這些飛行爬蟲類今天統稱為翼龍〔*pterosaur*〕）。出自其他「第二紀」中的孤立骨頭看起來就像是鱷魚骨，居維葉確定牠們絕非任何一種哺乳動物。因此，他暫時主張當「第二紀」沉積時，四足動物的代表只有爬蟲類，至於哺乳類（與鳥類）直到第三紀之前都沒有出現。這是四足類生物可能有其歷史的第一個暗示，而這種歷史甚至可以用「逐步發展」（progressive）來形容，畢竟人類（普遍認為是哺乳類中「最高等」者）似乎出現得更晚，而且完全沒有真正的化石。

戰亂年代結束後不久，在英格蘭出土的後續化石便讓居維葉的主張得到極大的強化。有些骨頭以前被人當成鱷魚，但等到幾近完整的骨骸出土後，才發現它們屬於奇異得多的生物。最好的標本來自人們長久以來稱為里阿斯（Lias）的「第二紀」地層（由交替的石灰岩層與頁岩層構成）。發現這些化石的不是地質學家，而是「化石販」（fossilists）——他們尋找可以賣給蒐藏家、遊客與其他有社會地位者的化石，過著收入不穩定的生活。住在英格蘭南部海岸萊姆里傑斯（Lyme Regis）的瑪莉・安寧（Mary Anning）正是這樣的化石販。她雖身為女性，卻擁有非常銳利的「眼光」，或者說發現化石的天分，這很不尋常（現代關於她的英雄式造神傳說，都沒有提到這個事實：一旦化石出土，若要以科學的方式解釋這些化石，就需要相應的技術與知識，但無論在當時或是今天，這類令人羨慕的天分背後，鮮少有所需的技術與知識與之搭配）。瑪莉．安寧的第一項重大發現是一種巨型魚狀爬蟲類，身上既沒有鱷魚腳，也沒有魚鰭，反而有類似海豚的鰭狀肢。這種動物得名魚龍（*ichthyosaur*，意為「魚蜥蜴」），把牠難解的特色表現得恰到好處。十多年後，安寧找到了一種與前者相當類似，但頸子非常長的爬蟲類，她也給牠安上了恰如其分的名字——蛇頸龍（*plesiosaur*，意為「類似蜥蜴」）。蛇頸龍的解剖構造甚至比魚龍更奇怪，找不到類似的生物：正因為如此，謹慎的居維葉還警告大家，說這些骨頭或許是某些有心的化石販拼出來騙人的。但巴克蘭在牛津大學的前同事威廉．康尼貝爾（William Conybeare）對此詳加分析，利用居維葉自己的解剖學方法，在地質學會證明化石確實為真。

康尼貝爾還模仿居維葉，在心眼裡讓蛇頸龍「復活」，提出其奇特的解剖構造是如何讓這種吃魚的海生肉食動物高效存活。同時，巴克蘭也正以類似的方式分析瑪莉．安寧在「第二紀」地層中找到的化石。比方說，他受到自己研究科克戴爾鬣狗窩的成果所鼓舞，進而分析若干與化石骨頭一同出土的獨立物體，宣稱那是爬蟲類的糞便。這些物體含有同岩層中魚類化石身上的獨特鱗片，巴克蘭據此推斷是誰吃了誰，從而重建食物鏈；他仔細為自己塑造多聞怪人的形象，而他對糞便化石眾所皆知的著迷，更是強化了這種名聲。前述一切的研究，全都以令人難忘的方式，總結在英格蘭地質學家亨利．德．拉貝許（Henry De la Beche，他有個諾曼法語的姓）所製作的印

圖6.4 ——根據英格蘭南岸多塞特郡萊姆里傑斯出土的化石，所重建出的特定第二紀岩層（里阿斯層）沉積時的生態。這幅描繪「更古老的多塞特」深時間一景的圖片，是由亨利．德．拉貝許於一八三〇年所繪。魚龍咬住蛇頸龍長長頸子的畫面尤其顯眼，當下蛇頸龍正在排出大便；另一隻魚龍則則咬著箭石（重建樣貌有如烏賊）；還有一隻長吻品種的魚龍正要吞下一條魚。一隻大魚開口要咬一隻龍蝦；有隻翼龍正要往上飛，翅膀卻被一隻蛇頸龍咬住；岸上有一條鱷魚與一隻海龜；背景中是棕櫚樹與蘇鐵，暗示當地為熱帶氣候。這些動物化石中若干最精美的標本，是當地的化石販瑪莉．安寧找到的。這些印刷品賣出去，對她的生意有好處。但重建這個生態體系時，畫家所根據的分析並非安寧的說法，而多半是巴克蘭的研究。

刷圖片中。圖片的拉丁文標題「更古老的多塞特」(*Duria antiquior*),暗示了這張圖如同透過學術研究所重建的人文古典世界,但呈現的卻是地球「前人類」深歷史中的特定時期。雖然這張圖是一種新圖像——「深時間一景」的成熟範例,但這種新圖像則是以歷史悠久的類型畫,亦即人類歷史場景(包括來自聖經歷史的場景,就像薛澤爾的畫)為範本。事實證明,這種描繪自然歷史重建樣貌的新科學類型畫,能把地球以及其上的生命在「前人類」久遠昔時的推測樣貌,高效傳達給地質學家,而後更及於普羅大眾(當然,當代的博物館展覽,以及電影、電視節目中的電腦動畫,也都少不了這種重建的場景)。最能清楚呈現居維葉「撐破時間的極限」的願景成真的,莫過於這樣的圖像。

新「地層學」

精確認識特定地層在整體層疊中的位置,進而認識該地層在地球整體歷史中的位置,顯然有助於利用其中化石來重建當時生命及其環境。居維葉先前就意識到,他那些來自沖積層中的絕種巨型哺乳動物,時代上比來自第三紀巴黎石膏地層中的奇特哺乳類更接近現代。同理可證,例如來自白堊層的滄龍,也比來自里阿斯層那些更古怪的爬蟲類更接近現代:眾所周知,白堊層位置遠高於里阿斯層。因此,有了對「第二紀」地層更深入的認識,才能為這個似乎屬於爬蟲類的時代寫下更精確的歷史。

這種地識學知識恰好在這時變得愈來愈豐富。除了居維葉與布隆尼亞爾，英格蘭的礦藏勘測員威廉．史密斯（William Smith）也注意到了帶殼軟體動物這種常見化石的實用價值。兩位巴黎人開始編製他們的地識學地圖之前幾年，史密斯就已著手製作英格蘭與威爾斯的岩層地圖了（布隆尼亞爾曾在一八〇二年的短暫休戰期造訪倫敦，有可能看過史密斯地圖草稿的副本，並受此啟發）。但史密斯的地圖更大、更複雜，要出版簡直困難重重，直到一八一五年才得以普及——巴黎地區的地圖已經出了四年。世人也因此為了哪一張地圖才是這類地圖中的第一張而吵得不可開交，而且爭吵者經常帶有沙文主義的口吻。但話說回來，早在十八世紀時，其實已經有好幾位地識學家了解到這種呈現岩石與礦物分布的地圖所具有的實用價值；前面已經提到過，就連那張法國地圖也有其先聲。

然而，史密斯的巨幅地圖絕對是個了不起的成就，畢竟他是憑一己之力測繪了整個英格蘭與威爾斯。這張地圖涵蓋的範圍遠大於巴黎地圖，追溯了大量獨特地層（史密斯很有個人特色，稱之為「*Strata*」〔拉丁文「層」的複數〕）的露頭；此外，史密斯為了追尋地層而奔走各地時，更是大量使用他所說的「特色化石」（characteristic fossils）來識別這些地層。只是，史密斯的地圖並未改變世界（現代編造的愚昧偉人故事是這麼說的），甚至也沒有改變地質學的世界。這張地圖不僅圖幅大而且精美，成為後來同類型地圖理所當然效法的範例。但它始終都不是一張明確的地識學地圖，不像巴黎地圖（雖說史密斯島民性格強烈，絕對不會採用「地識學」這個非英語詞彙）。這張地圖根據立體結構，顯示其英格蘭地層的順序（order，他喜歡用這個詞）。史密斯用他的「特色化石」搭配岩石種類及其他行之有年的標準，來幫助辨認、繪製上下連續的地層，但他卻沒有使用特色化石來重建地球、甚或是英格蘭地區的歷史。他本人對此心知肚明，這一點從他創造新詞來解釋其作為時就能看出：「**地層學**」（stratigraphy）一詞顯示，他只打算描述這些「strata」（即地層）。就這一點而言，對於當時稱為「改良地識學」（enriched geognosy。在最早發展出地識學的德語地區，地層學在接下來的數十年依舊稱為「*Geognosie*」）的這門學問來說，地層學確實是個適切的用詞（而且仍然是現代地質學的基本科目）。

地層學在十九世紀早期成為多數地質學家的日常科學研究工作。他們最常見的出版品，就是對若干特定地區地層（及其化石，如果有的話）詳盡描述，通常還會附上地質學地圖做說明，而且常常有地層堆疊的剖面圖：這種結合幫助地質學家得以在腦海中想像該地區的地殼立體結構。儘管不同地區的地層順序在細節上各異，且岩石種類不大相似，但還是經常能在相應地層中辨識出的相同化石，看出其中確有「**關聯**」（correlated）。在判斷地層的相互關係時，史密斯堅持讓「特色化石」在所有標準中具優先地位，事實證明這通常是對的。但這些仍然是地層學，仍然是因為運用化石而豐富的地識學，本身並非對地球歷史的重建。

其中一本最有影響力的地層學總結，是《英格蘭暨威爾斯地質學綱要》（*Outlines of the Geology of*

England and Wales，一八二二年），編纂本書的主要是康尼貝爾。他很清楚重建地球歷史確有其可能，書裡同時讓那些奇怪的蛇頸龍「復生」，而且還畫了那幅巴克蘭現身在絕種鬣狗窩裡面的知名漫畫。但他這本書卻有著非常不同的地層學目標，大量援引史密斯的研究。他總括了英格蘭與威爾斯的地層，以及這些地層在不列顛以外的可能相應地層，再以由上而下的順序排列：這個順序對於揭開地識學結構非常有用，因為把順序倒過來，就能呈現地球的歷史。書裡大部分的篇幅都用於描繪許多組成各異的第二紀岩層，從白堊層往下經過里阿斯層，最後結束在他所定義的「石炭」（*Carboniferous*，意為「產生煤炭」）層。書就停在這，因為整個堆疊中更底下的地層還研究不多。到頭來看，以同等大小的涵蓋地域而言，英格蘭與威爾斯的第二紀岩層順序居然比歐洲其他地方更為完整，蘊含的化石也更豐富。各地的地質學家開始把不列顛的地質結構當成寶貴的參照標準——至少第二紀岩層是如此，這泰半得歸功於康尼貝爾的成果。

接下來二十年，人們開始為第二紀岩層堆疊的不同部分命名，地質學家漸漸不分國界，在沒有官方主導下採用了這些名稱（他們在全世界的現代傳人，依舊熟悉於這些命名）。堆疊的頂端——白堊——與下方含有類似化石的若干層合稱為「白堊」（*Cretaceous*）層——這個字源於拉丁文的白堊。白堊層底下的地層，則根據法國與瑞士邊界的侏羅山之名，命名為「侏羅」層：這是因為該地層在侏羅山地區露出最多（里阿斯層則位於這些岩層接近底端處）。侏羅層下方是一組稱為「三疊」（*Triassic*）層的岩層，原因是遍看大半個中歐，這組岩層都帶有一種三疊的特色：一層明顯的石灰岩隔開了兩層砂岩（英格蘭的地質結構少了那層石灰岩，至於另外兩層岩石則稱為「新紅砂岩」〔New Red Sandstone〕）。位於堆疊中更底層的則是相當類似的沙岩與另一層石灰岩，加上一層的鹽沉積，廣布整個歐洲；這幾層最後全部採用了「二疊」（*Permian*）層之名，其典故來自遠方烏拉山（Ural）山腳下的城市彼爾姆（Perm），因為這種地層在這城市顯示得最清楚。二疊層之下則是前面已經提到的「石炭」層。石炭層不僅有那層煤層本身（對於歐洲當時方興未艾的工業革命有極高的經濟重要性），還包括下方若干的厚地層；其中最底層是一層明顯的「老紅砂岩」（Old Red Sandstone）層，咸認為那是整體第二紀的底層。

這些第二紀岩層通常直接在完全沒有化石的第一紀上，例如花崗岩與片麻岩。但某些地區的第二紀下方居然還有其他岩石，例如板岩。對此，維爾納早已提出了「過渡」（Transition）層之名：這些岩石是第二紀岩層與第一紀岩層之間的過渡，無論在位置上或材質上皆然，其中的化石少之又少。先前地質學家相當成功地分辨出第二紀岩層的各層，如今過渡層要如何細部區分也變成新挑戰。一八三〇年代，當人們發現在某些地區的過渡層在結構上相當明顯，而且跟上方的第二紀岩層一樣充滿化石後，才開始逐漸揭開這些地層的面目。威爾斯邊境區（*Welsh Marches*，英格蘭與威爾斯接壤處）正是這類地區。倫敦地質學家羅德里克．麥奇生（Roderick Murchison，他與貴族的女繼承人結為連理，所以有大筆資金供他研究之用）在此定義出一組「志留」（*Silurian*）地層，名稱來自羅馬時代生活在當地的古不列顛部落，這展現了古物學家拿人類歷史跟地球本身歷史類比的做法。位於志留層下方、但還不到第一紀的地層，則是亞當．塞吉維克（Adam Sedgwick，他在劍橋大學的地位好比巴克蘭）根據威爾斯的羅馬地名起名的「寒武」（*Cambrian*）層；寒武層鮮少有化石，即便有，保存狀況幾乎都不好，而且跟志留層的化石沒有明顯分野（結果麥奇生與塞吉維克為此起了爭執，直到許久之後，現代地質學家所熟知的「奧陶」〔*Ordovician*〕層像打圓場一樣，插在重新界定的志留層與寒武層中間，才化解這起爭論）。

有一組地層還沒出現在上述的明確階序中，那就是「泥盆」（*Devonian*）層，這是前人根據英格蘭德文郡（Devonshire）加以命。這個地層的誕生，來自於當時所謂的「大泥盆爭議」（*great Devonian controversy*）。等到歐洲各地的地質學家都同意，那層獨特的老紅砂岩跟其他地區（包括德文郡）組成不同、化石也完全不同的若干地層其實屬於同一個年代（這件事相當反常難解）之後，這場爭議才隨之化解。很難解釋為什麼會有這種反常現象，但總而言之，泥盆層可以放心插進志留層與界定更明確的石炭層之間。

所有這些用於第二紀岩層、過渡層堆疊中的名稱，都明確指向：要麼是特定種類的岩石，要麼是相應岩石露出最明顯的地區，亦即這些名稱都是根據地層學（或地識學）標準而定。每一個名字後來都加上了「系」（system），用來指稱帶有特定化石組的特定地層組。等到泥盆爭議平息，各個系在地層堆疊中的結構序列或地識學序列也就跟著明明白白、不掀波瀾。

勾勒地球的長期歷史

然而，同樣的名字旋即開始用於界定時間上的「紀」(periods)，也就是相應的岩層沉積時期：構成「侏羅系」地層組的岩石，就是在「侏羅紀」時沉積的。這說明儘管地層學本身並不具歷史性，但這門學問的習慣仍然能提供框架，供重建地球歷史之用。而且不只是透過偶然間幸運找到的「門眼」一窺久遠的過去（康尼貝爾把這個隱喻用在科克戴爾鬣狗窩的示意圖上），而是提供一套連續的敘事，講述地球及其上生命的長期歷史。當巴克蘭在一八三六年為受過教育的民眾（以及他的同事們）總結地質學迄今已有的發現時，他的報告背後是國際上地層學研究二十多年來的非凡成就。

巴克蘭同樣能用所有的新地層學成果，描繪出由化石序列所披露的地球生命史圖像，而且這幅圖像益發清晰。這種「化石記錄」(fossil record，這是後來的說法）始於過渡層，穿過所有的第二紀岩層與第三紀地層，結束於洪水與沖積層中的化石。不過，居維葉（以及先於他的斯泰諾與德馬雷）早已意識到，先把這段化石紀錄方向倒過來，從現在往回分析，從「已知」分析回「未知」會更有用。若從現今開始，顯然最晚近的過去（緊跟著跡象明顯的地質學洪水發生之前）是一段屬於驚人大型哺乳類（今稱更新世巨型動物）的時代，但牠們多半跟現存物種相當類似。再往前的第三紀，則是以許多軟體動物為主的時代，牠們也跟現今的軟體動物相當類似；布羅奇曾指出有些物種甚至一模一樣。但第三紀的哺乳類——比如居維葉最早分析的那些，卻不像現存物種；後續的化石發現更是突顯出，連第三紀本身也是個相當奇特的時代。

繼續往回移動，化石記錄會愈來愈清楚——多數的第二紀都是在一段屬於爬蟲類時代沉積的。其他的爬蟲類迅速加入海中的滄龍、魚龍與蛇頸龍，以及會飛的翼手龍。巴克蘭根據在牛津附近找到的化石，宣稱斑龍（*megalosaur*，意為「大蜥蜴」）為陸生肉食動物；英格蘭鄉下的外科醫生吉迪恩・曼特爾（Gideon Mantell）則根據居維葉的看法，把陸生爬蟲類禽龍（*iguanodon*，「牙齒類似鬣蜥」之意，鬣蜥則是現存一種體型小得多的蜥蜴）描述成巨型草食動物（由於這兩種動物只能從幾顆牙齒與些許骨頭得知其存在，因此其重建成果也比其他爬蟲類化石有更多的猜測成分）。一八四一年，人稱「英格蘭居維葉」的動物學家理查・歐文（Richard Owen），根據解剖學基礎，把這些動物劃歸成一個新的絕種爬蟲類群體，稱之為**恐龍**（*dinosauria*，指「恐怖的蜥蜴」）；後來的發現則顯示，恐龍生存的時間限於侏羅紀與白堊紀。

人們認為此一時期屬於奇特、多樣的爬蟲類——有海生、陸生與飛行動物，有肉食類也有草食類——即便發現斑龍的同一個侏羅紀地層中，還發現了一些非常少見的極小型哺乳類化石，對大方向也無影響。事實上，這些微型哺乳類也不出人們所預期，像居維葉便指出牠們是類似負鼠的小型有袋動物。總之，早在更「高等」的常見胎盤類在第三紀出現之前，這些更「低等」的哺乳類看來就已經存在了。世人逐漸認為四足動物的整體歷史有一種「逐步發展」的特色，而上述

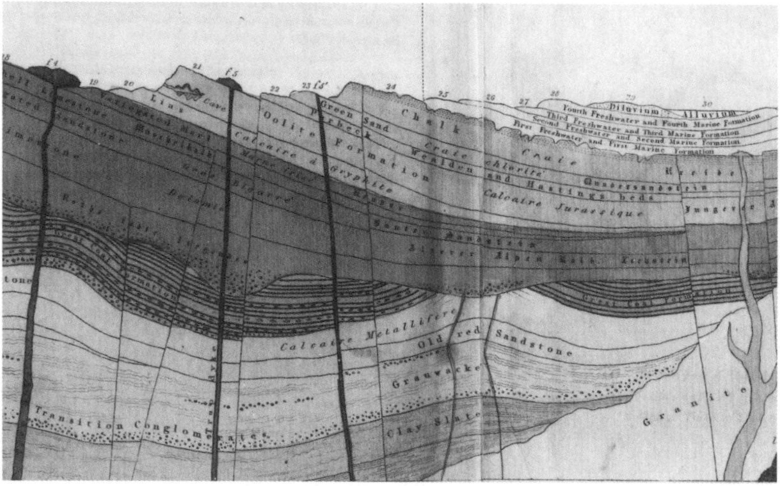

圖6.5——深厚的地殼理想剖面圖（原圖為彩色），極局部。此圖為韋伯斯特所繪，由巴克蘭發表在氏著《地質學與礦物學》（一八三六年）。推疊的最上方是最新的「沖積物」，其下則是巴克蘭（與其他多數地質學家）歸因於晚近「地質學洪水」的「洪積物」。這些沉積物下方是第三紀地層，顯現出有如巴黎盆地的海水、淡水層交替。接下來是第二紀，從白堊層一路往下到標示清楚的「大煤層」與下方的「老紅砂岩」。老紅砂岩下方是「硬砂岩」（Grauwacke）與「黏板岩」（Clay Slate）等過渡岩，最後則是標示為「花崗岩」的第一紀。圖上也有火成岩——起先是從地殼深處以熱流狀向上擠出，有些抵達地表者則成了火山熔岩。圖上的名稱採用了三種語言（英文為羅馬體，法文為斜體，德文為哥德體），表現出跨歐洲的「關聯」，以及地層學研究的跨國特性。一般認為，各岩層相對的厚度，很可能大致表現出該岩層占的時間比例：巴克蘭和當代人認為，「沖積物」代表人類生存的「當今世界」，其涵蓋的時間相較於更深遠、複雜、長度難以想像的地球史而言，可說是極度短暫。這張剖面圖設計的時間，正好比地質學家廣泛使用起「侏儸」、「石炭」等「系」名還早了幾年。

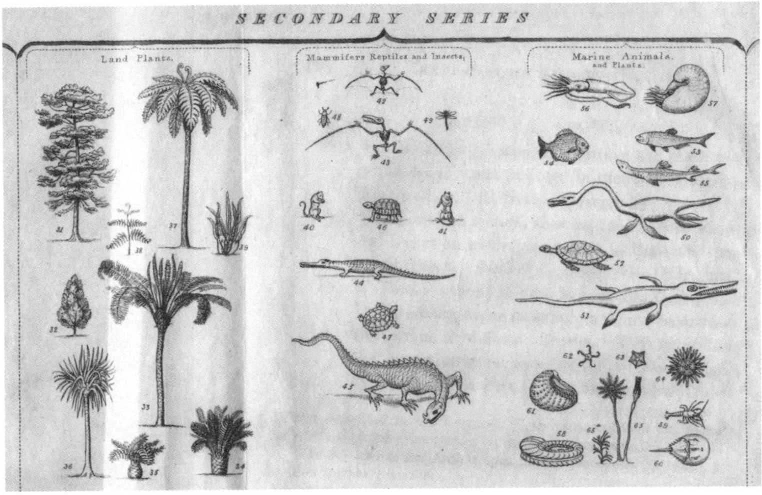

圖 6.6 ——生活在「第二紀」(Secondary Series)地層沉積時的動植物：巴克蘭的大張地層剖面圖(一八三六年)有許多小插圖，這是其中一組插圖。只要有化石，就能重建活體可能的樣貌；許多圖案是按照德．拉貝許知名的「更古老的多塞特」場景所畫。在陸生動物那一組圖當中(中欄)，有一隻體型龐大的草食禽龍，以及兩隻像小老鼠的有袋動物——這是當時已知的最早哺乳類。當然，圖上的生物比例各不相同。

發現更是強化了這種感覺。但脊椎動物並非唯一來自第二紀的奇特生物，還有種類繁多的菊石與大量箭石等軟體動物化石，兩者據信皆已完全滅絕(博物學家其實已經放棄找到任何「活化石」的希望了)；就連其中最常見的軟體動物，也幾乎未見於所有現存物種中。此外更有許多其他的奇特海生動物；例如海百合在當時數量繁多，不像在今天已經成為罕見的「活化石」。

繼續回溯生命史，人們一旦成功揭開更古老的第二紀與過渡層，也就隨之揭開了一段由更奇特的動物主宰的時代。在第二紀最古老的石炭系與泥盆系中，完全沒有找到爬蟲類化石——其實是根本沒有四足動物，只有魚類。年輕的瑞士博物學家路易．阿格西（Louis Agassiz）詳細描述了各個時代的魚類化石，他的《魚類化石研究》（*Recherchessur les Poissons Fossiles*，一八三三年至四三年）補足了居維葉對四足動物化石的偉大研究。阿格西主張，石炭紀與泥盆紀地層中的魚類（結構皆相當複雜，有些體型非常龐大），若非在後來的幾個紀中完全滅絕，就是非常稀少。此外，由於更古老的志留系中沒有發現任何魚類，學者因此逐漸懷疑當時的海洋說不定根本沒有脊椎動物。

不過，志留紀卻有大量且種類繁多的無脊椎動物，只是型態跟後來的時代大不相同。其中最引人注目的，就數「三葉蟲」（*trilobites*）了。牠們和最早的魚類一樣，都是非常複雜的動物。三葉蟲跟螃蟹與龍蝦等現存的有關節的外骨骼動物（即節肢動物）多少有點類似，只是跟牠們長的完全不像。三葉蟲在志留系與泥盆系數量極多且多元，石炭系還有少量，但完全不見於二疊紀以上的地層。因此，三葉蟲似乎是過渡期與第二紀早期的標誌性物種，就像菊石與箭石是第二紀後半的特色一樣。最後來到甚至比志留紀更早的時代，所有能在寒武系中找到的，就只有非常少量的三葉蟲，以及極少數其他無脊椎動物的殼：化石紀錄似乎已經來到生命的起源本身了。

這種複雜的動物生命記錄，亦有植物的生命記錄與之並駕齊驅。在脊椎動物中，主要的生物群體似乎是依序出現的——先有魚，然後是爬蟲類，接著才是哺乳類與鳥類；出現在化石記錄中的主要植物群體多少也有類似的順序。在化石記錄中最古老的一端，志留系完全沒有任何陸生植物的蹤影：當時的植物看來僅限於海藻或海帶。科學界的冉冉新星——布隆尼亞爾之子阿道夫（Adolphe），在《植物化石自然史》（*Histoire des Vegetaux Fossiles*，一八二八年至三七年）描述了植物生命接下來的發展；這是一部匠心獨具之作（但從未完成），而且和阿格西談魚的作品一樣，都是模仿居維葉對四足動物的研究。小布隆尼亞爾就像阿格西，利用新的地層學來勾勒植物生命的整體歷史。最初、最古老的植物化石組，在煤炭層中有大量發現（其腐朽殘餘似乎形成了煤炭）。這些化石來自種類繁多的不開花植物（隱花植物，又稱孢子植物），許多都是大樹，跟至今尚存的多數隱花植物——蕨類、木賊，以及石松的矮小形成鮮明對比。在較年輕的第二紀中，出現了大量的蘇鐵和針葉樹（裸子植物）。直到第三紀才有種類、數量皆豐的開花植物（被子植物）。（就是在這段井然有序的植物生命史背景下，爆發了激烈的泥盆爭議——起因是德．拉貝許在報告中說，自己在顯然是志留紀、甚或是寒武紀的岩層中找到了屬於石炭紀的大型植物化石，但隨後的田野調查最終顯示該地層其實屬於石炭紀，這個刺眼的異常現象就此解決。）

漸冷的地球

動物與植物的化石記錄清楚指出一段線性、方向性的歷史。動植物的例子中，其歷史皆可以詮釋為「逐步發展」，因為「較高等」的生命體似乎是按照時間先後順序出現的：哺乳類晚於爬

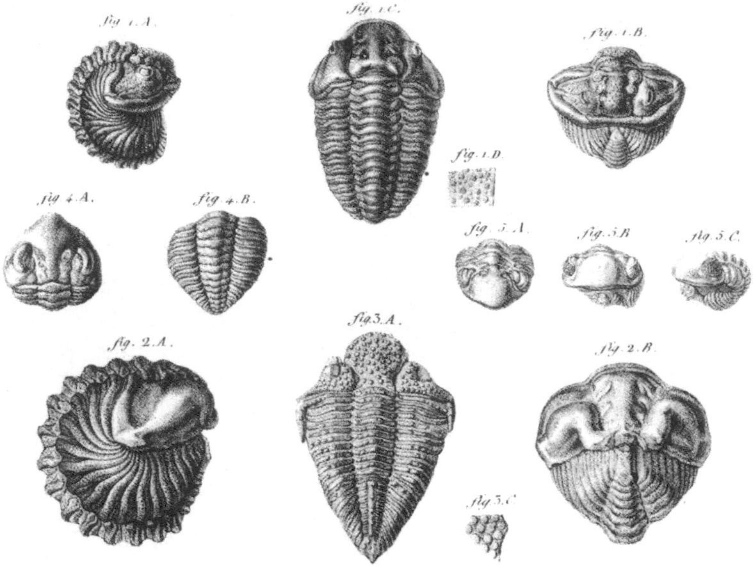

圖6.7 ——隱頭蟲（*Calymene*）屬的三葉蟲。這是布隆尼亞爾談三葉蟲的書（一八二二年）的插圖。一八三〇年代，這些化石所出土的過渡層，被麥奇生納入他的「志留」系，它們也因此成為當時已知最古老的一批化石。三葉蟲顯然是相當複雜的動物，有關節外骨骼與大大的複眼，可以緊緊蜷曲身體（可能是為了抵抗掠食者），彷彿今天的潮蟲（woodlice）與犰狳。根據拉馬克的「徹底轉變」（即演化）理論，最早的生命形態理應簡單而原始，但三葉蟲完全不是這樣。

圖6.8 ——石炭紀森林重建景像，發表於奧古斯特．哥特福斯（August Goldfuss）的《日耳曼的化石》（*Petrifacta Germaniae*，一八二六年至四四年；只有書名是拉丁文，內文是德文）。經過鑑定，這些植物全都是不會開花的隱花植物，類似今天的蕨類、木賊與石松，但卻會長成樹狀，有粗大的樹幹。樹葉化石發現時，鮮少會連在樹幹上，因此無法確定哪片葉子屬於哪棵樹。所以，途中的景象（別出心裁）截去了上面的幾公尺，蕨葉則從樹上斷裂、散落一地。小溪裡有魚在游（右下方），一些從海水地層中出土的無脊椎動物，則出現在岸邊（下中）。

蟲類或魚類，開花植物晚於不開花植物。那麼，人們要如何理解生命史所具有的強烈方向性呢？

其中一條可能的線索，是從早期許多動植物的熱帶外貌著手。例如在今天北歐的低溫緯度區，就有找到侏羅紀的珊瑚礁，有些甚至能回溯到志留紀。當地還有幾乎跟珍珠鸚鵡螺相同的貝類出土，但時人知道這種鸚鵡螺棲息在東印度群島（今印尼）附近；長久以來，人們都認為類似鸚鵡螺、但數量更多的菊石，說不定也棲息於類似的熱帶環境。植物化石證據更是驚人。甚至在倫敦附近的第三紀地層中，都可以找到類似今天生長於比英格蘭更溫暖地方的植物殘跡。再往時間深處走，德．拉貝許則是根據充分的化石證據，來畫他那幅「更古老的多塞特」侏羅紀海岸上的棕櫚樹與蘇鐵。時代更古老的石炭紀植物煤炭化石在這一點上甚至更讓人印象深刻，令人想起今天熱帶地區的茂密雨林與紅樹林沼澤地。當探險隊在北美洲頂端的浮冰水道迷宮中尋找通往太平洋最短的「西北航道」時，也有回報說找到煤炭沉積與珊瑚礁化石（根據板塊構造論，大陸「板塊」會緩慢改變其緯度，但這種現代概念當然是那時候的人無法想像的）。

小布隆尼亞爾把此前全球氣候溫度較高的所有證據，跟他的巴黎同事、知名物理學家約瑟夫．傅立葉（Joseph Fourier）和地質學家路易．哥迪耶（Louis Cordier）過去提出的主張相結合，亦即地球必然是從白熾的初始狀態漸漸冷卻下來的。基本上，這跟布豐半世紀以前提出的觀點並無二致。但這個構想在今天卻可以套用在一段極大的時間跨度上，遠超過布豐所能想像；而且還能跟拉普拉斯影響深遠的「星雲假說」（nebular hypothesis）相結合——所有的行星都是從太陽所發散的一縷極高熱物質所冷凝而成。更有甚者，傅立葉最新、最高深的熱傳導數學物理，以及哥迪耶對礦脈溫度上升（地溫梯度）最新、最精準測量結果的爬梳，都能支持漸冷的說法。實際上，他們的說法就等於主張地球確實有個「內部」或「中心熱」，而他們認為最有可能的解釋就是餘熱。對於布隆尼亞爾和其他許多地質學家而言，這種地球物理學理論（借用一下現代的詞彙）可以把各式各樣的證據融會貫通，證明地球表面在久遠的過去比現今熱上許多。如果此前的熱能泰半來自地球內部，而非太陽，就能解釋形成煤炭的森林何以在高緯度都能茂盛生長：當時的全球氣溫必然更為一致，與緯度關係更少，此後才漸漸改觀。這同樣能解釋化石記錄為何隨時間上溯而漸漸消失：寒武紀必然是海洋冷卻至足以讓生物得以存活的最早時間。

阿道夫·布隆尼亞爾進一步發揮這種地球長期環境史的構想。他認為，由樹蕨、巨大木賊與石松構成的成煤森林之所以能如此繁盛茂密，很可能是因為早期大氣遠比今日富含更多光合作用所需的「碳酸」（指二氧化碳）。反過來說，這一點或許也延緩了哺乳類等「較高等」型態的動物生命出現的時間，因為牠們需要大量的氧氣。根據這種看法，不只是堅實的地球及其表面的生物有其歷史，甚至連大氣都可能有不亞於斯的深歷史，而且原則上是可以重新建構的。這種大規模的理論建構至少激勵了少數地質學家，使他們確確實實從全球的角度、從諸多行星之一的角度開始重新思考地球，而這正是早自該世紀初便普遍為人擯棄的思考方式：大理論若非因為有過多猜測，以至於無法在體面的新興地質科學中占有一席之地，不然就是在地質學的探討範圍之外，最好留給天文學家處理。

最後，弔詭的是，「漸」冷的地球模型卻可以解釋地球歷史不是漸變的特色。新的地層學讓學者有機會在無法估量或相對的時間跨度，也就是地球歷史上連續的「紀」上，為地表發生重大擾動的時間點定年。重大擾動通常表現為新舊地層組之間區域性的「不整合」（unconformities），赫頓許久之前就是利用這類的不整合，主張曾經有「一連串的過去世界」。在每一次不整合現象中，舊地層組受到明顯擠壓，地層隨後遭沖刷侵蝕，接著新的地層又沉積在頂部。馮・布赫與其他許多地質學家在歐洲各地，甚至到歐洲以外的地方進行廣泛的田野調查，結果顯示，在地球漫長的歷史中，這些抬升事件在不同時間段、在不同地區發生，而且間隔拉得很開：例如懷特島，顯然是在最近幾次事件之中受到影響的。法國地質學家萊昂斯・伊利・德・博蒙特（Leonce Elie de Beaumont）在談〈全球地表革命〉（"The revolutions of the surface of the globe"，一八二九年至三〇年）的重要論文中，主張這些不定期發生的「抬升紀元」（epochs of elevation），每一次都會以某種超級大地震，在地殼上留下嚴重變形的跡象。他認為，隨著地球冷卻下來，地球深處的核心也會緩慢而穩定的收縮，而每一次大地震都是因為堅硬的地殼隨地核收縮而產生變化。易言之，地球下方深處持續的物理因素，有能力對地球表面造成偶發的「災難」效應。

截至十九世紀中葉，這種對地球無邊漫長歷史的重建，已經得到歐洲各地大多數地質學家的認可，以及歐洲之外（例如俄羅斯與北美洲）相對少數學者的採納。他們一致認為，地球經歷的

圖 6.9——「地球：從太空觀看的可能樣貌」：這是德．拉貝許《理論地質學研究》（*Researches in Theoretical Geology*，一八三四）的扉頁。這張圖就跟他多數的圖像一樣嚴守比例，畫出稍微壓扁一點點的地球（變成橢圓球體）——一般認為，這是地球原初為液態的證明。當時，從太空出發的視角，通常都會留給天文學家處理，只有極少數地質學家會從宇宙的角度，以全球的方式思考地球本身，德．拉貝許就是其中之一。對於地球歷史，他採取線性理論詮釋其過程，認為地球是從非常熾熱的原初狀態極緩慢冷卻下來，餘熱則保留在地底深處。這本書就是對此理論的詳細闡述。

變化大致上有個方向，最根本的原因或許是從起源時的極熱到眼下狀態的漸冷過程。習慣地球變動環境的動植物來來去去，「高等」型態的生物通常出現的時間都比「低等」者來得晚。整體化石紀錄因此不僅具備線性、方向性，還有大致上「逐步發展」的特質，人類這個物種則在故事的最後才現身。而這種連續的變化雖然在多數時候都相當平緩，但似乎不時會遭到突然且更為劇烈的短暫變化所打斷，且劇烈變化據信同樣是出自自然的因素——或許來自無法觸及的地球深處。然而，全世界地質學家之間的這種眾口鑠金的共識，卻至少從三個不同的方向遭到挑戰。這，就是下一章的主題。

CHAPTER 7 力排眾議

地質學與《創世紀》

地質學這門新科學，體現了對於地球本身歷史的一種嶄新又陌生的觀點。尤其是地質學提出了鋪天蓋地的證據，證明在人類的歷史之前，不只有神那一週時間的太初創世行動，而是還有一段長得無邊無際、內容豐富的歷史。這段歷史顯然都是前人類的歷史，而且往回延伸到遙遠、無法想像的過去裡。整段已知的人類史，也因此在一段長久得多的劇碼中，縮水成簡短的終幕。所有對於《創世紀》敘事的天真「直譯」，已再也無法讓人相信。

現代無神論基要主義者（若干宗教基要主義者亦然）總愛想像科學與宗教間有種針鋒相對，但上一段最後一句說的情況卻根本沒有挑起這種對立。說起來，這段歷史大戲中領銜主演的科學界演員（尤其是在不列顛者），有許多人在公共生活中是經按立的教士，私底下則是虔誠真心的基督徒。在這方面，巴克蘭和他的劍橋同行塞吉維克算是典型。他們在英格蘭的兩所大學教地質學，同時在主要的英格蘭國教會主教座堂負有神職，兩者不僅並行不悖，他們在這兩種角色中也都是全國知名的人物。巴克蘭的牛津前同事康尼貝爾則是另一個例子，他不僅是同輩人中最聰明的地質學家之一，也是優秀的神學家與教會史家，後來還執掌威爾斯的一處主教座堂。康尼貝爾戮力將歐洲其餘各地行之多年的那種聖經批評，引介給性格偏狹的英格蘭人；他和他的神學同伴們相信，身處一個全新的科學年代中，唯有更學術的聖經研究，才能讓聖經不至於被人不理不睬，或是更慘。

然而，身為鴻儒當中的地質學家，他們必須讓自己對地球歷史的新認知，以及新地球歷史與人類歷史之間的關係得到認可，偏偏當時不列顛大眾文化對於他們的嶄新構想很少全盤接收。他們在倫敦的地質學會明確有意建立起一種身為「地質學家」的集體認同。地質學會成立於一八〇七年，是世界上同類型組織的始祖（性質接近的法國組織在一八三〇年成立，其他國家更晚）。起先，學會主張要致力於觀察優先（尤其是戶外田野調查）的做法，而非上個世紀蔚為特色的假設性「地球理論」。此時的不列顛處在法國大革命戰爭與拿破崙戰爭昏頭轉向的政治氛圍中，人們對於任何來自法國的新穎或激進概念，都有深刻的猜忌。因此，地質學會必須整顆腦袋都躲在防禦牆後，強調其宗旨無涉政治，純粹是收集關於地球明確、有用的事實。但偏偏學會的成就讓這種政策馬上搖搖欲墜，因為即使是最直白的事實都需要詮釋，這就意味著要為事實的意義與重要性建立起理論。學者反而愈來愈難以避免對地球本身的過去做歷史性的重建，為了重建，就非得拿對世界起源與早期歷史的既有觀念來做比較。其中犖犖大者，自然是那些從《創世紀》開頭幾章的創世與大洪水敘事中挑出來的觀念。

總之，在十九世紀初期的不列顛，地質學會的成員在活絡的知識文化世界中從事研究，而他們的新概念在這種文化中，也會被人拿來跟傳統解經方式做比較，而且兩者經常相互對立。普羅大眾對地質學的興趣起源於本世紀初，後來又因為詹姆森對居維葉著作的提倡——應該說曲解——而推波助瀾。到了一八二〇年代，巴克蘭設法為聖經大洪水提供地質證據，他談前洪水世界的轟動「鬣狗故事」又廣為人知，民眾的興趣隨之水漲船高。後人總憑藉後見之明，把聖公會教士喬治．巴格（George Bugg）在這種背景下發表的兩卷本《聖經地質學》（*Scriptural Geology*，一八二六年至二七年），視為當時地質學與《創世紀》激烈衝突的徵象：巴格作品的副標題當仁不讓，寫著「地質現象僅會符合於神聖經文之直譯」。但後人對歷史的這種解讀不僅過於簡單，也確實造成嚴重的誤解。

首屈一指的地質學家的確傾向於把自己的注意力與批判，擺在巴格這類的作品上，這不難理解，因為這類著作不僅源於他們圈外，而且擺明在挑戰他們對地質學相關議題的權威。他們習慣誇大這類作者背後代表的威脅，甚至還拿伽利略遭遇異端審判的樣板，把自己塑造成英雄人物（無論其中玩笑成分幾何）。一旦他們跟「聖經」作家之間涇渭分明的界線變得模糊，或是有人越線時（無論是用什麼方式），此時的威脅看起來就是最嚴重的。塞吉維克曾經用他最鄙夷的言詞，來撻伐職業科學講師安德魯・烏爾（Andrew Ure）。烏爾獲選加入地質學會，隨後出版了《地質學新體系》（*A New System of Geology*，一八二九年）表露其真心：這本書主張要「調解」科學與《創世紀》，只是他們對科學這一方的說法卻不正確，偏偏正確與否的界線不總是令人一目瞭然。業餘化石蒐藏家喬治・楊（George Young，他身兼長老教會牧師）與約翰・博德（John Bird）合著了《約克郡海岸地質調查》（*Geological Survey of the Yorkshire Coast*，一八二二年），書中對當地岩層與化石的描述用處極大，其價值不容全盤否定；但全書「年輕地球」的詮釋卻

> By way of encouragement to my husband's labours, we have had the Bampton Lecturer holding forth in St Mary's against all modern science (of which it need scarcely be said he is profoundly ignorant), but more particularly enlarging on the heresies and infidelities of geologists, denouncing all who assert that the world was not made in 6 days as obstinate unbelievers, &c. &c. . . . Alas! my poor husband – Could he be carried back a century, fire & faggot would have been his fate, and I dare say our Bampton Lecturer would have thought it his duty to assist at such an 'Auto da Fé'. Perhaps I too might have come in for a broil as an agent in the propagation of heresies.

圖7.1——瑪莉・巴克蘭（Mary Buckland）去信給威廉・惠威爾（一八三三年，當代首屈一指的飽學之士，也是塞吉維克在劍橋的同事），內容則是對聖公會教士弗里德里克・諾蘭在劍橋大學教堂的公開榮譽講座所做的報告（她為了修辭效果，把三世紀以前火刑處死異端的作法，誇稱是一世紀以前的事！）。惠威爾、塞吉維克，以及她的丈夫威廉・巴克蘭皆信奉基督教，也都是「神職教授」（Reverend Professors），但他們經常把自己與其他地質學家，描繪成眼下為了科學而殉難的人——無論其中有幾分玩笑。類似這樣的插曲，顯示他們與直譯派——即「聖經派」作家之間的過從，絕非「『科學』與『宗教』間的衝突」所能一語帶過。

讓人想起伍德沃德上個世紀的構想，任何有歷練的地質學家對此都無法置信。

地質學會成員有其強烈的集體身分認同與目標，相形之下，其他思索地質學與《創世紀》間關係的人卻是出奇多元（我們今天是透過他們已發表的書籍與手冊才知道這群多元的人們，但他們的讀者範圍遠比地質學會成員更廣）。有些作者是授職教士，許多人則否。有些人是國教會信徒（在英格蘭，對國教會的忠誠跟對政府的忠誠有密切關係，但在蘇格蘭則不然），有些人則屬於其他各式各樣的新教組織，甚或是羅馬天主教徒。他們的著作也絕非口徑一致、志在對抗新科學。在這段寬廣光譜的一端，若干類似巴格的著作確實對其眼中地質學的顛覆傾向具有強烈敵意。他們對地質學家所謂「地球有著漫長的前人類歷史」的主張大加批判，他們宣稱其主張顛倒了《創世紀》的創世敘事，必然危及人們對聖經整體可信度的信心。不過，卻有許多別的作者更關心如何向地質學家出人意料的新發現取經，用來補充或澄清聖經中簡略的敘述。他們以相當傳統的方式，力陳神在自然世界的「工」既可以、也應該用來補充神在聖經中的「道」；對於可以讓人類知識的這兩種泉源友好「和諧」或「和解」的新方法，他們都歡迎。這類出版品種類極為豐富，顯見任何宣稱「當時對《創世紀》（或任何其他聖經文本）只有一種不由分說、獨一無二的『直』譯」的說法，在過去和現在都是誤導人的幻想。大多數這類著作的作者（許多都是重要的地質學家）確實認為聖經多少是受到聖靈啟發之作，但同時也有許多人清楚意識到古代文獻是以古代語言寫就，任何幼稚的聖經直譯主義皆亟待商榷。

科學著作種類繁多，從嚴謹學術著作到有志為一般大眾，甚或是幼齡讀者服務的作品都有。例如身兼古典學與歷史語言學家的倫敦公務人員格蘭維爾・佩恩（Granville Penn）所發表的《礦物地質學與摩西地質學評判》（*A Comparative Estimate of theMineral and Mosaical Geologies*，一八二二年），就是以學術的方式，對他認為同樣值得嚴肅以待的兩種對反說法進行評估，只不過他深深以為摩西是比地質學家更可靠的歷史學家。至於在內容簡單許多的著作方面，作者匿名的《地質學講義》（*Conversations on Geology*，一八二八年，這本其實是科學講師詹姆斯・雷尼〔James Rennie〕寫的）則宣稱要以持平的態度，比較佩恩、赫頓、維爾納等人，以及「巴克蘭教授」與其他地質學家的「最新發現」，表現方式則是寫成一位受過良好教育的母親為她興致勃勃的孩子啟蒙的場景。

然而，「聖經派」批評人士攻擊地質學家的看法是違反常理，其次數如此頻繁反映了背後原因。在傳統民間風氣下（尤其是英格蘭與蘇格蘭這種新教氣氛濃厚的國家），民眾常常自認為跟所有自稱專家的人一樣，有資格自己做判斷，管它是理解岩石與化石，還是聖經文本。反過來說，他們很可能覺得，地質學家是在主張自己比他們迷人小圈圈以外的人，更有優勢去掌握真正的真相，在某些人眼中，這就像是上個時代獨尊教士與其他教會權威的主張。因此，地質學家得在自己的出版品裡向大眾解釋：他們的新觀念如何奠基於他們之所見，特別是田野調查時所見，造成常常需要修正人們歷來認定的常識，但在原則上，這樣的知識還是每個人都能接觸的。

不過，所有這些關於地質學與《創世紀》的紛紛擾擾，範圍幾乎僅限於不列顛與美國（後者

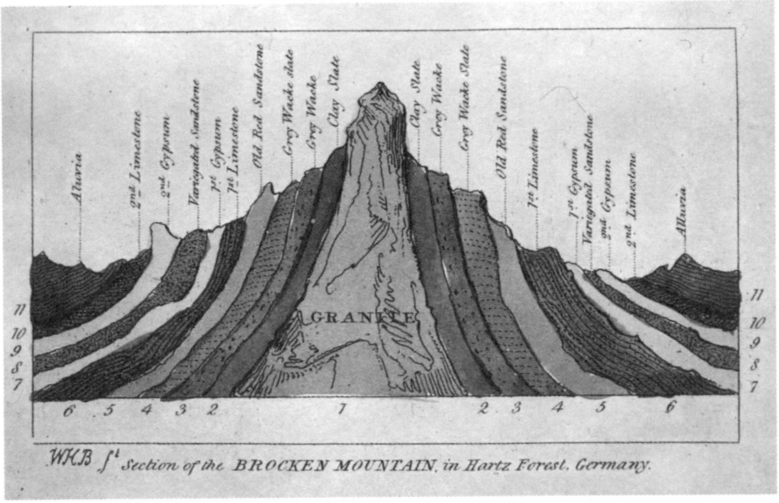

WKB sc Section of the BROCKEN MOUNTAIN, in Hartz Forest, Germany.

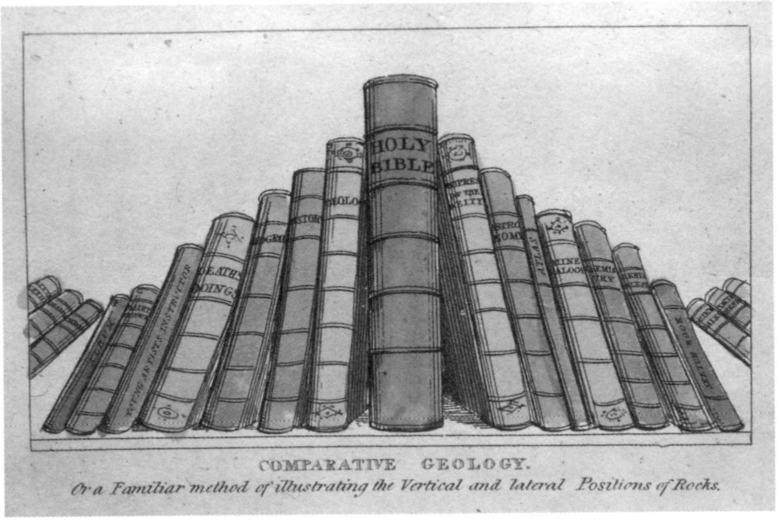

COMPARATIVE GEOLOGY.
Or a Familiar method of illustrating the Vertical and lateral Positions of Rocks.

圖 7.2 ——這組插圖出自詹姆斯．雷尼匿名出版的《地質學講義》（一八二八年），該書意在讓孩子們更容易接觸科學，讓科學更好懂。在北日耳曼哈次山的剖面示意圖（上圖）中，呈現作為基礎的第一紀花崗岩，兩側夾著一系列各式各樣的過渡岩層與第二紀岩層，最外側則是沖積層。而在對應圖中（下圖），厚重的聖經（真讓人放心！）扮演了穩定的根基，讓其他各種書籍得以依靠（但或許也能說，是這些世俗的知識把聖經撐了起來？）。這兩張圖使用了傳統上「自然之書」（book of nature）的概念，為新的地質科學做類比。但這種類比本身既不必然支持地質學家賦予地球的漫長時間跨度，也不必然同意「聖經派」作家的極短跨度；就這一點而言，書中的虛構角色「R 女士」在對興致勃勃的兒女們解釋科學時，可以自在懷抱著騎牆觀望的態度。

雖然對自己在政治上的獨立感到得意，但在文化事務上仍然跟不列顛關係緊密）。歐洲其餘各地的地質學家多半帶著輕佻鄙夷，提到他們能從自己的科學研究繼續發展下去，無須費心保護他們努力的成果，對抗多半無知的批評人士。實際上，若從他們的不列顛同行們寫給彼此看的科學書籍，以及聚會時宣讀、隨後發表在種類激增的科學期刊上的論文來看，其實不列顛地質學家也享有同樣的地位。事實上，地質學家已編織出一面國際性的科學網路，發展出對地球歷史大致相同的共識。不列顛地質學家有時候確實有充分理由，去擔心民眾跟自己學門的關係，但他們不會因為擔心地質學的可行性而夜不能寐（現代美國科學家遭遇創造論者時的那種不知所措，才真的是非常嚴重）。在十九世紀早期，地質學與《創世紀》的議題，多少只是英美茶壺裡的風暴而已。

愈來愈多人認為，自然世界底下是由神聖的護佑、目的與設計所支撐的；用傳統一點的表達方式來說，這叫做神聖天意。長期而論，這種普遍的看法遠比地質學與《創世紀》之爭來得重要。然而，主流基督教思想總認為這種「自然神學」從屬於、或者僅僅是為「啟示神學」做預備。人們相信神意會透過人類的歷史事件自我顯露，這就是啟示神學的基礎。例如在十九世紀初的不列顛，威廉・裴利（William Paley）的經典之作《自然神學》（*Natural Theology*，一八〇二年）便為傳統的「設計論證」（argumentfrom design）提供一段知名的雄渾闡述——自然世界顯然充滿設計的跡象，一切紛紛指出某位神聖設計者的天意（今天，創造論者讓這種論證重新復活，稱之為「智慧設計論」）。不過，裴利此前已經寫了《基督教的證明》（*Evidences of Christianity*，一七九四年），為基督信仰奠定重要歷史基礎，眾人於是把裴利的《自然神學》，當成是補充其前作（頂多是與之相輔相成）。不過，一般仍認為自然神學對於整體宗教信仰而言，是很有價值的知識來源，尤其是因為自然神學能橫跨最寬廣的神學與教會組織光譜，用其深具說服力的訴求，把從一位論派（Unitarians）與貴格派（Quakers）到羅馬天主教徒的信徒通通結合起來。

當時的不列顛有一套「布里奇沃特論集」（Bridgewater Treatises），是用一位貴族出身的富裕鴻儒（與授職教士）留下的遺產為發行資金的重要書系。這套書的宗旨，在於借鑑當時許多自然科學領域的驚人發展，好讓裴利的論證能跟上時代。例如博物學家威廉・惠威爾（William Whewell）就接獲委託，以天文學為題寫作；巴克蘭則負責寫地質學。巴克蘭的《地質學與礦物學》（*Geology and Mineralogy*，一八三六年），以令人印象深刻而權威的方式回顧了他的學說，適時為其他地質學家與一般閱讀大眾提供了知識。與此同時，他還為裴利的論證賦予深歷史的新面向，讓它脫胎換骨。比方說，他對滅絕已久的三葉蟲（當時已知最古老的一些化石）所做的解剖分析，實際上等於表示動物一直都有精密的設計，因此才能適應、遵循特定的生活方式，就連在最古早的過去也是如此。（對化石的這種分析非但沒有因為其宗教根源而「妨礙科學的進展」，反而繼續支持著現代科學家對化石生物做的機能重建。這些科學家以相當隨意的方式，談到某種生命體的設計〔design〕，但並不會質疑這些生物的設計向來都是透過天擇演化而來；在我成為歷史學家之前，我自己的古生物學研究也像這樣。）

跟這種自然世界的神意設計感有密切關聯的，則是一種對消逝的久遠過去所懷抱的驚奇感，地質學家的研究揭露了這段過去，寫得歷歷在目。以發現禽龍的曼特爾為例（禽龍是後來最早被歸類為恐龍的爬蟲類化石），他描述了《地質學之奇》（*Wonders of Geology*，一八三八年），藉此挖掘科普市場的賺錢金礦。人們經常將這段悠久地球史之浩瀚與難以逆料之奇，當成神恢弘創世的可喜新證據。地質學在本質上根本和宗教信仰不衝突，十九世紀早期的人普遍把這門學科當成信仰的盟友與支持者。

圖7.3 ——「禽龍國度」：吉迪恩・曼特爾的《地質學之奇》（一八三八年）扉頁。圖上畫出這種巨獸（其化石殘片最早就是曼特爾發現的），背景是熱帶景致的南英格蘭薩塞克斯（Sussex），呈現出久遠過去的樣貌。曼特爾與其他地質學科普熱門作家一樣，強調地球及其生命深歷史之「奇」，而這正是地質學這門陌生但令人興奮的科學所要揭露的。這幅「深歷史場景」是約翰・馬丁（John Martin）為他畫的。馬丁是成名已久的畫家，他的強項就是為人類歷史中的場景繪製類似的誇大圖畫，而且聖俗主題都畫，例如巴比倫滅亡與摧毀龐貝的維蘇威火山爆發。

令人坐立不安的外人

當時，地質學這門新科學可是以極具戲劇性與說服力的方式，重建了一部份的地球史及其生命的發展歷程。不過，此前的描述中，其實還有一位故意沒提到的人物——查爾斯·萊爾（Charles Lyell）。對於現代的地質學傳人來說，他那一代的地質學家中就屬他最為家喻戶曉——至少名字最多人知道。人們經常把他描繪成地質學「之父」（只有赫頓算是他的先行者）與一位英雄人物，說他最早證明地球浩瀚的時間跨度，挫敗宗教界的反動勢力，為他的年輕友人查爾斯·達爾文提出的演化論鋪平道路。萊爾確實是當時最優秀的地質學家之一，他的研究也長久影響著這門科學，但比起這種粗糙的聖徒傳記寫法，他值得我們用更歷史的方式來評價。

年輕時的萊爾在眾人眼中，已經是地質學界的冉冉新星。他在牛津唸書時曾經聽過巴克蘭講課，其內容深深打動了他。後來他在倫敦受律師訓練，同時加入地質學會，成為一位活躍的會員。萊爾在頗具影響力的《季評》（*Quarterly Review*）發表文章，為這份刊物的高知識份子讀者勾勒地質學家最新的若干發現（這種方式顯示他屬於這門學科的主流）。當年長的同事正忙著重建有方向性的地球歷史時，他也對此詳加解釋。然而，萊爾也讀過普雷費爾的著作，對於他論證的「現時因素」（亦即進行中的地質變化過程）所具有的力量印象深刻。他漸漸深信：居維葉（他的偶像）太急著駁斥現時因素，認為現時因素不適合用於解釋大滅絕事件，或是深歷史中其他顯然是突然發生的「鉅變」。萊爾造訪巴黎時，地質學家孔斯坦．普雷沃（Constant Prevost）帶他到現場親見巴黎知名的第三紀地層層序，並說服他：在「過去世界」形成的淡水層，其形成條件就跟今日並無二致。萊爾隨後親自證實這一點：他在自己家族位於蘇格蘭的房子附近一處剛乾涸的湖中，發現極為相似的沉積物。等到與萊爾時代差不多的喬治．波萊特．斯科羅普（George Poulett Scrope）發表對法國中部知名死火山的詳盡敘述時（他讓德馬雷的詮釋再度流行——把火山當成一系列歷時悠久、過程複雜的噴發紀錄），萊爾可是大為贊同：地質學家雖然一個個口口聲聲說接受無邊的時間跨度，卻沒能充分領會到：只要假以時日，尋常的自然過程也能創造出壯觀的自然效應。

斯科羅普的著作也讓萊爾相信，至少在這個經典的死火山地區裡，是沒有任何晚近地質洪水的痕跡的。他開始懷疑，巴克蘭的洪水理論恐怕全盤皆錯。萊爾對於他這位知識導師指證歷歷，把所謂的地質事件跟聖經大洪水等同的做法特別懷疑。他對英格蘭教會愈來愈反感，對巴克蘭的懷疑也水漲船高。但他倒不是對國教信仰本身反感，而是討厭國教會的政治與文化權勢，尤其是教會對英格蘭高等教育的獨佔——巴克蘭任教的牛津正是其化身。萊爾打算駁斥的，不只是所謂的聖經大洪水與地質學洪水的證據，他更要擯棄主張在久遠以前確實發生過任何一種「災難」的論證。他反過來說服地質學家去認清，光是「現時因素」（即進行中的地質變化過程）的力量，只要有一段寬廣得幾乎無法思量的深時間跨度任其作用，就能對同樣的地質證據有更充分的解釋。

萊爾首度到歐洲大陸進行重要地質巡禮時，把法國的死火山當成首要之務，人到現場的他充分被斯科羅普對這些火山的詮釋所折服。在整個狹長的義大利（包括維蘇威活火山）所進行的後續田調調查，讓他相信眼下的地質變化過程遠比多數地質學家意識到的更強大。對此更完整的知識，便是真正了解地球歷史的關鍵。來到西西里島上，巨大的埃特納活火山（一道又一道的熔岩流顯然累積在厚厚的第三紀地層堆疊頂上）堅定了他對於時間總長度之悠久的感受，其時間之長，足以讓現時因素創造出這種最大規模的效應。就拿高聳的山脈為例，抬升群山的不見得是伊利．德．博蒙特等人所主張的單一超大地震，而是歷時甚久、速度緩慢的一系列普通地震，其規模不會比人類歷史紀錄的地震更強烈。

> The periods which to our narrow apprehension, and compared with our ephemeral existence, appear of incalculable duration, are in all probability but trifles in the calendar of nature. It is Geology that, above all other sciences, makes us acquainted with this important, though humiliating fact. Every step we take in its pursuit forces us to make almost unlimited drafts upon antiquity. The leading idea which is present in all our researches, and which accompanies every fresh observation, the sound of which to the student of Nature seems continually echoed from every part of her works, is –
>
> Time! – Time! – Time!

圖7.4——摘自斯科羅普《法蘭西中部地質》（*Geology of Central France*，一八二七年）的一段知名文字。這段話傳達了他的信念：儘管地質學家宣稱自己可以接受地球的時間跨度幾乎長得無法想像，但實際上，他們卻未能領會這對於從可觀察的「現時過程」解釋地質形貌來說，有什麼樣的意涵。斯科羅普是國會議員，曾以政治經濟學為題大量寫作，包括貨幣改革；而隱喻性的深時間「支票」，是可以從無底的銀行帳戶不斷提領的。查爾斯．萊爾等人熱切採用深時間的這種無限的解釋效力，這也成為萊爾所有研究中的首要主題。

萊爾決定把當時在不列顛如火如荼的政治改革（走向投票權擴大的第一步），跟地質科學的改革相提並論。他人還在田野調查時就告訴麥奇生，自己正計畫以地質學的兩項根本「推論原則」為基礎寫書。第一項原則是「**沒有什麼因素**，是只會在從最古老的時代到我們可以回顧的過去之間作用的；真正有的，是**如今**正在作用的因素」（粗體字為萊爾所加）。這排除了某些自然過程可能不再起作用，或是在當前世界上還未曾有人見識其作用的可能性，從而讓現時論原則在地質學家之間變得比以往更有力。萊爾的第二項原則甚至比第一項更強硬：「其（現時因素）在過去所展現的能量，與如今所作用的程度並無二致。」這個主張更是啟人疑竇：比方說，這暗示著無論是什麼樣的自然過程造成海嘯，這些因素在久遠的過去也從未以更大的強度展現，從未產生人類歷史中所不曾記載的超大海嘯。萊爾相信，只要像他那樣徹底應用這項原則，就必然會讓人擯棄同時代的人對地球歷史抱持的既有觀念，轉而接受類似赫頓先前提出的那種穩定狀態系統。他說，這將是個以「絕對的均衡」為基礎的系統：沒有整體性、方向性的潮流，也沒有超乎尋常的災難。

返家之後，萊爾寫了三卷巨冊《地質學原理》（*Principles of Geology*，一八三〇年至三三年），打算為這種系統奠基。他試圖**全數**使用「如今作用中的因素」——例如侵蝕與沉積、地表抬升與沉降、火山與地震、動植物遭受的自然力衝擊……來解釋深歷史留下的所有痕跡。書的前兩卷是一份詳盡清單，記錄著人類歷史記載中，這些自然變化過程所帶來的效應。日耳曼公務員兼歷史學家卡爾・馮・霍夫（Karl von Hoff）不久前發表了卷帙浩繁的一部歷史彙編，萊爾有許多材料都來自霍夫的書（為了讀這本書，萊爾特別學了德語）。他以此為證據，主張自然界底下的作用過程處於動態平衡：侵蝕有沉積與之平衡，地殼抬升有地殼下沉與之平衡，新物種的成形有舊物種的滅絕與之平衡，如此這般。變化是循環性的，地球長期來看會維持某種穩定狀態。萊爾一書的卷首插圖以視覺的方式，總結了他的整個論證：圖像呈現的並非某種讓人嘆為觀止的地貌，而是（出人意料）一處古典風的遺跡。但這個遺跡表現的正是地球穩定狀態的縮影，不脫人類歷史有記載的時間跨度。

萊爾宣稱他這一大份現時因素清單，為地質學提供了不可或缺的「字母與文法」。他在第三卷，也是集大成之卷中，主張這些字母與文法可以讓地質學家破譯自然的「語言」——地球就是用這種語言寫下自己的歷史文獻——既而重建地球的深歷史。尚．商博良（Jean Champollion）不久前破譯了古埃及象形文字，這件事情非常有名。萊爾再度拿地質學與人類歷史類比，期間的隱喻也因此鮮活起來。他從居維葉等一路上溯到斯泰諾的鴻儒那兒得到提示，反向重建地球的歷史，從可觀察的現在走向無法觀察、益發陌生的過去，並且把焦點擺在最靠近現在的部分，亦即第三紀，作為這種反向重建策略的實例。第三紀最好的若干證據，來自其豐富的貝類化石。萊爾採用布羅奇的軟體動物物種漸變模型，拿不列顛已經開始、每十年進行一次的人口普查為明喻加以對照。將散佈在歐洲各地的第三紀地層（位於巴黎、倫敦等「盆地」）以漸變現象為根據，去計算地層中化石有多少屬於已知現存（extant）物種，多少屬於未知、可能已滅絕物種，再按照時間先

圖 7.5 ——萊爾的《地質學原理》第一冊（一八三〇年）扉頁，有著以視覺方式為全書做摘要的作用。塞拉比斯神廟（Temple of Serapis，靠近拿坡里，後來認為是市場建築）遺跡殘存的石柱上有個區塊，其石材曾遭海生軟體動物鑽孔。幾乎沒什麼潮汐的地中海，在當時的水位顯然高了許多。萊爾用這個遺跡來證明：自羅馬時代以降的兩千年來，這塊位於多地震火山區的土地曾經下陷過，後來再度抬升到幾乎與過去同高（大理石步道仍然為海水所掩蓋），但過程之和緩，足以讓石柱維持直直向上。這張圖以具體而微的方式，不僅清楚解釋了萊爾對地球的詮釋——地球處於一種動態穩定狀態，沒有劇烈的變動——也體現出利用人類歷史跨度作為深歷史之鑰的現時論方法。這張版畫雖然是複製一位拿坡里古文物家已發表的作品，但萊爾在義大利之行途中是有親眼看過這處遺跡的。

後順序排列之（而且有給出數字，只是單位並未精準至「年」這個單位）：現存物種比例愈高，則地層年代更為晚近（至於指認那上百種物種一事，他則仰賴一位巴黎博物學家專業代勞）。惠威爾為萊爾提供合適的古典拉丁文形容詞，根據這些物種群集在岩層中保存的情況，為第三紀之內的各時期命名——從**始新世**（*Eocene*，意為「近來〔意即現存〕物種之發端」）經過**中新世**（*Miocene*，指「較晚近稍遠」），來到**上新世**（*Pliocene*，意「全然晚近」）（現代地質學家仍在使用這些名稱，中間加上其他後來安插進去的地質年代）。

萊爾提到，始新世（第三紀最早的時代）的化石跟下方最年輕第二紀岩層（馬斯垂克的白堊層）的化石幾乎完全不同。他卓有見地，將這個情況詮釋成那是化石記錄中一段未經保存的「空白」，其長度就跟接下來的**整段第三紀**一樣。這種推論在邏輯上合於萊爾的主張，即物種替換的速率自始至終在統計上皆保持恆定（但無論對當時的地質學家，或是他們的現代傳人來說，都一樣令人印象深刻）。穩定的滅絕率有穩定的新物種出現率平衡之，顯示他的「絕對均衡」原理在發揮作用。他的推論同樣暗指化石記錄稱不上是完整的生命史清單（其他地質學家泰半如此相信），而是極度不完整而破碎的。

最後，在一段對第二紀岩層的簡短概述後（指出往後該如何用同一種分析方式套用在更古老的時代），萊爾的《地質學原理》便以其地球史模型的摘要畫下句點：從沒有任何文字紀錄留下來的時代至今，地球經歷的都是穩定或循環的變化，途中沒有整體、沒有方向性的潮流，也沒有超乎尋常的「鉅變」。

「災難」對「均衡」

萊爾的模型，相當於改良版的赫頓穩定狀態地球理論。包括普雷沃與斯科羅普在內，有許多人完全同意萊爾對時間寬廣跨度的看法，也重視他利用現時因素作為解開深歷史最重要關鍵的做法，但他的模型跟「漸冷地球」，以及大致上「逐步演進」的生命發展歷程等方向性的模型無法兼容，偏偏其他地質學家幾乎都接受這一套。因此，萊爾必須非常努力，才能化解這些人對於「地球及其上的生命並非一直維持在大致相同的整體狀態」的強烈信念。萊爾深信，由於任何動植物成為化石保存下來的機會皆相當渺茫，化石記錄必然極度破碎而不完整。因此，對於第三紀地層與第二紀層之間有一大段空缺、無化石留存的推論，他完全不認為有問題。無獨有偶，其他地質學家認為侏羅紀地層中出現的罕見小型有袋哺乳類，是整個四足動物演化史具有方向性的進一步證據：牠們遠早於其他任何哺乳類，而且可說更為原始。但對萊爾來說，在這類岩層中找到的任何哺乳類化石，都顯示整體哺乳類可能早在地球歷史更古老的階段便已經存在了，只是不巧都沒有保存下來。至於化石記錄漸漸消失之處——也就是塞吉維克不久後稱之為「寒武」系的上古地層，萊爾則主張這是因為更古老的地層（後來命名為前寒武〔pre-Cambrian或Precambrian〕），已經因為地球深處的高熱而徹底產生變化，以致所有生物化石的痕跡都被摧毀：他稱這種岩石為**變質**（*metamorphic*，指「完全改變」之意）岩。可是當代人覺得最說不通的是——萊爾居然態度非常認真，主張巨大爬蟲類的時代或許終將**再現**，至於讓深歷史中的牠們得以生養眾多的侏羅紀全球自然環境，也將順著狀態穩定的地球歷史大循環過程，在遙遠的未來再度來臨。

這種徹徹底底特立獨行的地球史詮釋，嚴重攪亂了其他地質學家之間舒舒服服的共識。面對這樣的局勢，惠威爾感到地質學家如今分裂成兩個壁壘分明的派系：他其實間接隱射當時導致不列顛民眾生活動盪不安的激烈宗教爭議。萊爾對於地質過程「絕對均衡」的堅持，等於讓他成了一個「**均變論者**」（Uniformitarian），但惠威爾指出這一派非常排外（不久後從搭乘小獵犬號〔*The Beagle*〕環航世界之行歸來的年輕地質學家查爾斯．達爾文，就成了萊爾非常少數的重要追隨者之一）。批評萊爾的人構成人數多得多的派別，惠威爾給他們起名叫「**災變論者**」（Catastrophists）：災變論者支持的地球及其生命歷史不僅有方向性，而且似乎不時因為他們稱之為「鉅變」或「災難」的自然事件而中斷。不過，這起爭議與後人的誤解正好相反——兩個地質學派系**皆**忠於如今所說的現時論信條，亦即現在通常是解開過去最好的鑰匙；他們的差異只在於「現時」即現在的自然過程，**若以其目前的作用強度**，是否**足以**解釋深歷史中發生的每一件事。當然，地球整體時間跨度的數量級並非關鍵，只是萊爾常常出於其話術而宣稱跨度為關鍵，並表示批評他的人之所以訴諸災難，只是因為他們被時間擠得喘不過氣而已。康尼貝爾則站出來抗議，說只要證據顯示有其必要，自己與其他災變論者可是樂得接受其跨度有「好幾秭（quadrillions）年」＊（遠超過今人估計的數十億年）；但他也指出時間的長度本身不會（也不能）抹消地球歷史有其方向性的證據。

塞吉維克大聲抱怨，說萊爾在自己的《地質學原理》用了太多「律師的話術」（萊爾身為合格訟務律師，不就該這樣嗎！），但塞吉維克本人也是能言善道的傳道家，在雄辯術上同樣千錘百鍊。兩邊都盡可能用最有說服力的方式，適切運用其證據，盡力做最好

圖 7.6 ——德・拉貝許在一八三〇年畫了這張漫畫，來挖苦萊爾：萊爾認為假以時日，只要適合的環境條件在地球的巨大循環中再度出現，知名的侏儸紀爬蟲類（至少是類似牠們的動物）就會在遙遠的後人類未來中復歸。「魚龍教授」正對其他爬蟲類聽眾講課，把人類頭骨化石解釋成比牠們低等、早已滅絕的動物留下的痕跡。在其他地質學家看來，萊爾對地球長期歷史的循環或穩定狀態詮釋（這是他大部頭的《地質學原理》一書的核心）完全說不通。

的辯護。不過，這場激情但泰半友好的辯論，最後其實是漸漸平息下來，打成平手。其他地質學家從萊爾身上學到，要對作用於寬廣深時間跨度中的現時過程，做出更高的評價；碰上若干情形時，他們也承認表面上的災變或許真是緩慢、漸漸發生的。但萊爾把地球詮釋成一套循環或狀態穩定的系統，這一點他們卻堅決不從。情況正好相反，他們的研究似乎挖出更多證據，證明地球歷史有其方向性與歷史性，管它是因為漸冷過程，抑或是其他原因。萊爾試圖將所有深歷史中自然災害偶有發生的證據，盡數推託得一乾二淨，但其他地質學家對他的作法仍舊非常懷疑。總而言之，這場論辯泰半局限於不列顛的地質學家。普雷沃（萊爾在法國的頭號盟友）原本計畫翻譯他的《地質學原理》，但七月革命（July Revolution）中的政治事件讓他無暇他顧，結果從未譯成。後來譯為法語和其他語言的，則是萊爾那份寶貴清單，該份清單收集了人類歷史記載中可直接觀察到的地質過程。各地的地質學家因為這份清單而興致勃勃，試圖在每一個可能的地方，都用尋常地質過程來解釋地球過去的歷史，而非倉促訴諸於不尋常或罕見的自然事件，除非有壓倒性的證據。另一方面，萊爾的穩定狀態地球史（後來變成獨立作品《地質學要點》〔*Elements of Geology*，一八三八年〕），卻連在英語世界都沒有得到多少關注，英語世界外自然更少。

至於此刻的不列顛，萊爾雄渾的散文讓他的《地質學原理》無論是在受過教育的大眾，或是

＊譯註：「quadrillion」在傳統英式英語中為十的二十四次方。

地質學家同儕間，都是人手一本。他以極具說服力的方式證明地球有一段浩瀚的時間跨度，同時對無知、無用的「聖經派」作家嗤之以鼻，民眾對此印象尤其深刻。不過，這些地質學家同儕當中，許多人完全認同萊爾的主張，也對「聖經派」作家不以為然。偏偏萊爾的律師辯才太有技巧，讓民眾認為真正科學性的地質學就要像萊爾派或均變論者，而災變論者比「聖經派」作家好不到哪兒去。他在地質學界的批評者自然對此大呼不公。

誰知造化弄人，最難有共識的明顯災難例子居然不在深歷史中，而在距今不遠時。地質學上發生在近古的事件（亦即人類歷史開端之時），居然比發生在更久遠以前的事件模糊許多。稱為洪積物的謎樣表層沉積（尤其是獨特的冰磧物，又稱冰礫泥），不僅有異於眼下形成的任何沉積物，也跟更久以前形成的任何已知現象都不一樣。一開始，人們都會把所謂的地質學洪水跟聖經大洪水畫上等號。這倒也自然，畢竟大洪水是人類歷史上唯一有紀錄，且時間量級有可能相符的事件。但是對歐洲各地洪積物的深入田野調查卻很快顯示，這些沉積物（或者說其中的大多數）的相應時代幾乎肯定遠早於聖經大洪水發生的時刻，而且事實上可能有不只一場這樣的洪水事件。塞吉維克稱自己在這一點上改變看法一事為「公開認錯」（recantation）——學者經常用這個詞，笑指許久之前對異端的獵殺——但這種改變其實沒什麼。連堅持地質學洪水等於聖經大洪水的巴克蘭，後來也改變心意，而且絲毫沒有瞋恚或難為情。萊爾心想，這應該能迫使批評他的人放棄地質學與聖經事件之間的任何關聯；但對批評者而言，事情當然還在未定之天，他們可以把大洪水故事，當成早期人類歷史中一場地方性可能事件的依稀記錄（當時最優秀的聖經學者便抱持這種看法），同時繼續堅持那場早上許多的地質學洪水需要解釋，而非僅僅搪塞之。先前已經提到，洪水理論的可信度完全不受影響，反而因為廣布於歐洲與北美洲的漂礫、有刮痕的岩床與其他地貌而愈來愈有說服力。

萊爾採用他所說的新氣候理論，戮力排除所有地質學洪水的所謂痕跡。他指出，地方氣候不僅與緯度有關，也跟陸塊與洋流的分布有關。比方說，不列顛與北大西洋對岸的拉布拉多（Labrador）緯度相同，但不列顛卻享有溫和的氣候，與拉布拉多的嚴寒環境天差地遠。如果構成今日歐洲的區域，在過去得不到墨西哥灣灣流（Gulf Stream）的溫暖，來自北極地區的冰山或許就會漂流到比今天更南的地方。假如當時的海平面同時比現在更高，眾冰山或許就會在融化的時候，把它們的漂礫貨物（現代稱為**降石**〔dropstones〕）盡數丟在今天的歐洲北部低窪各地。萊爾的詮釋對北方的漂礫很有道理，但用在阿爾卑斯漂礫就很奇怪，畢竟後者都是在偏高的海拔找到的。此外，他的說法也無法順利解釋四處出現的岩床刮痕，或是同樣廣布的獨特冰磧物、冰礫泥。儘管有這些缺點，萊爾仍然把所有漂礫（地質學洪水最有力的證據）重新解讀為來自漂浮冰山的降石，把所有的洪積物視為他所說的「**冰積物**」（drift）。如此一來，他的冰積理論便能徹底把地質學晚近那場「災難」的所有痕跡消除掉，並且在全球層面保持了整體性的穩定氣候「均衡性」。

萊爾的冰積理論從不列顛若干最年輕的第三紀沉積物中得到支持，他把這些沉積物稱為「新

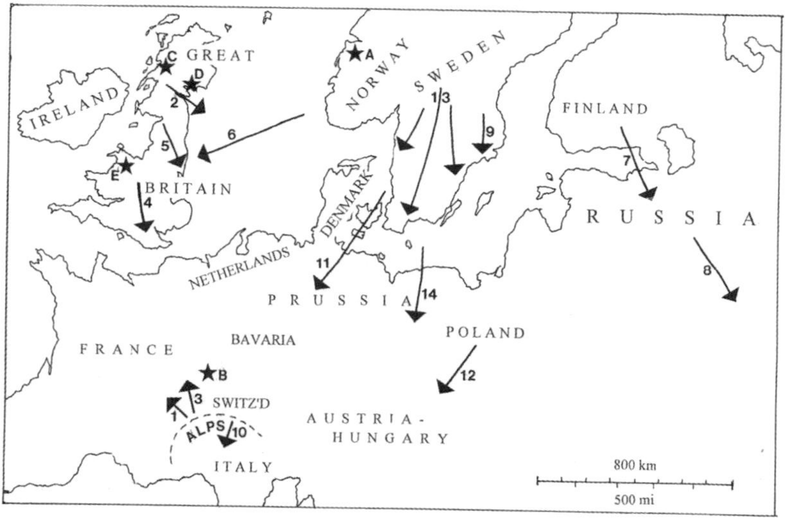

圖 7.7 ——根據十九世紀初的漂礫、岩床刮痕與其他地貌證據所繪製的「洪」流地圖。每一道洪流皆出自特定地質學家的描述：1為奧拉斯—貝內迪克特．德．索敘爾（Horace-Benedict de Saussure）；2為霍爾；3為馮．布赫；4、5、6為巴克蘭；7與8為格列格．拉祖莫夫斯基（Gregor Razumovsky）和威廉．福克斯—斯特蘭衛斯（William Fox-Strangways）；9為亞歷山大．布隆尼亞爾；10為德．拉貝許；11為約翰．奧斯曼（Johann Hausmann）；12為格奧爾格．普許（Georg Pusch）；13與14為尼爾斯．塞弗斯特瑞姆（Nils Sefstrom）——從姓名就能看出，這項研究相當國際化。所有的洪流痕跡後來（一八四〇年代之後）都經過重新詮釋，變成更新世「冰河時期」龐大冰層留下的痕跡。某些區域所留下的小規模河谷冰河痕跡，是如此戲劇性的轉變會發生的關鍵。這些區域以星號表示：A為挪威，B為弗日，C跟D為蘇格蘭高地，E為北威爾斯。

上新世」（Newer Pliocene）層，其中的貝類化石種類如今只生存在更寒冷、更偏北的水域。他將這個時期重新命名為「**更新世**」（*Pleistocene*，指「更晚近」之意；他此前稱之為「舊上新世」〔Older Pliocene〕的時期，後來則重新界定為真正的「上新世」）。這種表面上微不足道的名稱變化，其實是以微妙的方式，將所謂的洪水時期轉變為第三紀稀鬆平常的一部份，暗地削弱晚近曾發生任何鉅變或「災難性」地質事件的主張。然而在批評者的眼中，萊爾的冰積理論有太多事情無法解釋得讓人心服口服，多數地質學家仍然擁護洪水理論。

大「冰河期」

這些謎樣的地貌還有另一種解釋，而且最終證明這種解釋遠比洪水理論或萊爾的冰積理論更讓人滿意。不過，這另一種解釋卻是從意想不到的地方出現的。瑞士民間工程師伊格納茨．維內茨（Ignace Venetz）表示，住在阿爾卑斯山谷的民眾都曉得冰河的冰體大小與面積會有變化，甚至可以在有史可稽的時間內觀察到。這種現象尤其可以從**冰磧**（*moraines*）——亦即冰川兩側與前端的多石山脊（冰在此融化，攜帶的岩石碎塊落在此地）觀察到。據維內茨描述，類似的冰磧在更下游的谷地，以及谷地兩旁地勢更高的山側都有（經常為森林所掩蓋）；他主張阿爾卑斯冰河在「**某個消逝於時間暗夜中**的紀元」必然大上許多。然而，其他瑞士鴻儒們（當時恰好齊聚於地勢高聳的大聖伯納隘口〔Great St Bernard pass〕）卻忽略這種主張，甚至斥之為狂想。不過，其中一位懷疑論者後來卻相信，只有這種主張能為自己熟知的阿爾卑斯山區提出解釋——此人就是地質學家尚・德・夏本提耶（Jean de Charpentier）。隆河上游河谷兩旁都有高高在上的冰磧，有些巨大的漂礫緊挨在邊上；連到了這麼高的海拔，還會有岩床出現刮痕，甚至磨得光亮。關鍵在於，他曉得類似的岩石表面可以在河谷更上游處、現有冰河的下方觀察到，而且顯然是被凍在冰裡的冰礫刮出來的（彷彿粗砂紙刮過木頭表面）。夏本提耶在整個地區追尋這些冰磧與岩床刮痕的蹤跡，接著轟動宣布：過去必然有條巨大的冰河填滿整個隆河上游谷地，覆蓋到阿爾卑斯山另一端地勢較低的瑞士平原，甚至可以上推到北邊的侏羅山，在那兒留下若干知名的巨型漂礫。根據這種歷史性的重建，連現存最龐大的阿爾卑斯冰河，也不過是某個一度更廣大的「巨大冰河」（*mega-glacier*）縮水後的丁點殘餘。

此說暗示，阿爾卑斯山降雪之後所壓實成的冰河，在晚近過去的地質規模必然大上許多。是什麼原因造就了這種巨大冰河？夏本提耶與其他多數地質學家都無法想像全球氣候在過去或許冷得多：所有地球長期漸冷的證據，皆暗指過去的氣候應該更溫暖才是。不過，只要當時的阿爾卑斯山與今天的安地斯山或喜馬拉雅山一樣高聳，即便全球氣候大致與今天相符，或許山上也能形成巨大冰河。但假若如此，就需要大幅抬升阿爾卑斯山（夏本提耶心裡想的顯然是伊利・德・博蒙特所說的周期性「抬升紀元」），隨後再將之陷落回今天的高度，而且這一切都得發生在地質

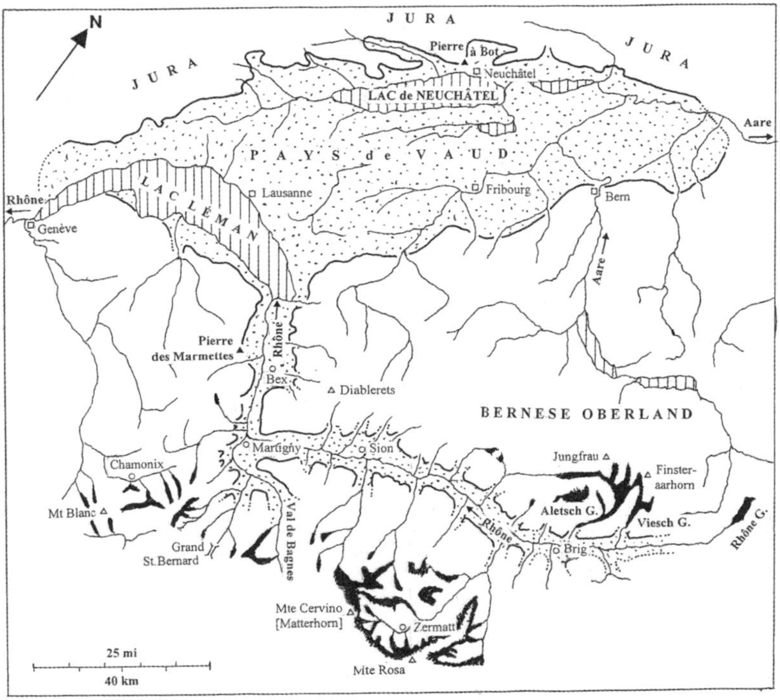

圖 7.8 ——尚・德・夏本提耶的瑞士西部地圖（一八四一年發表），畫出他對曾經的巨大冰河（glacier-monstre，點狀帶）所作的重建。巨大冰河填滿了整個隆河上游河谷，外推至今萊芒湖（Lac Leman，即日內瓦湖）所在地，覆蓋地勢低的佛德州（Pays de Vaud），再上推至侏儸山側。夏本提耶等於是用冰河來解釋相同的地貌，取代先前馮・布赫所訴諸的洪流或超大海嘯。夏本提耶的重建，是根據他對整個「漂礫原野」的詳細地圖繪製為基礎，尤其是河谷兩側的冰磧（點狀區域的兩側）。現存的冰河（黑色區域，包括阿爾卑斯山最長的阿萊奇冰川〔Aletsch〕）在圖上只是巨大冰河消逝後相對小的殘餘。兩塊知名巨大漂礫的位置在圖上也有標示，其一靠近夏本提耶的故鄉（板石〔Pierre des Marmettes〕），其一位於納沙泰爾北邊的侏儸山上（船石〔Pierre a Bot〕）。此圖是將他的大尺寸詳盡原圖以現代風格重新繪製的結果（圖幅也大為縮小），從而讓他的詮釋顯得更清楚。

學上甚短的時間跨度中。其他地質學家覺得這種解釋缺乏說服力。更有甚者，此說雖然遠比馮・布赫此前的超大海嘯說更能解釋阿爾卑斯山漂礫，但卻不能套用在歐洲北部與北美洲的類似漂礫上：這些地方根本不靠山，高度當然也不足以讓漂礫大面積分布。因此，其他地質學家對夏本提耶的理論——隆河冰河昔時覆蓋面積巨大——抱持謹慎懷疑。

然而，夏本提耶的看法卻催生出更驚天動地的理論——一八三七年，瑞士博物學家社群在阿格西的故鄉納沙泰爾城舉行年會，而他就是在會上提出這個理論的。阿格西早已因為對魚類化石的研究而聞名，而且頗受敬重，但他此刻卻是在某個此前他並無經驗的不同領域發聲。他主張在地質上不久前的過去，地球曾經歷嚴重的「冰河期」所苦。阿格西表示，由於當時的地球極為寒冷，一層常年不化的雪或冰覆蓋了整個北半球，最南至少及於北非的阿特拉斯山脈（Atlas mountains）；他說不定還認為（後來確實如此）冰河其實還延伸到赤道地區，造就了此後（在不同的語境下）所說的「雪球地球」。在這段嚴重的冰河期，阿爾卑斯山曾受到抬升（他跟夏本提耶一樣，心裡顯然想著伊利・德・博蒙特的理論），造成一片冰坡，阿爾卑斯漂礫就這麼一路滑向侏羅山（這批博物學家們此時就是在其山腳下聚會）。後來，隨著全球氣候脫離這段冰河期，那層穩定存在的雪與冰隨之融化，留下今天緩慢移動的冰河，作為其不成氣候的殘餘。阿格西對於他得自於夏本提耶的部分輕描淡寫，主張自己的理論與夏本提耶大不相同，但確實也是。阿格西跟對手不同，他不認為漂礫是由任何冰河的移冰所帶來的，而是單純從常年不化的斜冰表面滑下來的。

阿格西與多數地質學家（萊爾例外）都覺得漸冷地球論相當可信。他還別出心裁，把自己短暫但極端的冰河期構想，與緩慢而全面的漸冷論相結合。他猜想，地球並非逐步連續冷卻，而是經過一系列階段，每個階段都提供一段環境穩定的時期，讓特定的動植物組得以在環境中良好適應。這些穩定的時期被數次短暫的全球氣溫驟降所分隔，至於氣溫驟降的原因，他則語焉不詳。這就能為一再發生的大滅絕篇章提供解釋，前後相續的各時期化石紀錄中的動植物群體也因此有別。這些氣溫驟降的現象就這麼安在地球長期的冷卻趨勢之上，但只有最近一次的溫度低得足以造成冰河期。於是一段非常長期的趨勢因此得以在非常晚近的過去造就一起獨特的事件。

這種推論性的理論建構相當大膽。不出所料，馮．布赫（他也出席了在納沙泰爾舉辦的會議）等比較資深、慎重的地質學家對此抱持高度懷疑；其他人甚至直接說阿格西應該管好他的魚類化石就好。但也有些人冒出了足夠多的好奇心，決定重新看看自己老家附近。例如住在弗日（Vosges，位於阿爾薩斯〔Alsace〕，侏羅山北方，距離阿爾卑斯山更遠）丘陵附近的地質學家，就在深切的河谷（靠近今天出產上好阿爾薩斯葡萄酒的溫暖山坡地）找到過去有小型冰河的豐富證據。由於沒有跡象顯示弗日曾經在近古時先抬升後陷落，因此夏本提耶關於阿爾卑斯超級冰河的解釋就很難套用在這個地方。這表示非得經歷過一段嚴寒期（至少是地區規模），而不是地形抬升才行。

阿格西親自造訪過不列顛，主要是研究魚類化石蒐藏，但他也曾在不列顛「科學漢」（men of science，這個區分性別但相當精確的詞，在當時的不列顛經常有人使用）的聚會發表自己的冰河理論。巴克蘭接著帶他參觀蘇格蘭高地，兩人也在高地各處認出消逝河谷冰河的明顯證據。他們還相信自己在大半個蘇格蘭低地，看到更多冰原廣布的痕跡：阿格西語出驚人，宣稱頂上有座城堡的愛丁堡舊城（Old Town，即市中心），過去曾經是被一片冰河冰包圍的岩島（今稱冰原島〔*nunatak*〕）。一開始連萊爾都信了這種說法，當時萊爾在巴克蘭陪同下，於自己位於高地南緣的故鄉附近看到類似的冰層證據。但經過一番思索，萊爾覺得說是冰河也太誇張，接著退守比較中庸的理論立場。在他看來，類似今天位於阿爾卑斯山高海拔地區的高地河谷冰河還可以相信，但覆蓋低地區的寬廣冰層則不然。小規模、**地方性**的冰河跟他的氣候理論並不衝突，畢竟氣候會符合區域性的地理變遷；但若說低地冰層需要**全球性**的嚴寒期，這就過度偏離他嚴守均衡的地質學原理。就算是一段冰河時期，看起來也像他的批評者所說的災難，教他坐立難安。

其實，別的地質學家（包括主要的災變論者）同樣認為「巴克蘭—阿格西氏全面冰河」（Buckland-Agassizean Universal Glacier，康尼貝爾如此戲稱）根本不可信。但其他丘陵地區卻有河谷地冰河消逝的進一步證據，例如北威爾斯（是達爾文認出來的，連他自己都難以置信），這讓某種「**冰河時期**」（時間與萊爾的更新世時期差不多）愈來愈可信，至少像歐洲北方的溫帶地區是如此。阿格西在他的《冰河研究》（*Etudes sur les Glaciers*，一八四〇）末尾，再度發表他更戲劇性的雪球地球理論，但因為這本書是以對阿爾卑斯冰河的描述為主，因此其價值主要是讓世人更加了解**眼下**的冰川動態。接下來幾年，地質學界圍繞著中庸的「**冰河理論**」與萊爾冰積理論的綜合而形成共識。

多數地質學家同意，地球（至少是北半球）不久前曾經歷一段寒冷得多的氣候，但沒有阿格西的「冰河時期」那麼極端。當時中緯度地帶之冷，足以產生小規模的河谷冰河。位置接近海岸的冰河會創造出冰山，挾帶大批岩石漂流開來，岩石則隨冰山融化而落在廣大得多的區域。至於陸地後來抬升的地方（或是海平面下降），留下來的降石便成了四散在低窪地的漂礫。這種詮釋的現代案例，來自北方的斯匹茲卑爾根島（Spitsbergen，又名斯瓦巴〔Svalbard〕）與南方的南喬治亞

圖 7.9 ——阿格西畫的岩床表面刮痕圖（該岩床位於納沙泰爾附近的侏儸山），發表在氏著《冰河研究》（一八四〇年）。他認為在地質學上晚近的過去曾有一段冷冽冰河時期，在書中用這張插圖說明其理論。阿格西自己的理論是，漂礫純粹是從穩定的冰坡滑落下來的石塊。事實上，岩床刮痕這一類的證據，反而更適用於夏本提耶的理論——過去的巨大冰河從阿爾卑斯山一路延伸過來，夾帶著漂礫，是包裹在冰中的漂礫刮出了這些痕跡。類似圖中的岩石表面刮痕，與漂礫與冰磧物（即冰礫泥）共同成為關鍵證據，證明過去曾有冰河，甚或是冰層覆蓋了歐洲北部與北美洲的大片地區。

島（South Georgia），這些地方的河谷冰河一路延伸到海平面，融化時就直接往海裡生小冰山。可以說，過去用於支持某種超大海嘯的「洪水證據」，如今只要用一段寒冷許多的全球氣候來重新詮釋，便能全數發揮作用，一點兒都沒有少。洪水理論輕輕鬆鬆改頭換面，變成冰河理論。

這個冰河理論打亂了地質學界此前的共識，因為完全沒人料想到這種可能：不只是大多數地質學家（他們相信地球在漫長的歷史中慢慢而穩定冷卻），連萊爾（認為地球始終維持相當溫和而穩定的狀態）也措手不及。地質學家幾乎沒有預料到，居然有證據顯示地球不久前曾經歷一段在地質上短暫卻嚴寒的時期，接著又再度回暖。假如有任何地質學家覺得冰河理論還了自己清白，那一定是災變論者。他們向來強調，地球過去的發展始終極為偶然，就算從後見之明看也無法預測，而冰河理論更是強化了這種根深蒂固的感受。至此，人們已經把地球歷史與人類歷史之間的相似處看得非常理所當然，地質學家也因此不再明確提到這一點（除非是為了通俗寫作），但這其實是不久前才靠冰河理論所確立下來的。為了重建地球史，地質學家必須像歷史學家一樣思考，回溯過去，對意料之外有所預料。下一章就要追查這種態度的深入意涵。

CHAPTER

8 自然歷史中的人類歷史

收服冰河期，使其符合科學秩序

到了十九世紀下半葉，地球歷史的重建工作已經從一路回溯上古寒武紀岩石中化石紀錄的明顯起點，發展到歷史近端相對晚近（且居然是）最費解的地方。地球及其上的生命，在較年輕的第三紀地層與今日之間這段謎一般的間隔裡，發生了什麼事呢？填補這個空隙的，正是人們完全料想不到的嚴峻冰河期構想——這個構想在性質上就跟它所取代的地質學洪水論一樣，是「災難性」的。對於阿格西驚人的雪球地球構想，其他地質學家很快便不予理睬，只有他本人繼續堅持（他離開瑞士、定居美國，成為哈佛大學教授之後，宣稱自己在熱帶的巴西找到冰河作用的痕跡）。其他多數地質學家把冰河作用，當成萊爾的「更新世」特點——四處都是河谷冰河，海面滿是冰山，即便這樣比較溫和的冰河作用，其實也夠出人意料，足以凸顯地球整體歷史的偶然性。

然而，約莫在該世紀中葉，地質學家對於「冰」這種萊爾所謂「作用中的因素」的了解，卻因為極地探險的結果而有戲劇性的增加。北邊有探險隊在北美洲頂端附近，尋找具有商業與戰略價值的西北航道（Northwest Passage），也有捕鯨船為尋找不斷減少的鯨群而出航，兩者皆證實漂浮在北大西洋航道上的危險冰山，來自格陵蘭冰河。科學探險隊隨後發現，格陵蘭冰河不只是河谷中的冰河，而是覆蓋其內陸廣大土地大半的龐大冰層滿溢出來的一小部分。至於南邊，則有試圖定位南磁極的探險隊——此舉有助於瞭解地球磁場。用於全球航海的羅盤若要發揮作用，就需要地球磁場。探險隊深入南方的大片海洋，洋面上也有類似的冰山。他們在這裡發現長久以來不斷有人猜測其存在、但此前未曾有人目擊的巨大南極大陸，上面幾乎為冰層所覆蓋，規模甚至大於格陵蘭的冰層。

這些發現暗示，更新世冰河期需要更徹底的重新建構。格陵蘭與南極洲（而非阿爾卑斯山）成為能在當今世界找到的適切比擬，幫助人們推想歐洲與北美洲在晚近地質年代的可能樣貌。類似蘇格蘭的那種小型已消逝河谷冰河，恐怕只是此前覆蓋低地區域的巨型冰層最後的殘餘。曾經有人用這種規模的冰層，來解釋斯堪地那維亞與日耳曼地區的漂礫，只是學者們認為這個構想太過狂放，就跟阿格西對於蘇格蘭冰層證據的類似解釋一樣，毋須嚴肅以待。然而到了一八七五年，瑞典地質學家奧托．托雷（Otto Torell，他對北極圈冰河與斯匹茲卑爾根島冰冠有第一手的認識）卻說服了柏林德意志地質學會（German Geological Society）的主要成員：類似格陵蘭的厚重冰層，在過去不僅覆蓋整個斯堪地那維亞，而且還往南延伸，蓋過今天波羅的海的所在地，及於北日耳

圖 8.1 ——湯瑪斯・張伯倫（Thomas Chamberlin）的〈北美洲冰河期假想圖〉（“Ideal Map of North America during the Ice Age），一八九四年初次發表在詹姆斯・蓋奇（James Geikie）的《大冰河時期》（*The Great Ice Age*）。這張廣大冰層的重建圖（極大期覆蓋了整個大陸的北方），是以十九世紀下半葉許多美國與加拿大地質學家對冰磧等冰河地貌繪製的地圖為根據。圖中的冰層從加拿大北部開始延伸，往南跨越新英格蘭與五大湖區，西至洛磯山脈（有一條從無冰的阿拉斯加延伸而來的狹長地帶，暗指這是動物從亞洲移居到整個北美洲的可能路線）。地圖上的格陵蘭則被另一塊大冰層所覆蓋（至今猶是）——由於有格陵蘭冰層，現代人對於冰河時期才不至於感到全然陌生。

曼平原，然後把此前若非歸諸於超大海嘯、就是浮冰所致的漂礫帶到這些地方。地質學家最後普遍接受托雷的看法。到了該世紀末，人們也在整個北美洲北方，標繪出曾經存在過、但規模甚至更寬廣的類似冰層位置。

人們起先以為「冰河時期」就像它所取代的地質學洪水一樣，是地球相當晚近的歷史中一場獨一無二的事件：一場單一的全球氣溫「災難性」驟降與隨後的回暖，取代了一場單一的超大海嘯。不過，由於此前的田野證據早已顯示了洪水事件不只一次，這些證據現在也馬上能重新投入解釋冰河事件不只一次。等到一八七〇年代，人們在歐洲與北美洲都發現含有化石的土壤、甚至是森林樹木殘幹，就這麼夾在不同的冰河冰磧物或冰礫泥層之間，由此證實冰河期不只發生一次。密集的田野調查（尤其是德國與奧地利地質學家主導的調查）得以讓學者重建冰層反覆推進又後退的過程：類似的情況不只發生在從斯堪地那維亞往南延伸的冰河，也包括從阿爾卑斯山往北推進的冰河（證明夏本提耶對於隆河超級冰河的重建為真，成為大架構的一部份，只是對他來說有點太遲了）。例如阿爾布雷希特・彭克（Albrecht Penck）就在《冰河時期的阿爾卑斯山》（*Die Alpen im Eiszeitalter*，一九〇一年至〇九年）一書中，集結了十九世紀晚期該地區的大量田調結果。彭克描述了至少四個獨立冰河期期間形成的沉積層（他按照奧地利河川之名命名之，分別是群智〔Günz〕、民德〔Mindel〕、里斯〔Riss〕與玉木〔Würm〕），這四個冰期由三個「**間冰期**」（interglacial）分隔；根據其中的化石來判斷，有一個間冰期的氣候甚至比今天的歐洲還要溫暖。從這起研究與歐洲、北美洲其他地方的類似調查來看，更新世的地球史堪稱多采多姿。更新世的沉積物看來或許不過是塗在第三紀深厚岩層頂上的醬料，可就連更新世本身，顯然也代表一段極長的時間跨度。

不過，出乎意料的冰河時期雖然加深了地質學家對歷史的偶然感，但這並不妨礙其他人研究冰河期可能的自然**原因**，特別是因為整個冰河時期中顯然不只有一段。耐人尋味的是，這種研究是從地質學領域之外展開的。自學成材的蘇格蘭人詹姆斯・克羅爾（James Croll），是最早幾位把天文學家對地球長期可測量變量（例如軌道離心率與分點歲差）的研究，帶進地質學論辯中的人。克羅爾在《氣候與時間》（*Climate and Time*，一八七五年）一書中主張，重複引發劇烈冰河期的原因，說不定是地球繞日運動中相對微小的周期性變化。他的氣候**循環**變遷理論（包括定期重複的冰河期）乍看之下相當有理。根據克羅爾計算，上一次冰河期約在八萬年前結束，但北美洲的地質學家認定其計算與他們的田調證據不符，調查顯示冰層上一次退後發生在遠比八萬年更接近現代的時間。

到了十九世紀末，人們已普遍不再相信克羅爾的理論。更新世冰河期的原因在此時就跟此前一樣晦暗不明，但地球歷史中確實出現過冰河期這樣的單一重大事件——或者說一系列事件，這一點倒是深深確立下來。地質學家不是第一次，也不是最後一次意識到「證實在過去的確發生過什麼」跟「為『事情**如何**發生』尋找令人滿意的解釋」這兩者間有重大的差異——這相當於研究歷史跟研究物理的差異。但弔詭的是，正是因為更新世歷史之複雜，才讓這段歷史跟地球其餘時代保持一致地複雜。事實上，這種複雜的歷史讓我們得以從知識上收服冰河時期，讓冰期變成更新世的一部份，成為任何人所知、任何人都能瞭解的一段過去。（學者把冰河時期結束迄今的時代獨立出來，稱為「**全新世**」〔*Holocene*，意為「最為晚近」〕；更新世與全新世合稱「**第四紀**」〔Quaternary〕，因為兩者在定義上皆晚於第三紀。）

與猛瑪象同行的人

光是一段更新世冰河時期，就能為地球相對晚近歷史中的其他謎團帶來新的問題。這些重大的氣候變遷，跟居維葉最早重建的猛瑪象，以及其他大型哺乳類的明顯大滅絕之間是否有關？是冰河環境使牠們滅絕殆盡的嗎？還是說，牠們變得很能適應寒冷，就像猛瑪象毛髮濃密的皮膚所暗示的那樣？冰河時期跟人類的起源與早期歷史有什麼關係？最早的人類是跟猛瑪象同時存在，還是直到冰河期終於結束、猛瑪象消失後才初次登台呢？根據地球整體歷史的長期觀點來看，冰河時期或更新世是否標誌著人類世界與前人類世界之間的界線呢？假若如此，從人類的角度出發，這肯定是整段歷史中最重要的轉捩點，也是最需要瞭解的時代。

我得在這此簡短回顧該世紀初的情況，以為後來若干激動人心的發展提供前情提要。主張人類與猛瑪象生活在同一時期的說法，一直受到嚴重的懷疑，尤其居維葉的反對特別有影響力。對於他一開始就聽聞過的所謂「人類化石」發現，他都有充分理由去懷疑其真實性。即便人類骨頭跟絕種哺乳類的骨頭在距離彼此不遠處發現，他也依舊保持懷疑，因為經常有可靠證據（像是巴克蘭的帕維蘭洞「紅女士」的例子）顯示兩者出於不同的時代。他深信大型哺乳類的大規模滅絕，並非肇因於任何人類活動，而是某種自然災害所導致的；這意味著災害發生時人類必然還沒出現在舞台上，至少還沒在自然世界成為重要的因素。但到了晚年，面對愈來愈可信的人類化石報告出現，居維葉原本有憑有據的懷疑論卻益發強硬，變成沒有理由的武斷。例如，年輕的博物學家朱爾．德．克里斯多（Jules de Christol）與保羅．圖爾納（Paul Tournal）在法國南方好幾處洞窟中，發現有少數人類骨頭與大量獸骨保存在同樣的沉積物中。兩人的報告讓科學界意見兩極，而且不只是法國如此。

然而，相關例子中最精彩的一個，卻要到一八三二年、居維葉死後不久才發表出來。外科醫生費利佩—夏爾．斯莫林（Philippe-Charles Schmerling）描述了自己列日（位於不久前剛獨立的比利時）家鄉附近默茲河谷的幾個洞窟，並回報發現兩顆人類顱骨（其一就擺在一顆猛瑪象齒附近）、燧石片與骨製器具。這些東西跟各種已滅絕哺乳類的骨頭混在一起，全部深埋在洞穴地面下的沉積物，保存情況也一致。居維葉等人對此前的人骨化石發現表示懷疑，斯莫林對此知之甚詳，他強調這些重要的標本是自己小心翼翼，親自挖掘出來的：他堅稱沒有跡象顯示這些人類遺骸入土的時間比動物骨頭來得晚。

誰知連這麼有力的證據，都無法說服其他地質學家。例如萊爾，他曾拜訪斯莫林，也看到斯莫林的標本，承認這個案例比此前任何例子都「更難置之不理」，但他還是置之不理了。只要有任何或許能主張是新的「大洪水見證人」、支持聖經記載的化石，他都維持強烈的抵制（雖然斯莫林並未如此主張）。巴克蘭本人（他也是斯莫林的座上賓之一）則是一直想著自己那誤導人的「紅女士」，連他也駁斥這個新案例。他認為這些骨頭也是類似的人類墓葬，時代比哺乳類化石晚上許多。其他地質學家連出土地點都沒去過，就始終抱持懷疑。此時，斯莫林苦澀預測——總有一天，事實會證明那些「窩在博物館裡的人」跟「談理論的人」是錯的：圖爾納早已指出，只有最仔細的田野調查才能說服他們，而且他們還得先放棄「人類與滅絕的哺乳動物在時代上沒有重疊」的武斷成見才行。可惜斯莫林不久後就過世了，離他的預言成真還久得很。

克里斯多與圖爾納等於是為上古人類議題賦予非常重要的新面向。他們主張彼此各自發現的洞穴內化石，是來自爭議不斷的洪水期（當時還是這麼稱呼）內的不同時間點。克里斯多的洞穴（靠近蒙彼利埃〔Montpellier〕）有許多常見的絕種動物化石；當巴克蘭拜訪他時，也同意其中一處洞穴就跟科克戴爾的洞窟一樣，是鬣狗的巢穴。圖爾納的洞穴（靠近拿邦〔Narbonne〕）裡面，反而有好幾種現存已知物種的骨頭。圖爾納因此認為自己洞穴的骨頭在年代上居中。自那些現已絕種哺乳類還存在的時代以來，人類說不定就已經盤據在法國南部，而且直到信史時代皆從未間斷；至於哺乳類群則因若干物種滅絕而漸漸產生改變，而物種之所以絕種，或許是狩獵或開闢森林等人類活動所導致的。這種歷史的重建並未為任何獨特的洪水事件留下任何餘地，圖爾納也放棄自己過去使用的「洪水」（diluvial）一詞。他宣稱，地球整體歷史尾巴尖上的人類時代，是由兩個長度不平均的時期構成的：短暫、有文字記錄的人類信史時期，以及此前一段長得多的**史前**（prehistory，他稱之為「**前歷史**」〔*antehistoire*〕）時期。

「史前」的概念並不新穎：歷史學家自十八世紀晚期開始使用這個詞，但所指的純粹是「因為早於最早的文字紀錄（早於埃及與中國王朝）而無法實際得

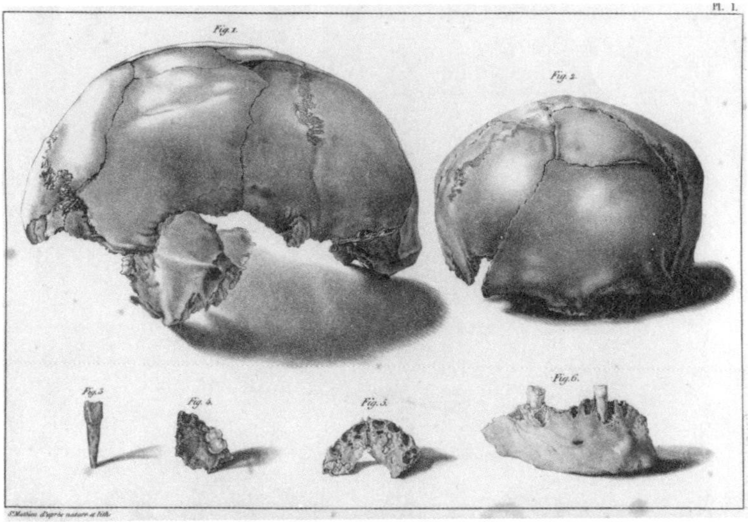

圖8.2——費利佩—夏爾·斯莫林的人類頭骨與頜骨插畫，和這些骨頭一同發現的還有燧石工具，以及他認為是人類打磨過的獸骨。上述古物跟猛瑪象和其他絕種動物的骨頭、牙齒，一起出土於比利時境內默茲河谷的洞穴沉積物中。他主張，這些骨頭清楚證明人類與已滅絕的哺乳類曾共存於洪水期間（十多年後，其他人將洪水期重新詮釋為更新世冰河期），但與他同時代的人卻普遍抱持懷疑。

知」的時代，可以得知的歷史，也就暗指有文字文化的歷史。圖爾納卻用這個詞指涉「可以得知、但早於文字出現」的時期。這種用法在當時並未受到廣泛注意（他既年輕，又是鄉下人），但長期來看，他的想法有著獨樹一幟的重要性。居維葉讓地球的前人類歷史能為人所知，立志藉此「撐破時間的限制」；無獨有偶，如今已知的人類歷史也能徑直回溯到前文字時期，回到人骨與人工製品是唯一證據的時代。傳統的「考古學」實作，是把焦點擺在古代文字文化的物質遺物（例如龐貝的考古發掘）；但十九世紀中期出現了新學門「史前考古學」，著力於研究前文字時代的人類歷史。

「有任何這種能為人所知的史前歷史存在，而且還能懷抱一定的信心加以重建」——這是種相當新潮的想法，地質學家在過去幾十年間愈來愈成功的研究顯然為此打下了基礎。地質學從此開始回報過去借用自人類歷史研究所欠下的債。以前，研究人類歷史的方法被轉移到自然領域，而且結實累累；現在，地質學方法也像這樣應用於人類最早期歷史的研究上。新誕生的史前考古學有許多大人物是地質學家出身，這並非巧合。史前史等於是在地質學家不久前所重建的前人類地球史，以及傳統上由歷史學家所書寫的人類信史之間，開闢出新的觀念領域，而且大有連繫兩者、將之結合為單一歷史敘事的潛力。

「確立漫長石器時代的歷史真實性，而且在時代上與已絕種的更新世哺乳類有所重疊」——十九世紀中葉的驚人突破正是以此為背景。斯莫林的傷心事顯示，就算只用洞穴中的證據，你還是無法說服懷疑者去相信人類確實生活在猛瑪象之間。洞穴沉積物向來都有受到擾動的可能（例如巴克蘭的「紅女士」墓葬），畢竟只要附近有人類生活，洞穴就是理想的住居（有些洞穴在十九世紀的歐洲仍然是「穴居人」〔troglodytes〕的家）。除非相關人士是以遠勝以往的仔細與精確度去發掘洞穴，否則這類證據就不具備一錘定音的作用。換個角度想，支持人類與猛瑪象同時存在的更有力證據，或許得往附近沒有任何洞窟的地方尋找——例如原本分類為洪積物，如今改劃為更新世河礫的沉積物中。事實證明若要突破，就同時需要這兩種考古遺址。

來到法國北部海濱不遠處的索姆河（Somme）河谷，當地曾經有好幾位古文物家發現、描述過各種史前石器，但這些石器多半位於地表，因此無法定年。但到了一八四〇年代，地方公務員佩爾特的雅克．布謝（Jacques Boucher de Perthes）宣布自己在阿布維爾（Abbeville）家裡附近的採石坑深處找到一些類似的人工製品，之前已經有大量的常見已滅絕哺乳類骨頭化石從這些礫石中出土，因此這顯然能用來主張兩者同時存在。然而，布謝在氏著《凱爾特時期與前洪水時期古文物》（*Antiquites Celtiques et Antediluviennes*，一八四七年）詮釋其考古發現的方式，卻必然讓他的主張遭受地質學家與考古學家所駁斥。他沒有把這些石器歸諸於尋常人類——例如羅馬人來到當地時已經生活在此的「凱爾特人」，反而認為是來自生活在大洪水前、與大型哺乳類一起滅絕於聖經大洪水的前亞當（pre-Adamites）人種。這種理論建構在讀者眼中，顯然是倒退回伍德沃德與薛澤爾的時代，不該出現在他們這個更開明的時代。人們因此輕易便把布謝斥為無知的鄉巴佬。而且，雖然

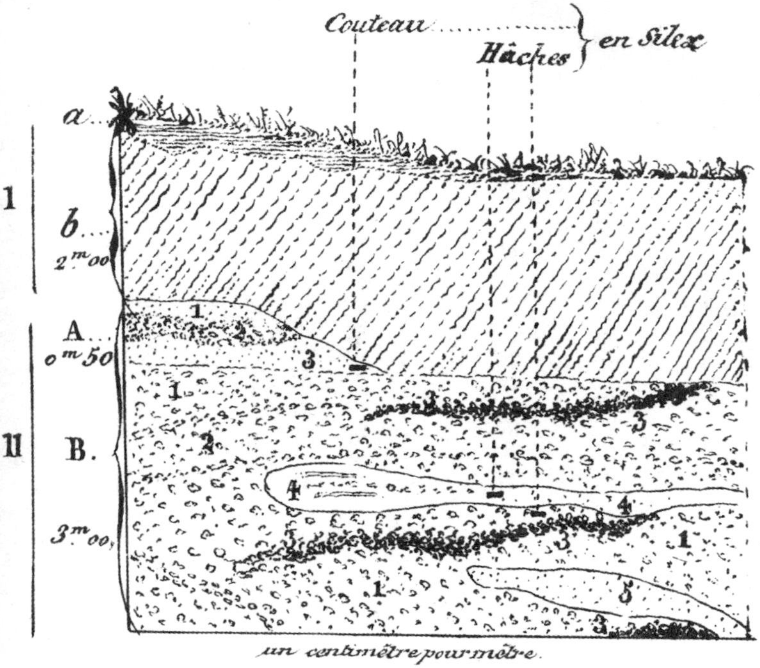

圖 8.3 ——佩爾特的布謝所畫的阿布維爾近郊採石場剖面圖（一八四七年），畫出了燧石小刀（Couteau）與兩把燧石斧（Haches），跟絕種的哺乳類骨頭嵌在同樣的更新世地層，距地表有幾公尺。儘管多數地質學家與考古學家起先表示懷疑，但後來這類「人類古文物」還是得到接納，成為決定性的證據。

他按照良好的地質學實務操作，記錄這些燧石工具在礫石沉積物層序中的確切位置，但許多他的人工製品還是受人懷疑——因為找到的人不是他本人，而是他手下的工人，他們可能會誤導他，甚至故意欺騙他。更有甚者，所有動物骨頭裡可能連一根人骨都沒有。

無怪乎布謝的主張若非遭人否定，就是為人所忽略，連那些對於早期人類與絕種哺乳類共存的可能性抱持開放態度的地質學家亦然。不過，一位有資格懷疑的人去了索姆河谷，在得到類似發現後改變了態度。家住亞眠城（Amiens）的內科醫生馬謝—哲羅姆・利格洛（Marcel-Jerome Rigollot，曾經是地方上為居維葉提供化石骨頭消息的人），在不遠處的聖阿舍利（St-Acheul）採石場找到燧石工具，而且跟獸骨在同一位置出土。可惜，利格洛出版的報告還來不及得到地質學家或考古學家充分討論，他人就過世了，學界中人依舊認為這是個懸而未決的問題。布謝把利格洛的研究納入他的《古文物》第二冊（一八五七年），他在書中拋棄了許多自己早期天馬行空的詮釋，理應更能為人接受才是，但還是無法影響巴黎與倫敦等科學重鎮的專業意見。

誰知不久後，來自一處洞窟的證據就打破了這個僵局。一八五八年，有人在英格蘭南海岸托基（Torquay）附近發現了布里克瑟姆洞窟（Brixham Cave），洞內找到大量的獸骨化石。英格蘭地質學家馬上看出這個洞窟的潛力：不在於解決上古人類的問題，而是澄清更新世哺乳類受現代物種取代的事件歷史序列。地質學會籌資，以前所未有的審慎與一絲不苟，來挖掘這個洞窟，並且受地位崇高的委員會所監督——其成員包括考古學家、地質學家（例如萊爾），以及解剖學家理查・

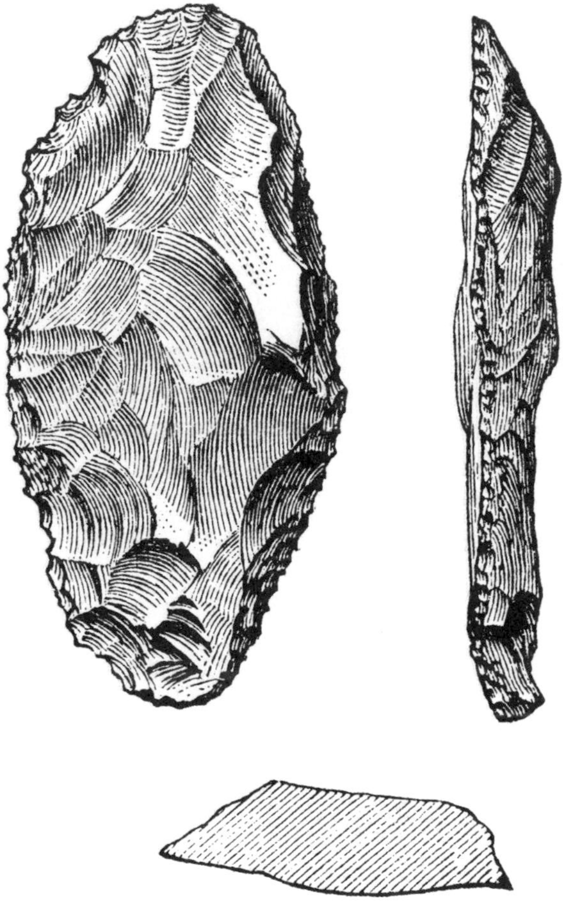

圖 8.4 ——一八五八年，研究人員在南英格蘭布里克瑟姆洞窟地面下，同時找到史前打製燧石工具與絕種哺乳類獸骨，圖為其中一件石器。倫敦地質學家（也是生意興隆的紅酒商人）約瑟夫．普列斯特維奇發表挖掘報告（一八七三年）時，以此作為插圖。學者們以前所未有的仔細與精準來記錄這些發現，此舉有助於打消人們對於「人類曾與更新世動物群同時存在」所仍然抱有的疑慮。這些挖掘成果證明，即便人類在地球整體歷史上仍相對初來乍到，但人類歷史確實可以延伸進入過往認定的前人類時代。

歐文（第一個定義恐龍，為之命名的那位「英格蘭居維葉」）。人們在一層後來沉澱的石筍殼下（跟科克戴爾與巴伐利亞的洞窟如出一轍）挖出了大量的獸骨，並且詳細記錄它們在洞內沉積層序的位置。出乎意料的額外收穫隨獸骨一起出土——幾片不容否認的燧石片，而且位於絕對未破壞的石筍層下方的**同一位置**。看來製作這些石片的人，無疑是跟已滅絕的鬣狗與犀牛物種生活於同一時期。

然而連布里克瑟姆洞窟，都還不足以減輕地質學家多年來對洞窟出土證據的疑慮。因此，幾位參與布里克瑟姆挖發掘工作的地質學家（萊爾也在其中），在接下來幾個月渡海前往法國拜訪布謝，並親眼去看他與利格洛在索姆河谷研究的採石場。到了現場，他們才相信法國人的發現確實不虛：他們看到剛發現的燧石工具，還嵌在一處採石坑的壁面，位置距地表甚遠，也就沒有多少懷疑的餘地。一八五九年，雙方合作要扭轉不列顛科學界的見解，前往好幾場科學會議，向地質學家、考古學家與其他「科學漢」報告他們的結論。萊爾下了個歷史性的總結：「有段漫長的時期，將這些化石器物形成的年代，跟羅馬人入侵高盧（今法國）的時代區隔開來」。在更新世冰河時期——至少是其中氣候比較溫和的間冰期，就已經出現了擁有高度技術的人類（畢竟十九世紀都還在用燧石製作燧發槍）。

巴黎方面對於這個結論還有點抗拒，法國科學院的大人物伊利・德・博蒙特便堅守居維葉的懷疑立場。但其他法國人愈來愈支持讓布謝恢復名譽，而且也清楚這一切意味著什麼。不過，究竟是哪種人類製作了這些燧石工具，這一點仍然不為人知。等到第一個類人化石終於在索姆採石場找到的時候，問題甚至變得更教人迷糊。一八六三年在穆蘭—吉尼翁（Moulin-Quignon，靠近阿布維爾）發現的顎骨就具有高度爭議性。相關的法國博物學家泰半主張其真實性殆無疑義，但多數英格蘭學者懷疑這塊骨頭是有心人擺的——說不定是某個工人。一定有些工人以「復刻」燧石工具的方式，參與當時有利可圖的旅遊業。這件事在一場科學界的「下巴大審」（畢竟出土的是顎骨）裡辯得如火如荼，兩國為首的專家先是在巴黎，後來又到諾曼第現場提出各自的論點。儘管一開始的態勢是認定其真實無誤，但學者的懷疑始終不減，穆蘭—吉尼翁顎骨終究被判定為偽物。總之，工具製作者的身分就和以前一樣不確定。

地質學家愛德華．拉岱（Edouard Lartet，此君最早提議這場跨國討論）主張有必要為史前史定出相對的年代順序，以配合地質學家為地球深歷史所建構的年表。他根據圖爾納此前的主張，以曾經與早期人類同時存在的哺乳類動物群體（至少是在西歐）時間順序為本，勾勒出暫時性的四個年代序列——洞熊（cave bears）時期、大象與犀牛時期、馴鹿時期，以及最後的原牛（aurochs，一種已絕種的野牛）時期。這個序列顯然也是早期哺乳類漸漸滅絕的順序，學界強烈懷疑早期人類或許得為此負責。

先前已經有人提出類似的序列，來說明最早的人類文化所留下的器物。一八三七年，丹麥古文物家克里斯蒂安．湯姆森（Christian Thomsen）主張這些器物所構成的序列，反映了技術成熟程度逐步提升，從石器時代開始，經過青銅器時代到鐵器時代。湯姆森職掌的博物館有各式各樣的人工製品，而這個「**三時代體系**」（three-age system）主要就是為了器物的分類、展示所制定的安排原則，其根據則是關於人類技術進展的可靠假設。但是，就連以拋光平滑石質工具或武器為特色的石器時代，顯然也比片狀燧石工具製作出來的時代更晚。倫敦的年輕「科學漢」（兼銀行家）約翰．魯伯克（John Lubbock）因此在《史前時代》（*Prehistoric Times*，一八六五）一書中，提倡把湯姆森劃分出的最早時期改稱為**新石器**（*Neolithic*，意為「新石」）時代，至於更早期的破片石器時期則稱為**舊石器**（*Palaeolithic*，亦為「舊石」）時代。布里克瑟姆洞窟與索姆河谷採石場因此變成舊石器時代遺址，其年代無疑遠比例如說巨石陣（Stonehenge）等史前遺跡古老。到了一八七二年，舊石器時代又被法國考古學家蓋布里耶．德．莫蒂耶（Gabriel de Mortillet）根據鑿切石器技術的發展特點，分成一系列的時期（其中最早的阿舍利期〔Acheulian〕，就是用利格洛挖掘的地點聖阿舍利為名）。拉岱根據與早期人類同時存在的哺乳動物群體變化，為史前史作出分期；試著找出莫蒂耶的分期跟拉岱的分期之間的關係，感覺對整體研究的進展是有好處的。

然而，在這段假設性的人類活動歷史最早的一端，卻沒有這麼一目瞭然。長期以來，人們對於所謂的「**始石器**」（*eoliths*，意為「開端石」）爭議不斷——始石器指的是有若干敲鑿痕跡，但沒有明確整體樣式的燧石。根據出土始石器的沉積層內的化石來定年，始石器來自上新世。假如始石器真是人工製品，便會把上古人類出現的時間推回到早於更新世的時代。不過，現代的海岸與河川也有找到敲痕隨機的類似燧石，而且其成因確屬自然。最後，多數地質學家相信始石器並非出於人類工藝，早期人類生命的蹤跡也因此局限於更新世。但光是能上及更新世，便足以讓人雀躍不已了。

學者們在十九世紀餘下的時間裡重建更新世，而且愈來愈有信心。冰期與間冰期的氣候交替、整體動物群體的改變，與前文字人類文化一系列緩慢但明確的發展，共同交織成一套故事。萊爾的《上古人類》（*Antiquity of Man*，一八六三年）綜述了地質學家與考古學家當時正在形成的跨國共識。他勾勒出歷史序列，從第三紀晚期的上新世（如果不考慮頗具爭議的始石器，上新世就屬於前人類世界）開始，經過更新世及其已滅絕哺乳類與早期人類，延伸到後冰河世界與人類信史時代。到了十九世紀末，萊爾所說的那段眾所周知的「一段漫長時期」，已經填滿了一系列人類文化，把生活在與絕種猛瑪象同一時代的人類，跟羅馬人殖民歐洲北方、把信史帶入該地區時所遭遇的鐵器時代人（大致上）連成一氣。

演化問題

麥奇生把確立上古人類存在一事，封為「出乎意料的大革命」，把人類這個物種穩固定位於地球漫長深歷史的尾端。一八五九年是上古人類研究的關鍵時刻——先前已經提到，主要的「科學漢」們達成共識，認為在索姆採石場出土的燧石工具，跟一起出土的絕種哺乳動物骨頭真的來自同一時期。但到了今天，「一八五九年」之所以如此有名，卻是因為達爾文的書——《物種起源》（*On the Origin of Species*）在這一年首度發表。倒著往回看，這段長時段的生命歷史似乎很需要根據化石紀錄裡，所有動植物（以及壓軸的人類）逐漸演化的方式來加以解釋。然而，以演化來詮釋這段歷史的方式，其實並未得到廣泛接受——無論是「科學漢」或受過教育的民眾皆然，而是得等到達爾文的《物種起源》開始讓演化論變得更言之成理才行。就此而論，有人可能會輕易斷定，演化詮釋之所以沒能走上檯面，更早為人所接受，都該歸諸於「宗教」或是「教會」的反動影響所致。但這種觀點是嚴重誤解。

我們先稍微倒帶回十八世紀。當時，「自然史」這門描述性的科學鮮少有任何歷史性的面向，只有「地球理論」與類似的猜想研究例外。礦物學家把礦物分成「物種」（species），方法就跟植物學家分類植物、動物學家分類動物一模一樣，這就是自然史研究的日常。對上述所有的科學來說，去問其研究的物種起源何方，其實沒什麼意義。在時人心目中，那兩個叫「雛菊」跟「獅子」的物種，是這個大千世界中此在永在的眾多面貌，叫做「石英」與「鹽」的物種也大抵如是。它們的起源問題對形上學來說或許是件重要的事，而對於某些虔誠信徒來說，其起源則是神在時間伊始（創世期間的那幾「日」）行動的成果。但對前面那幾門科學本身而言，這個問題似乎既不合適，也無法回答。直到「地球及其上的生命有其歷史」的觀念開始發展（本書前面的章節有稍微勾勒，其中最重要的就數物種滅絕的概念，畢竟有滅絕，才會讓過去的世界與今天的世界大相逕庭），接著再去問各種現存與滅絕物種的起源，而且是擺在這段歷史中去探尋，這個問題才開始變得有意義。此後，物種起源變成了這些科學內的研究焦點，而且是主要的提問。位高權重的「科學漢」約翰．赫歇爾（John Herschel）後來稱起源問題為「謎中之謎」，但這話的意思是，起源是個重要性超乎尋常、亟待解決的謎團，沒有任何理由讓它一直神秘下去。

一直到十九世紀初前後，學者們才有理由去嘗試「純推論以外」的做法，來建構今天所謂的演化論。然而，前面的章節會提到拉馬克，他的基本看法是：所有生命形式都在不停改變或「轉變」中（只是極端緩慢），因此「物種」究其根本還是虛構、任意為之的單位，其起源於前一個物種，終究都會發生「轉變」，只是時間早晚。拉馬克對巴黎周遭第三紀地層中的貝類化石有深入的研究，但在實作時，他還是把軟體動物的物種當作真實的自然單位來使用，跟他的年輕同事居維葉處理現存與化石哺乳類的作法並無二致。拉馬克的演化理論建構，跟他在描述、命名物種時的實際做法幾乎完全脫鉤。拉馬克在理論和實務之間的不一致，正好點出了十九世紀早期的博物學家對於「物種或許會隨著時間，從其他物種緩慢演變而來」的想法，是不願意接受的。他們認為就實務上來說，物種彼此之間有明顯的差異，只有少數例外。比方說，居維葉在進入十九世紀以前，便以令人嘆為觀止的方式證明印度象與非洲象有別，而且兩者也有別於已經絕種的猛瑪象。萊爾為第三紀帶來別出心裁的時間跨度，勾勒出軟體動物化石中絕種與現存種比例上的變化，而他的做法尤其仰賴那些「物種」，以之為可以計算的真實自然單位。總而言之，地質學雖然有出色的發展，但卻無法交出任何有力的化石證據，為任何一個物種在地質時間流逝中「漸漸完全轉變」或演化為另一個物種的過程（就像拉馬克提出的理論）提供支持。後來的理論對此必須做出解釋，不然就得裝作沒事。

有另一種理論可以避免這個問題。這個理論承認物種是確確實實的自然單位，只要該物種還存在就永遠不會變化，但新物種卻有可能出自舊物種相對突然的變異（多少有點類似今人所說的「斷續平衡」〔punctuated equilibrium〕演化觀點）。研究義大利亞平寧山的布羅奇，他認為物種隨時間過去而逐步「誕生」的概念，就隱含著這種可能性。動物學家艾蒂安．若弗魯瓦．聖伊萊爾（Etienne Geoffroy Saint-Hilaire，他在巴黎自然史博物館中是拉馬克的戰友，批判居維葉）則在一八二〇年代與三〇年代把這種理論發展得更為明確。若弗魯瓦以養雞場孵出來的小雞，以及巴黎各大醫院出生的人類偶然且顯然無規律的「畸形」外貌為根據（人的例子比小雞的案例更教人難過），主張新物種或許是以類似的方式出現在自然界中，成為「帶來希望的怪物」（hopeful monsters，批評其理論的人，用這個詞來刻畫某個多少有點類似的二十世紀理論）。他還宣稱現存的印度鱷（長吻鱷）「經由未曾中斷的代代相傳」，源於侏羅紀地層中找到的、截然不同的化石鱷魚，但他提出的這種世系演替沒有化石證據支持，因此能輕易為人所駁斥。總之，他的說法不僅讓多數博物學家無法接受，甚至心生反感——因為，這種理論無法說明生物體配合其特殊生活方式的適應過程

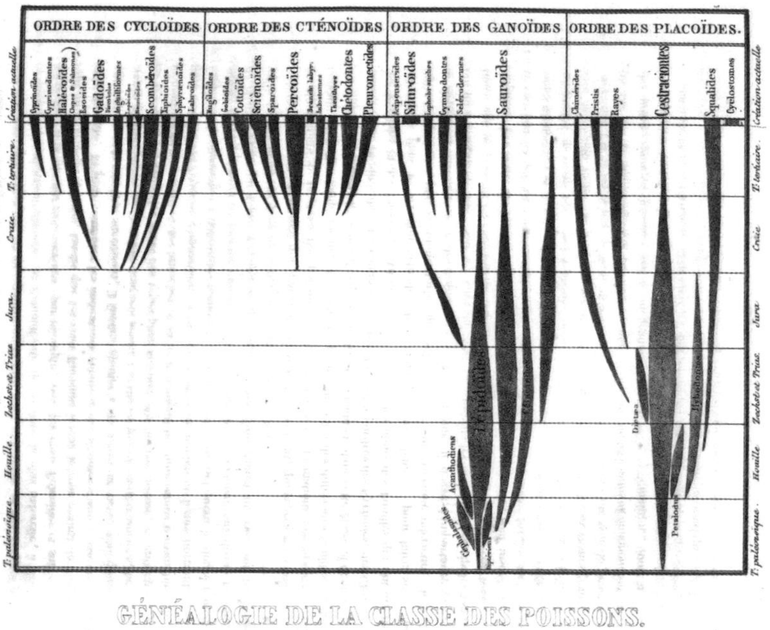

圖8.5 ——路易・阿格西的〈魚類分類系譜〉(“Genealogy of the Class of Fishes”)，一八四三年發表於其巨作《魚類化石研究》)(一八三三年至四三年)。時間流由下往上，與這張示意圖所根據的地層堆疊(名稱標示在左右邊緣)相符。每一條「紡錘帶」的寬度，代表他對於每一種魚在時間之流中相對數量與多樣性的印象。他列出四個主要的「目」，其中兩個目(硬鱗目〔Ganoids〕與盾鱗目〔Placoids〕)大量存在於比較早的紀；另外兩個目(圓鱗目〔Cycloids〕與櫛鱗目〔Ctenoids〕)最早出現在白堊紀(Craie)，直到第三紀(Terrain tertiaire)與現今世界(Creation actuelle，圖頂)才有多樣化的發展。儘管這張圖跟若干現代的演化示意圖出奇相似，而且阿格西還用了「系譜」一詞，但他對於拉馬克的演化理論，以及後來的達爾文演化論，卻是堅決反對。

（無論原因是否是天意使然），等於讓適應環境變成不太可能發生的事。儘管如此，有關新物種可能起源的類似猜想（經由某種涉及自然界「**跳躍變異**」〔saltations，意為跳躍〕的過程），仍然受到廣泛討論，尤其是歐陸學者。認為拉馬克的理論建構無法讓人滿意的博物學家（無論原因為何），也還在討論（至少是暗示）其他許多可能的生物變化模型。唯有從後見之明，達爾文的那種演化論（以及他強調的極緩慢漸變過程）看起來才會是唯一一種在十九世紀受人討論的演化論——這多少也是達爾文在《物種起源》裡雄辯滔滔造成的結果。達爾文宣稱在他的理論之外，唯一的選擇就是把新物種的突然出現歸諸於神意的奇蹟干預。但實情並非如此，許多博物學家都有提出其他可能的方法，看新物種如何以自然的管道出現，只是他們的理論都沒有達爾文的理論來得完整。

達爾文起先是以**一介地質學家的身分**，在科學界嶄露頭角的。他深受萊爾影響，萊爾的《地質學原理》在那趟後來聞名於世的小獵犬號之行期間，都一直伴著他（他是船上非官方的博物學家，也是船長調查南美洲海岸水文時的談天夥伴，但他盡可能多待在陸地上）。此行之前，他曾短暫受業於塞吉維克，學習地質學田野調查；歸國後，他成了地質學會的活躍成員，對未婚妻自承「我呢，是個地質學家」，把接下來幾年時間都花在寫作、發表地質學論文與專書，其內容則來自航程中實地所見。然而與此同時，達爾文私底下也在發展自己的演化論。他很清楚，如果他希望自己的理論能有任何機會得到「科學漢」接受，甚至是普羅大眾的認可，就最好比以前其他人提出的理論有更穩固的細節證據。他投入八年，殫精竭慮研究現存籐壺與化石籐壺，以確保未來不會有人批評他缺乏對物種問題的第一手經驗。他仿效萊爾的《地質學原理》，計畫以《天擇》（*Natural Selection*）為書名，寫一本卷帙浩繁的著作，而「天擇」就是他提出的演化主要原因（但不是唯一的原因）。《物種起源》——他終於在一八五九年以此為題，發表了篇幅相當可觀的「摘要」。書名也顯示，他打算把自己的理論聚焦於嚴格限定的因果問題——也就是「任何新物種何以能從某個舊物種演化而來」，而不是嘗試去重建演化在漫長的地球歷史中發生的複雜過程（書名的「物種起源」〔origin of species〕，「物種」是複數，而非人們經常誤引的「『物種』起源」〔origin *of the* species〕，「物種」是單數）。

在化石紀錄中沒有堅實的證據，能證明演化如達爾文所說，是個極端緩慢而漸進的過程。他得想辦法化解這個尷尬的事實。但萊爾堅持深時間之深遠，足以提供所需的時間。達爾文不僅全心全意被萊爾的堅持所收服，而且連他更有爭議的主張——化石紀錄極端不完整——也一併接收。達爾文同樣採用他這位導師的「均變論」或穩定狀態模型——就算地球上的生物演變歷程不適用，至少地球歷史本身也適用。他跟萊爾一樣，主張地球的外殼是由不斷緩慢上上下下的巨大地殼板塊構成的（跟今天的板塊構造論不同，他的地殼不會漂移）。達爾文用這個理論解釋（比如說）各種型態的珊瑚礁：裙礁、離岸礁與環礁等明顯不同種類（species）的珊瑚礁，就是珊瑚蟲在其下的地殼板塊緩緩沉沒時，保持讓自己接近海平面高度的持續過程中連續的階段。珊瑚礁的例子不僅為一種緩慢而連續的生命體演化過程，提供了有用的類比，而且還暗示了不斷變化的地理形勢如何能提供不斷變化的環境，讓新的物種得以在其中，緩慢走上與其原型不同的方向。

生物學家在十九世紀餘下的時間裡不斷提出演化的原因。達爾文的天擇概念多少有些失去光芒，畢竟人們認為天擇可能只是其中幾個原因之一。但多數古生物學家就這麼採用生命演化史的角度來詮釋化石紀錄，接受自己對於演化原因難以置喙的事實。當生物學家滿腔熱血建構「譜系圖」，以呈現現存生物的可能先祖時（通常只是把分類體系轉檔成演化格式），卻有愈來愈多的古生物學家試圖（更踏實地）將零碎的化石證據結合起來，重建生命在地球歷史中演化的真實過程（至少是個大概）。

生物學家和古生物學家之間上述的差異解釋了古生物學家何以能輕鬆接受演化為歷史事實，與自己的研究結合，而且完全不必參與關於「演變何以造就」的爭辯。他們選都不用選（但有些人還是有選），就加入了達爾文陣營、新拉馬克陣營、跳躍變異派，或是任何其他的演化派別。即便化石紀錄過於破碎，以至於無法顯示演變是漸漸發生，還是突然發生，甚至無法呈現是什麼造成了演變，但古生物學家還是認為化石與另一個化石之間有演化上的關聯——達爾文稱之為「累世修飾」（descent with modification），這樣才能比較容易理解他們面對的化石。

更有甚者，為了影響科學界去支持演化——無論造成演化的因素為何——人們會把不時發現的新化石，詮釋為主要動物或植物群體間先前「遺失的環節」。這些新發現中最著名的，就是不僅解剖構造位於中介，連地質年代也符合所需的侏羅紀始祖鳥（*Archaeopteryx*）——爬蟲類與鳥類

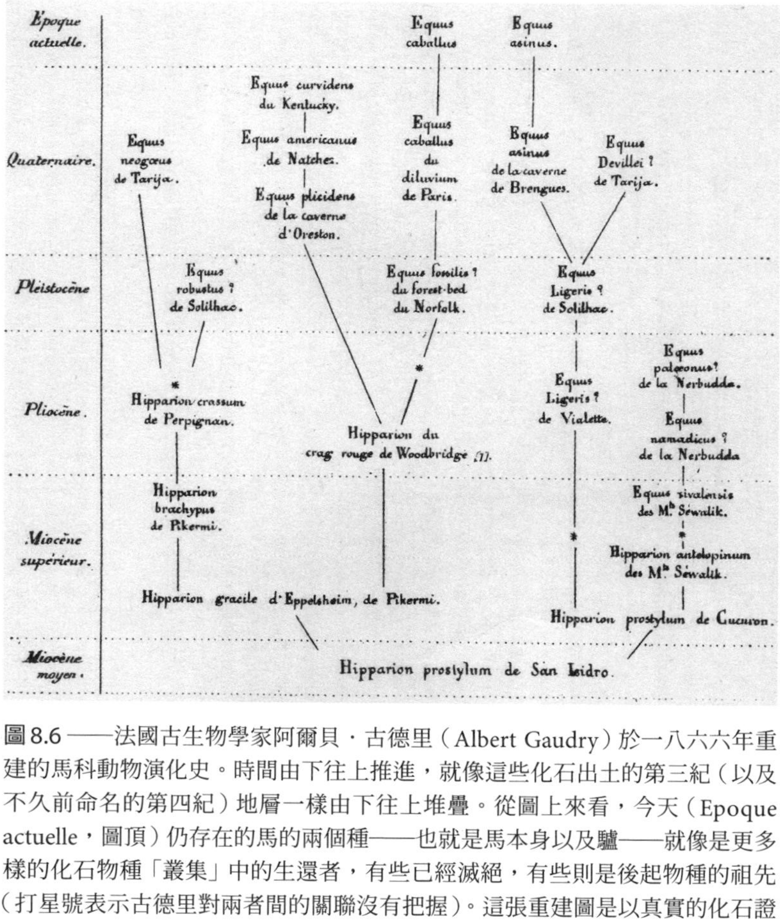

圖8.6——法國古生物學家阿爾貝・古德里（Albert Gaudry）於一八六六年重建的馬科動物演化史。時間由下往上推進，就像這些化石出土的第三紀（以及不久前命名的第四紀）地層一樣由下往上堆疊。從圖上來看，今天（Epoque actuelle，圖頂）仍存在的馬的兩個種——也就是馬本身以及驢——就像是更多樣的化石物種「叢集」中的生還者，有些已經滅絕，有些則是後起物種的祖先（打星號表示古德里對兩者間的關聯沒有把握）。這張重建圖是以真實的化石證據為根據：每一個物種化石出土的地點都有標示（例如巴黎、希臘的皮克爾米〔Pikermi〕、印度的西瓦利克山脈〔Siwalik hills〕、英格蘭的諾福克〔Norfolk〕）。相形之下，十九世紀大多數的演化重建圖雖然看起來也很像「系譜」，但大多（甚至是完全）建立在現存生物之間推測的關係上，而往回延伸進深歷史的物種關係也泰半出於假設。

之間可能的連結。儘管引起爭議，學者最後還是把始祖鳥當成有力證據，證明今日相當不同的主要動物群體之間，確實有演化關係（根據現代的說法，始祖鳥是個「巨演化」〔macro-evolution〕的明證）。相形之下，化石幾乎無法為達爾文《物種起源》主打的那種小幅演變——亦即一個物種與非常類似、但時代較晚的物種之間的變化（「微演化」〔micro-evolution〕）——提供明確的證據。有兩個相關案例特別有名，幾乎是微演化萬中選一的例子。其一，與第三紀淡水軟體動物的序列有關。奧地利古生物學家梅爾希奧．諾伊邁爾（Melchior Neumayr）在一八七五年描述得貼切，說這是「對傳衍理論的貢獻」。至於另一個案例，是英格蘭古生物學家在追溯「小蛸枕（*Micraster*）未曾中斷的連續演化」，在組成格外統一的白堊層中，有許多層都找到了這種古老的海膽化石。在十九世紀下半葉，人們益發懷疑達爾文的招牌演化論，偏偏上述案例實在罕見，沒有辦法遏止質疑的聲浪。

人類演化

直到達爾文在一八八二年過世為止，《物種起源》一直不斷推出新版，持續把重點擺在關鍵但範圍有限的問題上——任何一個新物種何以從另一個不同的先行物種發展而來？然而打從一開始，他跟其他「科學漢」連同受過教育的民眾，心裡都很清楚：起源問題顯然有非常重要的一面，

ARCHÆOPTERYX MACRURUS (Owen).

In the National Collection, British Museum.

圖 8.7 ——一八六一年，亦即達爾文發表《物種起源論》僅僅兩年後，巴伐利亞佐倫霍芬的侏儸紀石灰岩中便有始祖鳥（「*Archaeopteryx*」意為「古翼」）化石出土。學者將始祖鳥詮釋為類似爬蟲類的鳥，解剖構造上算是居於兩者之間，地質年代也大致正確，可以做為鳥類從爬蟲類先祖演化而來的可能連結；差不多在同一時間，同一個沉積岩中也出土了一隻小型恐龍，外型稱得上是像鳥的爬蟲類，因此進一步強化了演化的論點。

不僅關乎這些人心中認為所有物種中最重要的一種，也涉及一個更剴切的問題——身而為人有何意義，達爾文在整本《物種起源》就提過這麼一次，提到時口吻就像個先知：他的理論會帶來許多結果，其中之一想必是「讓光照耀在人類起源與其歷史上」。人類演化問題向來亦步亦趨。

回到一八二〇年代。年輕時的萊爾曾經立場大迴轉，他起先是把化石紀錄詮釋為大致上演進的序列，後來卻變成否定任何這一類的演進序列，以支持穩定狀態或循環體系的說法（恐龍或將**再臨**）。觸發他翻轉的，或許是他與拉馬克和若弗魯瓦（Geoffroy）的演化構想第一次的相遇。他瞬間意識到，從最早的魚開始，經過好一陣後接著是最早的爬蟲類，再過好一陣後接著是最早的哺乳類……這種「演進」的化石紀錄輕易就能化為一段演化序列，隨後延伸到最早的人類身上。如果承認**智人**（*Homo sapiens*）的自然起源是從某種猿猴演化而來（或者像他的原話，「唯猩猩〔屬〕〔Orang[-Utan]〕首是瞻」），這將會威脅到他與其他許多人認為絕對不能讓步的「人的尊嚴」。這是個身為自然神論者的萊爾，會跟身為基督教有神論者的塞吉維克面面相覷的關鍵議題。對兩人來說，問題皆不在於演化論威脅了聖經直譯主義。事情嚴重得多：人類有道德責任，而非無道德的動物，但人類演化之說顯然會威脅到此中深意。這也正是為什麼到了數十年後，年邁的塞吉維克會對自己教過的學生發表的《物種起源》這麼激烈排斥，還在寫信的最後寫著「〔儘〕管我們對最深刻的道德關懷有若干立論點意見不同，我仍是你真心誠意的老朋友」。萊爾（在他的《上古人類》裡）確實放棄了自己若干早先的想法，但他對演化的接受相當冷淡，僅只點到為止，這讓達爾文大失所望。包括萊爾在內，許多鴻儒逐漸在十九世紀下半葉接受自己的物種是自然演化而來，但他們對於達爾文純以自然來解釋道德、是非與意識起源的做法感到躊躇，畢竟是上述這一切，才能讓人類成為完整的人。

與此同時，人類這個物種也比以往更能與化石紀錄構成緊密的整體。十九世紀早期，就連最豐富的化石蒐藏也缺少靈長類（在解剖構造上，人類屬於這一群哺乳類）的化石，這實在很玄。但到了一八三七年，亦即斯莫林發表他在比利時找到的爭議性人類化石不久後，就有報導指出南法、喜馬拉雅山腳與巴西等地第三紀沉積層，出土了非人靈長類骨頭化石。這次的四方來鴻，成為重建想像中人類先祖的天賜良機。這種無端的野獸形象雖然稱不上嚴肅的科學，但從事後看來，顯然證明萊爾與塞吉維克對於演化理論建構將走向何方的憂心其實頗有道理（當代若干極端達爾文主義者懷抱化約論〔reductionist〕，聲嘶力竭表示人類其實「只不過是」無毛的猿猴，顯示演化論在這方面的影響從十九世紀至今都沒有什麼改變）。

能夠更直接證明「人類是從某種沒那麼像人類的靈長類演化而來」的化石證據，卻是姍姍來遲。一八五六年，一顆顯然屬於人形生物，但並非智人的顱骨，在尼安德（Neander）河谷（今德國杜塞爾多夫〔Dusseldorf〕附近）的一處洞窟出土；但「尼安德塔人」（Neanderthal Man）的地質年代，就跟一般的洞穴考古發現一樣難以確定，甚至有若干解剖學家認為這顆頭骨與人骨的差異處只不過是病理偏差。達爾文的《物種起源》發表後，他的支持者動物學家湯瑪斯・赫胥黎（Thomas

圖8.8——「化石人」：一八三八年，法國科普作家皮耶・布瓦達（Pierre Boitard）所繪的人類祖先想像圖，供一篇談生命史的雜誌文章之用。類似的場景後來成為（至今也仍是）大受歡迎的深歷史景象，而這張圖或許就是最早的例子。有人認為，一旦將當時新發現的靈長類化石證據，與仍然曖昧不明的人類化石相結合，「人的尊嚴」就會遭受威脅——畢竟種族政治在十九世紀時可是競爭激烈，而圖中的原始人卻有著非洲人種、甚或是類人猿的外貌。這幅高度推測性的圖像，在半世紀後的一八八七年被德國演化論者恩斯特・海克爾（Ernst Haeckel）拿來重新利用，作為他的假設性「遺失的環節」——猿人的插圖。

Huxley）寫了《人在自然中之位置》（*Man's Place in Nature*，一八六三年），讓斯莫林在比利時找到的頭骨恢復地位，被視為真正的人類化石。只是根據赫胥黎的判斷，這顆頭骨「就是顆尋常的人類頭骨，或許屬於某個哲學家〔就像他本人！〕，但也有可能裝著野蠻人缺乏思維能力的腦子」，因此對於人類的物種起源完全沒有幫助。達爾文本人明確把自己的演化主張延伸到下一本書《人類的由來》（*The Descent of Man*，一八七一年），此時他雖然有許多令人信服的、其他物種的證據，但他卻無法指出任何能證明人類演化的明確化石證據。

直到一八八二年，無疑才有非常古老的尼安德塔人顱骨出土，但此時人們已有充分的解剖學理由，去懷疑這個物種是否是我們的直系祖先。演化論者早已胸有成足，預言將找到「猿人」（*Pithecanthropus*），即假設性的「遺失環節」，但要到一八九一年才找到比較完整的猿人化石。這就是荷蘭生物學家歐仁．杜布瓦（Eugene Dubois）在荷屬東印度群島（今印尼）發現的「爪哇人」（Java Man），又稱直立猿人（*Pithecanthropus erectus*，今名直立人〔*Homo erectus*〕）。從此之後，無論世人對人類演化過程有什麼樣的爭論（爭的可多了，而且相當激烈），智人及其公認的先祖便盡數穩坐於整體生命史的末尾，甚或更普遍的，被視為是生命史的高潮。下一章仍然停留在十九世紀下半葉，但我會回頭談更廣泛的整體生命史諸議題——此時的生命史在人們心目中，已經成為地球長期歷史的一部分了。

CHAPTER

9 多采多姿的深歷史

邊緣化的「地質學與創世紀」

地質學家認為地球極為古老，而人類可說是在最後一刻才現身於舞台上。但在十九世紀下半葉，仍有若干虔誠的民眾強烈反對地質學家的看法，他們的根據是：這跟《創世紀》開頭幾章平鋪直敘的意思不合。只是，這種想法已經淪落到知識生活的邊緣。一直以來，會有這種念頭的人幾乎都局限在英語世界，而且連在英語世界內，這類人主要也是教育程度不高的人。其他人注意到，重要的地質學家裡有不少都是信仰虔誠的人（甚至是受按立的教士）。這個事實強化了「地質學顯然能與宗教實踐共存」的印象，也削弱某些世俗主義者說「這門科學遠比其他學科更能全面削弱宗教信仰」的主張。

由於聖經是基督教敬拜的核心，也是其世界觀之所繫（尤其是新教的世界觀），宗教的討論泰半仍聚焦於聖經的解讀。但是，任何非黑即白的《創世紀》（或其他任何聖經文字）敘事「字面」解讀，早已受到來自兩個方向的削弱。回到十八世紀啟蒙運動期間，人們採用解讀隨便一種古代文獻時所用的歷史方法，來詮釋聖經，從而徹底轉變了聖經研究：解讀歷史文獻要從一開始成文時的文化出發，看這些文獻是為了什麼文化而寫，是在過去的哪個特定時期所寫，才能理解之。針對聖經文字，十九世紀早期的浪漫主義運動經常強調其文學特色，以及其中廣泛運用的隱喻、類比、象徵與詩意，同時認為用這套方法分析聖經並不會限制聖經表達深刻理念的能力，反而會強化它。事實證明，受到這兩方面影響的聖經批判，是一把雙刃劍。確實有人利用聖經批判來削弱，甚至據說是駁倒聖經的價值，好為了（比方說）激進政治目標服務。但聖經批判也能反過來刺激神學理解，從而加深宗教實踐。這類議題在不列顛，要等到《論文與評論》（*Essays and Reviews*，一八六〇年）一書出版後，才姍姍來遲走向高峰。從銷量與出版後的立即衝擊來看，這本書遠甚於達爾文前一年出的《物種起源》。不列顛受過教育的民眾慢了半拍，才品嘗到早已將其他歐洲知識重鎮捲入漩渦的神學浪潮。不難想見，《論文與評論》的諸位作者，會招引來若干宗教傳統主義者的激烈批判，但其他許多讀者發現閱讀這本書堪稱體驗解放。到了該世紀末，對於全歐洲受過教育的人（不論是信徒還是懷疑論者）來說，那種以「聖經說……」的強硬態度為起手式的幼稚直譯主義，顯然已經不堪一擊。

至於聖經批判裡，特別跟地質科學有關的議題，則能加深對聖經文本特性的理解，影響人們對於《創世紀》中相關敘事的詮釋。以聖經中的挪亞大洪水來說，歷來不斷有人嘗試（前面幾章我已簡要描述）在自然世界中尋找地貌，希望能找到如此劇烈的歷史事件所留下的痕跡。一開始，人們拿大洪水當作所有第二紀岩層及其化石的成因，但後來只用來解釋地表的沖積物或沉積層。等到沖積物與沉積層經過重新詮釋，變成更新世冰河現象的痕跡之後，《創世紀》（假如還有什麼史實基礎可言）也就進一步侷限為對一場相對地方性或地區性事件的報導，事發時間則約莫在冰河期末，甚至更晚。這種詮釋的變化大受懷疑論者與無神論者的歡迎，他們認為這徹底揭穿了聖經文本的真面目，而宗教保守份子則斥之拋棄了故事中所揭露的真相。不過，這一切其實只是清楚顯示**歷史脈絡化**（historicizing）了的《創世紀》：就說洪水淹沒的全世界範圍吧，人們現在把這裡所指的「全世界」當成是一開始構築這段敘事的人所知、所理解的世界範圍。故事中富含的宗教意義（只要信徒希望仍保有意義。結果有許多人都希望如此）並沒有多少變化。

這種歷史脈絡化後的《創世紀》大洪水故事，在十九世紀下半葉益發穩固——這是考古學家在美索不達米亞發現古代楔形文字銘文，文字成功解讀後帶來的意外結果。喬治・史密斯（George Smith）是其中一位重要的楔形文字專家，他為大英博物館工作，處理尼尼微（Nineveh，今伊拉克摩蘇爾〔Mosul〕附近）等遺址出土的數百片泥版。一八七二年，他公布自己找到一片泥版，上面記載著與聖經敘事驚人相似的洪水故事，裡面的伊茲杜巴（Izdubar）就相當於挪亞的角色。但史密斯非但沒有把這個振奮人心的發現，當成《創世紀》故事必然源於古老文獻的證據，反而主張兩個故事是對同一事件所做的平行記錄；他用美索不達米亞與巴勒斯坦——也就是故事一開始寫下來的地區——不同的自然環境，來解釋兩個故事的差異。因此，當若干評論者主張史密斯的發現徹底駁斥了「聖經文本受獨一無二的靈感所啟發」的主張時，其他人則指出聖經版本對此事件的記載是為了要賦予此故事獨特的宗教詮釋，以符合猶太經典的其他部分。例如，故事最後是以神保證如此災難再也不會降臨在人類身上來作結。總而言之，考古發現讓學者與更廣大的受教民眾斷定，聖經大洪水並非真的遍及全球，說不定只限於美索不達米亞。即便如此，洪水仍然可以是真實歷史事件，是一場災難性的地區性洪水，其自然證據或許終將在中東的某個地方出現。史密斯後來破譯了其他泥版，記載了美索不達米亞對創世紀與人類墮落的陳述，內

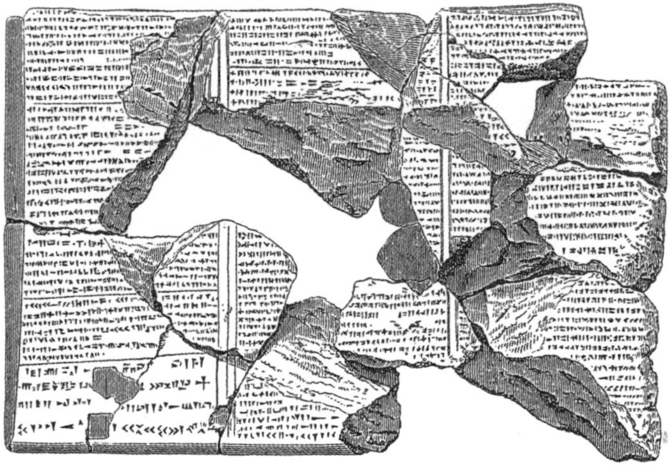

圖 9.1——這塊記載了古代美索不達米亞洪水故事的泥板，是喬治．史密斯拿尼尼微出土的碎片拼出來的，版畫本身則發表在氏著《迦勒底的創世故事》(*Chaldean Account of Genesis*，一八七二年)；圖案只是為了讓人對那塊泥板有個大概印象，圖面那麼小，上面的楔形文字當然不是精確複製。

容遠比聖經的版本完整。這顯示聖經是對更古老文獻的選擇性修訂；人們再度認為，這種作法強化了與猶太思想相符的宗教特色，例如把創世描述為獨一無二、超越的造物主獨力完成之事，而造物主則表示世界上的每一個新造物在本質上都是「善」的。

與此同時，已經有一段漫長時光，學者依靠岩石中的可能痕跡來詮釋聖經創世六「日」的記載了（前面的章節也有提到大概）。十九世紀時，地質科學的快速發展，已經為方向性、大致上「發展性」的地球史與地球生命史帶來愈來愈多嶄新的證據（只有萊爾強烈質疑）。發表意見的人來自五湖四海（其中有些是能力卓著的地質學家），他們渴望讓地質時代的順序跟《創世紀》敘事中的「日」能夠對上，或者「兩相調和」。這兩套陳述——聖經與地質學——早就準備好「和解」。只要像聖經學者指稱的那樣，承認這個譯為「日」的希伯來語詞彙可以根據其語境，指向某個具有神聖重要性的時刻或期間，而非二十四小時的時間跨度，就可以了。有些評論者不願意讓步，但也不希望盡數摒棄新的科學發現，於是他們假設神創世之初的第一個舉動之後，有一段間隔，甚至早於六「日」中的第一日（每一日就能因此維持是普通的一天），接著主張（多少有點孤注一擲）整段地質史可以插進這段間隔（每一日就能因此維持是普通的一天）。總之，太初創世議題的情況跟大洪水相仿，早期「聖經派」作家宣稱在地質學與《創世紀》之間找到的無法調和之處，已經在十九世紀下半葉退潮；至少是撤退到，或者說被降級到整個社會的社交、知識、宗教生活邊緣。比方說，當菲利浦・哥斯（Philip Gosse，他是一位出色的英格蘭博物學家，但也是極保守教派普利茅斯兄弟會〔Plymouth Brethren〕的成員）發表一本名叫《肚臍》（*Omphalos*，一八五七年）的書時，書裡匠心獨具（但無法驗證）、支持「年輕地球」的反演化論證，便同時遭到有信仰與無信仰的人所夾攻（書名指的是亞當據說也有的那顆肚臍，雖然他理應是直接用「地上的塵土」創造出來，而非生於自然產）。

其實十九世紀一路下來，地質學與《創世紀》是漸行漸遠，而且整體上相安無事。當然，許多信奉基督教的地質學家，並不認為自己的信仰被自己的科學所削弱，但其中有些人確實因為其他原因（通常是倫理上的）而放棄自己所處文化中的主流基督教類型（達爾文就是其中之一）。不過，就像特定的社會與政治氛圍曾經在該世紀初的不列顛為「聖經派」作家帶來一段小高潮，到了該世紀末，處在同樣特殊的情勢下，美國也來了一陣教人意外的聖經直譯主義遲來的復甦。例如一八八一年，普林斯頓長老宗神學院的兩位神學家阿奇伯·賀智（Archibald Hodge）與班傑明·沃菲爾德（Benjamin Warfield）發表一份影響甚眾的文章，談聖經中的神聖「啟發」，兩人聲稱「聖經裡所有的證言……皆全然無錯」。由於「自然或歷史事實」都不脫聖經範圍，這意味著一旦科學理念與聖經不一致時，要以聖經為最後依歸。但他們說，這種言語上的「無錯」（inerrancy）並不存在於平常在教會或是在家裡所讀的聖經裡，而是蘊含於聖經的「原初手跡」或者初稿上。當然，任何人都看不到最早的手稿，只能運用聖經批判常用的學術工具，從浩瀚的文本加以重建。這種驚人而新潮的逐字絕對無錯論主張，也因此既強大又不受驗證。儘管其他神學家強力批評，甚至斥為「神學垃圾」，但美國新教主要派別卻熱情擁抱之，當成寶貴的武器，用來對付他們認為的現代性世俗力量。這不是美國文化第一次展現其「例外」（exceptionalism）——亦即其卓異（peculiarity，解成「獨特」與「怪異」這兩個意思都對）——也不是最後一次。

不過，在十九世紀遠比這種無錯論更廣布於整個西方世界的，其實是一種信心——人們深信地質學家的科學新知識，不僅能證實，甚至是強化了自然之神意設計無所不在的信念。這種自然神學不僅貫徹於早先巴克蘭明確的基督教有神論，也瀰漫於萊爾隱然的自然神論。巴克蘭更以使人不得不服的方式，把自然神學帶進最久遠的生命史中，讓世人看見連最古老的已知生物都經過精密的設計，以符合特定的生存方式。但在十九世紀下半葉，隨著達爾文《物種起源》的餘波，這種普遍的、認為自然出於神意設計的感受，似乎受到演化觀點所威脅。針對生物表面上的設計感，達爾文提出了一套激進的另類解釋，認為這種設計純粹是天擇的結果，從而嚴重削弱了傳統上「設計論證」在這部分的可信度。人們普遍認為「天擇」本身讓整個演化過程變成碰運氣的產物，由於達爾文把天擇延伸到人類身上，也就特別招惹人抗議。然而，達爾文理論的侵蝕效果，造成的衝擊其實是不平均的。在某些文化中（尤其是達爾文出身的英格蘭文化），人們在用知識保衛基督信仰時，強烈仰賴自然神學，而且非常仰賴自然界的神意設計論，而非強調特定歷史事件的宗教重要性（這向來是主流基督教世界觀的核心）。身處這種文化的人，對於達爾文理論的感受也就特別強烈。無論如何，這些議題對地質學家的日常工作沒什麼影響，無論這位地質學家虔不虔誠。

恰如其分的地球史

大半個十九世紀裡，地質學家的日常工作多數跟此前歸類為第二紀岩層的地層與化石有關，頂多再加上不久前才揭露的、讓地球歷史得以延伸至更久遠之前的過渡層。問題比較多、比較難理解的，可不只是最年輕的「洪水」沉積層（直到人們重新將之詮釋為冰河時期的遺留物），還有最古老的、完全沒有任何化石的第一紀岩層——這並不讓人意外。位居兩者之間的第二紀岩層與過渡層，才是地質學家進展最驚人的地方。他們對於地層排序及其中的化石有著進展飛快的詳盡認識，他們的地球及生命史圖像——大致上具有方向，甚至是逐步發展的——也得到證實與鞏固，而萊爾與他的「絕對均衡」圖像則愈來愈不可信。但是，這兩種圖像的價值可以並存，否則就自相矛盾了——因為所有這一切研究所揭露的深歷史，是既陌生又熟悉，既奇特又平常。

恐龍與三葉蟲絕對很奇特，經常讓人驚嘆不已，學者也充分利用這一點，向普羅大眾推廣科學。當世界上第一場大型國際展覽從倫敦市中心移往位於郊區的半永久展場時，場地裡妝點了一場新的戶外展覽，內容既娛樂又有啟發性。在歐文的專業指導下（最早定義、命名恐龍的就是他），恐龍與其他教人讚嘆不已的絕種生物以實體大小重建展出，並根據牠們在生命史發展的順序排列。十九世紀晚期，美國西部拓荒（尤其是新鐵路打開了廣闊的北美大陸後）帶來引人注目的新恐龍與絕種哺乳類骨頭化石發現。學者根據許久前居維葉開闢出的方法，重建這些化石，而他們的成果也馬上成為北美洲與世界各地自然歷史博物館最受矚目的展覽(至今亦然)。深歷史中的奇異處，成了常態展。

然而在同樣的幾十年間，地質學家也發現愈來愈多的證據，顯示深歷史相當平凡的一面。研究漸漸發現，連最奇特的已滅絕動植物所生活的環境，也都是人們相當熟悉的。比方說，早期的博物學家就有描述到死火山與其熔岩流，以及消失的海洋與淡水潟湖；後來的地質學家則辨識出化石珊瑚礁、化石土壤與嵌在其中的樹墩化石，以及有波浪痕跡、足跡化石、甚至是雨滴痕跡的遠古海岸。這一切地貌皆有利於萊爾的現時論，足以證明自然過程在整段地球史都有穩定、均衡的發揮。但是，許多深歷史與今天環境相似的例子，其實都是批評萊爾的災變論者(例如巴克蘭)發現的。只要這些痕跡能夠顯示出與今天有任何相異處，他們就會加以利用，可不會手軟。

學者在掌握深歷史的過程中有個重要的徵象，也就是承認類型差異相當大的岩石有可能沉積於一模一樣的地質年代，道理就跟當今世界有許多不同的自然環境同時存在一樣。相形之下，威廉·史密斯的地層學認為各岩層會構成獨一無二且一致的排列順序，每一層都有其獨特且一致的「特色化石」：用現代地層學家的隱喻來說，就是某種天然的「分層蛋糕」。但居維葉與布隆尼亞爾早已發現一個不容忽視的明顯區域變異：在巴黎盆地，某些地方有粗石灰岩層，但換到其他地方就變成一層厚砂岩層取而代之，而兩者都在岩層堆疊中占據同一個位置。普雷沃(兩人的法國同胞兼批評者)後來對這種反常現象的解釋是：把整個岩層順序重新詮釋成海水與淡水環境之間的界線，在未來的整個巴黎地區不斷移動所造成的結果，而知名的石膏層就是位於鹹、淡水之間暫時的瀉湖環境。

這種用當地自然環境來解釋的方法，不僅迅速得到推廣，更在年輕的瑞士地質學家阿曼茨．格雷斯利（Amanz Gressly）為法國與瑞士邊界的侏羅山區繪製地質地圖後，得到了一個好用的名字。格雷斯利發現在不同的地點，侏羅系中的特定部分居然有不同的岩層組成與化石組，而這一切顯然都來自同一個年代。他稱之為不同的**相**（*facies*，英

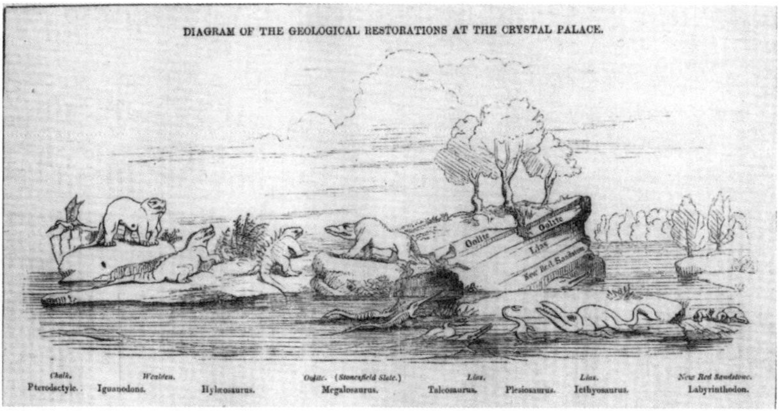

圖9.2——倫敦郊區的水晶宮（Crystal Palace）展出的實體大小化石爬蟲類重建模型，其中好幾隻身型巨大；這場戶外展覽，是在一八五一年萬國博覽會的那棟巨大鋼鐵與玻璃建築旁搭建的。壯觀的絕種動物模型按順序排列，時間由右而左，從三疊紀的「迷齒亞綱」（Labyrinthodon）動物（右），經過諸如侏儸紀的魚龍與斑龍（中），再到白堊紀的禽龍與翼手龍（左）。爬蟲類後方的人工峭壁，是以迷你的方式重現化石出土的地層堆疊，證明其符合地球史的正確順序。模型設計師瓦特豪斯．郝金斯（Waterhouse Hawkins）畫了這幅畫，作為一八五四年一場演講中的解說圖（那些恐龍模型至今仍在公園展出，但水晶宮建築則已不存）。有些模型（例如禽龍）所根據的化石資料非常不完整，因此明顯不同於現代對同一種動物的重建。

語的「臉」，這裡是臉部表情之意）。根據格雷斯利的詮釋，這些「相」（比方說）分別代表了珊瑚礁、礁內的淺瀉湖，以及礁外的深水區。他把各種「相」的空間分布描繪在後人所說的古地理學（*palaeo-geographical*）地圖上。這種新的「相」概念，標誌著地層學徹底轉變為歷史性的型態——學者變得習慣（至今依然如此）把岩層堆疊詮釋為自然事件與環境留下的痕跡，認為岩層會因為時間與空間而有豐富而複雜的呈現方式。「相」概念的效力在一個大規模的例子中發揮：學者們體認到，「大泥盆爭議」底下所有最令人疑惑的反常現象，其實有個相當簡單的解釋。泥盆紀岩層有兩種不同的相，兩者形成在泥盆紀中相同的時段，但卻是形成於歐洲、俄羅斯與北美洲的不同環境：有著奇特早期魚類的老紅砂岩層可能是沉積於淡水中，其他地方擁有豐富的軟體動物、珊瑚等生物的岩層，則是沉積於海水環境中。

地質學走向全球

不出幾年，泥盆爭議便從一個英格蘭「郡」延燒到整個歐洲西北，而後更及於俄羅斯的烏拉山與北美洲的紐約州。這只是地質學整體觸及範圍在十九世紀急遽擴大的一個實例。由於地方岩石勘測與世界各地化石蒐藏迅速累積，地質學家對於岩層排列順序與整體化石紀錄的知識才得以擴大。而勘測與化石蒐藏的情況，則反映出世人探索腳步之迅速（地質探勘通常緊跟著地理測繪

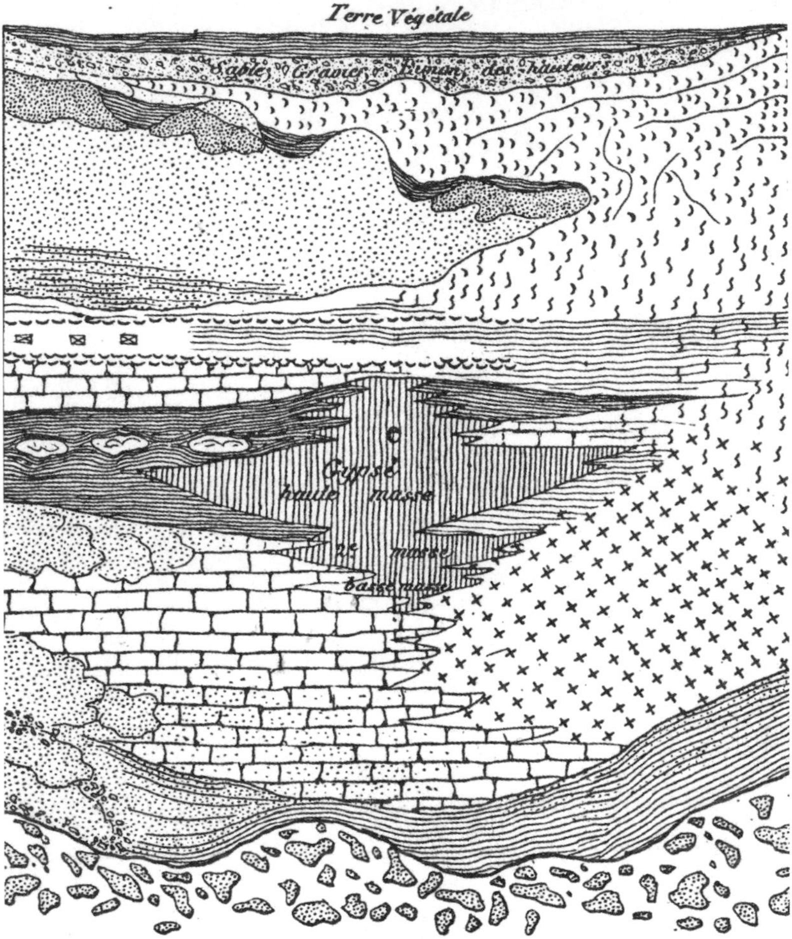

圖 9.3——孔斯坦・普雷沃的〈巴黎地層假想剖面圖〉（“Theoretical Section of the Parisian Formations”，一八三五年），顯示出他透過田野調查所建立的巴黎盆地地層詮釋。縱向為第三紀地層序列（因此也是時間的序列），從下方最古老的地層（高於白堊層，有燧石碎片者）到頂部最年輕的地層，其上則為表土（Terre vegetale）。橫向則是空間分布，橫跨整個第三紀的巴黎盆地，呈現出海水環境（左）與淡水環境（右）的變化。普雷沃主張，粗石灰岩（左下方，呈磚砌狀）與相對的砂岩（右下方叉叉部分）是同一段時間裡，在巴黎盆地的不同地方沉積的（後人因此稱之為不同的相），而這張示意圖也傳達了他的看法。他把石膏層（Gypse，中間直條陰影處，因其蘊藏的哺乳類化石而聞名）解釋為暫時性的潟湖環境產物，位置介於海水與淡水環境中間，地質事件順序也大致居中。後來的地質學家（以及他們的現代傳人）廣泛採用這種示意圖，當成一種有效的視覺手法，從原初的歷史、地理與生態環境來解釋地層經常出現的複雜變異，並加以總結。

發生）、西方國家的全球貿易與殖民活動的擴張，以及各種自然資源的加速開發。這一切再加上歐洲以外的國家在科學發展上的獨立（尤其是俄羅斯與美國），地質學家也就更有信心把地球史研究推向全球，能放諸四海皆準。

奧地利地質學家愛德華．居斯（Eduard Suess）的研究，就是這種地質學全球化的絕佳範例。居斯主攻「地球主要山脈的起源」這個多年的謎團。從一八七〇年代起，他運用多國多位地質學家的研究，搭配自己與當代人在阿爾卑斯山的田野調查，創造出一套世界性的綜述，並出版為四大冊的《地球的面貌》（*Das Antlitz der Erde*，一八八三年至一九〇四年）。居斯跟當時多數地質學家一樣，認為有大量證據能支持地球漸冷模型。他就像該世紀初的伊利．德．博蒙特，想像堅硬的地殼會隨時間流逝而崩裂，以配合地球較深層部分的穩定收縮：學者經常以日常生活中蘋果乾掉之後的枯皺果皮為例（雖然不盡貼切），來解釋這種「收縮派」（contractionist）理論。居斯反對萊爾的穩定狀態模型（但達爾文接受萊爾的看法），他不認為龐大的板塊會無止盡浮浮沉沉，也不認為某些地方的板塊抬升足以形成山脈。他以一套鮮活的局部水平運動模型取而代之，認為地殼收縮時，會沿著特定的路徑起皺摺。

岩石若非因此變形為龐大的寬展褶皺（openfolds，例如美國地質學家勘測的阿帕拉契山脈〔Appalachians〕），或是被推得蓋在彼此上方而構成巨大的「倒轉褶皺」（overfolds），甚或是逆衝（thrust）到另一個岩層上——某些地方之所以會發現較古老的岩層蓋在較年輕地層上的情況（例如歐洲地質學家正試圖揭露的阿爾卑斯山），就是逆衝造成的。就所有這類山脈而言，地殼就像（大規模）起皺摺的桌巾（*nappe*，各地的地質學家後來採用這個法文詞，來指這些大規模岩層錯位，今稱**推覆體**〔又譯岩冪〕）。居斯意識到，這類龐大的運動（其動力顯然來自地球冷卻、內部收縮所導致的上方堅硬地殼擠皺）不一定像伊利．德．博蒙特以為的突然或劇烈。用人類生命的長度來看，**造山**（*orogenic*）過程說不定慢得觀察不到，但以地質時代為標準的話，仍然相當猛烈。居斯因為萊爾的地質變化過程步調極端「寂靜」而批評他，改用他自己的收縮理論（步調之慢也不亞於萊爾）來完全解釋大範圍的地球歷史演變。以前發生在均變論者萊爾和其災變論批評者之間的交鋒，其實許多都已經吵到爛了。

居斯果敢迎戰，在其巨作開篇評述當時才

圖 9.4 ——阿爾卑斯山部分地區的剖面圖，呈現三個巨大的推覆構造由南（圖右）往北逆衝到另一個岩層上，某些岩層因而上下顛倒。這種出人意料的複雜結構，暗示了阿爾卑斯地區的地殼發生過劇烈收縮。這張剖面圖出自法國地質學家莫里斯．盧炯（Maurice Lugeon）之手，一九〇二年發表，所根據的則是他與其他學者在十九世紀下半葉詳細的田野調查。從化石來看，與推覆有關的是第二紀（中生代）的岩層，阿爾卑斯造山運動因此必然發生在後來第三紀（新生代）的某一刻。由於這片山區受到嚴重的侵蝕，只要將幾個類似的橫斷面證據（如圖所示）結合起來，就有可能為複雜的岩石立體結構建構出可靠的圖像。地質學家同意，這些不尋常的運動確實是在地球歷史過程中發生的，但對於相關動因則沒有共識。

剛發現的美索不達米亞洪水楔形文字紀錄。他指出，無論楔形文字紀錄中的細節在當代人眼中有多麼古怪，這份紀錄（同時也暗示聖經的版本）仍相當可信，不應該僅視為神話而不屑一顧，因為這種區域性的災難其實相當常見，甚至在人類信史中都能看到。在居斯的深歷史劇烈自然事件集成中，有時空規模各不相同的各種事件，美索不達米亞洪水只是其中在地質時間上不久前發生的一個例子。居斯和當代若干學者，在歐洲區分出三次連續且歷時長久的造山運動——或者說是一場造山運動中的主要階段：最早的是發生在泥盆紀之前的**加里東**（*Caledonian*）造山運動（名稱來自羅馬人對蘇格蘭的稱呼），接下來是發生在二疊紀之前、一場後人所說的**海西寧**（*Hercynian*）造山運動（羅馬人用這個詞稱呼林木茂密的山丘，例如維爾納的故鄉，位於今德國的厄爾士山脈〔Erzgebirge〕地區），以及最近發生在新生代期間的**阿爾卑斯**造山運動（懷特島上的經典褶皺，是這場造山運動外圍的小小漣漪）。來到大西洋彼岸，在同樣的三個時期也發生了類似的造山運動，可以與歐洲的情況匹配，暗示全世界同時發生了地殼的褶皺。上面說的這些，其實是在地層學與化石紀錄已經提供的歷史之上，再相輔相成一段地球偶發的動亂史。不管怎麼說，這樣的歷史可說是極其多采多姿。

而在英格蘭地質學家約翰．菲利浦斯（John Phillips）的研究中，這種化地層學為地球**歷史**檔案紀錄的作法，已達發展成熟。菲利浦斯剛好是威廉．史密斯的外甥，也是他非正式的徒弟。菲利浦斯成為全世界數一數二的古生物學家，對每一個地質時代的化石紀錄都瞭若指掌，而且他又剛好接下巴克蘭在牛津擔任過的教職。後來稱為泥盆紀的地層中蘊含的海洋生物化石，其特色正好居於麥奇生的志留紀動物群與菲利浦斯專擅的石炭紀動物群之間，因此它們大有可能屬於中介的時代。有能力確認這一點的人，正是菲利浦斯，而這也是他的成就。不過，他對於「侏羅」、「泥盆」與「志留」等「系」名感到不太自在，因為這些名稱指的都是特定地區（分別是侏羅山、德文郡與威爾斯邊境區），恐怕不適合做為其他地方同一時期的沉積層名稱；此外，麥奇生大有野心讓全世界採納「他的」系名，菲利浦斯此舉也是想挫挫他的銳氣。**生命史的長期重大變化**

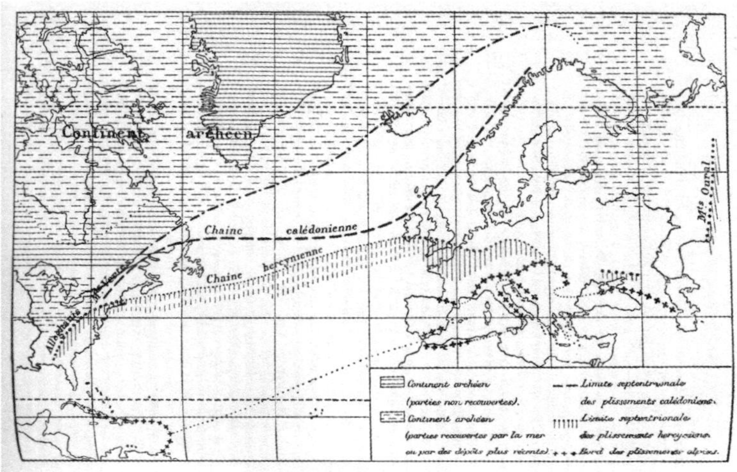

圖 9.5 ——北大西洋區域地圖，呈現出大西洋兩岸的相互關聯：一八八七年，法國地質學家馬塞爾．貝特朗（Marcel Bertrand）主張大西洋兩岸巨大的岩石高度褶皺帶——加里東、海西寧與阿爾卑斯（後者以叉線表示）的成因，是地殼連續三次造山運動所導致的。學者把這三次造山運動，當成古代超大陸（橫條紋陰影區）逐步南向成長的痕跡。如今的大西洋海床，據信其下沉的時間比造山運動更晚，讓歐洲、非洲與南北美洲分開。更古老的山脈（例如蘇格蘭高地、阿利根尼山〔Alleghenies〕或阿帕拉契山）一直受侵蝕到現在，已經再也不是阿爾卑斯山那樣的高山了。

愈來愈像是放諸四海皆準的獨特序列，菲利浦斯希望以此為基礎，來取代麥奇生的系名。

因此，菲利浦斯在一八四一年提議把整個化石紀錄中的三個部分，分為全地球歷史上三個連續的大時代：屬於「上古生命」的古生（*Palaeozoic*）代、生物時代居中的中生代，以及屬於「晚近生命」的新生代。這三個「代」跟萊爾以化石為區分依據，應用在第三紀地層上的時期（始新世等時期）相當類似，只是時間規模大得多。此外，這三個「代」還有個無須菲利浦斯明說的清楚類比——亦即傳統上把人類歷史分為古代、中世紀與近現代三個時期的作法。古生代生物（如三葉蟲與蕨樹）跟中生代生物（如菊石和巨大爬蟲類）完全不同，中生代生物又跟新生代（各種已滅絕的哺乳類，以及其他外表與現代幾無二致的生物）完全不同。世界各地的地質學家旋即採用了菲利浦斯的三個大時段（對他們的現代傳人來說，這種分期仍然很有用處）。生物變化不定的多樣性反映在整體化石紀錄中，菲利浦斯對此非常熟悉，這也讓他深信自己的三生代並非只是任意或偶然的區分，而是有堅實的生命史基礎。

到了一八六〇年，菲利浦斯接連利用在倫敦的地質學會擔任主席時的致詞機會，以及一場在劍橋的知名公開講座的機會宣揚其觀點：已知的化石紀錄雖然不盡完美，卻完整得足以支持把《地球上的生命》（*Life on the Earth*，講座內容以此為書名出版）詮釋為大致「漸進」、讓「更高等的」生命型態（動植物皆然）接連出現的一段歷史：他的總結斬釘截鐵，「可以說，地球確有其歷史。」他之所以重申這種科學界的主流共識，是為了回應一年前達爾文發表的《物種起源》，回應書中認為化石紀錄極端破碎的萊爾式假設，更是為了回應達爾文說化石紀錄不能作為證據去反對其極緩慢演化理論的說法。菲利浦斯承認，他的三個大時代的動植物之間有鮮明的差異，而區隔這三個時代的兩次生物多樣性驟降，或許是因為該時間點的化石紀錄相當不完整，但也有可能是因為過去至少曾發生兩次大規模滅絕事件之故。

關於滅絕議題，地質學家在十九世紀餘下的時間裡，有著分布非常寬廣的意見光譜。萊爾位居其中一端——身為首屈一指，其實幾乎也是唯一一位均變論者，他始終（直到他一八七五年過世為止）把每一個驟變的現象，解釋成化石紀錄極端不完整所造就的產物，是幻覺。這種說法隱含某種預期，亦即在新地區有更深入的田野調查，或是對已知事物有更透徹的研究，或許就能填補某些空缺，讓明擺著的不連續有所趨緩。例如萊爾本人對當時所說的新生代有他獨特的想法，而後人在新生代之中填入了新的時期（古新世〔*Paleocene*〕、漸新世〔*Oligocene*〕），多少算是落實了他的預期。偏偏其他明顯的突然斷裂，尤其是分隔菲利浦斯三個生代的斷裂，卻怎樣也補不起來。這意味著至少曾發生過幾次明顯可見的大規模滅絕事件（特別是古生代與中生代結束時），而這或許真是地球歷史上非常態的事件，有必要加以解釋，而非搪塞過去。

這種災變論在若干法國地質學家手中發展的最極致，其中又以阿爾西德．多比尼（Alcide d'Orbigny）為最。多比尼把化石紀錄中的每一個不連續點，都詮釋成某種突如其來的「鉅變」留下的痕跡。但是，這種所謂「鉅變」的次數與頻率，也因此增加到多得令人難以置信。相形之下，不列顛地質學家倒是深受萊爾的論證所說服，他們一直避免主張在久遠的過去中有任何一種事件，會比當今世界曾紀錄過的事件更突然、強烈，甚或激烈。他們太受萊爾強力的主張所左右，認為去假設有任何災難發生過，是種不科學的作法。就算主張這類自然鉅變在歷史上確有此事的地質學家，提出了在科學上站得住腳的解釋（超大地震、超大海嘯、超猛烈火山爆發等等），不列顛學者仍然不屑一顧。

其實，對於久遠的過去是否真發生過偶然的災變，無論十九世紀的地質學家意見如何，他們全都遵奉現時論的格言——「現在是開啟過去的鑰匙」為圭臬。事實上，現時論的方法也得到延伸

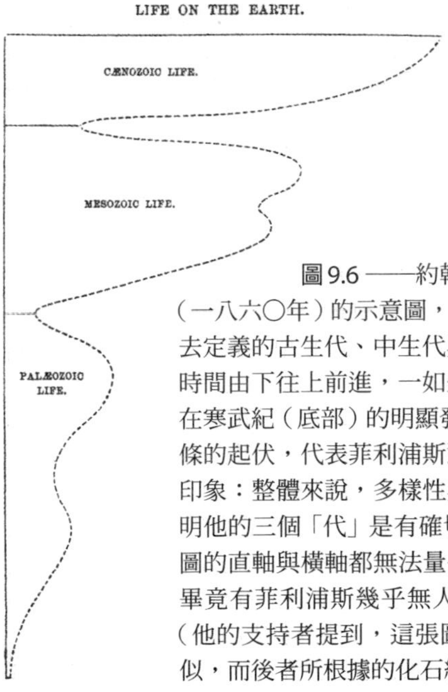

圖9.6——約翰・菲利浦斯發表在《地球上的生命》（一八六〇年）的示意圖，顯示他從三大段時間——也就是他過去定義的古生代、中生代與新生代，來詮釋整體生命的作法。時間由下往上前進，一如生命史賴以建立的岩層堆疊，從生命在寒武紀（底部）的明顯發端，到現今的生命世界（頂部）。線條的起伏，代表菲利浦斯對於生物多樣性在歷史過程中變化的印象：整體來說，多樣性與日俱增，但有兩個明顯的低谷，指明他的三個「代」是有確切的根據，而非任意劃分。雖然這張圖的直軸與橫軸都無法量化，但這幾乎無損於這張圖的價值，畢竟有菲利浦斯幾乎無人能及的博物館與田野經驗為其背書（他的支持者提到，這張圖跟更為計量的現代同類圖表出奇相似，而後者所根據的化石紀錄資料當然更為廣泛）。

——學者認為地質上晚近、但屬於前歷史的過去，可以當成研究時的指引，藉此了解更久遠、更模糊的過去可能發生過什麼。舉例來說，人們對更新世的大範圍冰河時期留下的痕跡有愈來愈多的認識，而這種認識同理可證，也可以用於辨認另一段更古老的冰河期所留下來的、意想不到的痕跡（更古老的冰河期就在不經意間，讓時代更晚的冰河期變得沒那麼異常，甚至根本一點都不特別）。更新世冰層下形成的獨特冰磧物（即冰礫泥）可以用來理解更古老的沉積層，也就是後來所說的「冰磧岩」（*tillites*，其中也充滿各種大小、有稜有角的類似漂礫）。這些冰磧岩是在古生代晚期（對應於石炭紀或二疊紀）的岩層中發現的。但冰磧岩並不見於歐洲或北美洲，反而是這些地方的同一時期岩層中有一層煤層——其森林化石呈現熱帶貌，此外還有砂岩與鹽沉積，彷彿是炎熱沙漠的殘跡。而上述的冰磧岩（學者把它當成上古冰河時期的冰層留下的痕跡）反而是在澳洲、南非，以及更叫人迷惑的地方——印度所找到的。

冰磧岩的發現，是地質探索行動穩定、逐步全球化的另一個結果。這顯示當時的氣候分布跟今天的世界大相逕庭，此外也與人們期待的地球穩定冷卻論不相符。探勘印度的地質學家（指揮調查的是不列顛人，但實際下田野的許多都是印度人）將結果統稱為「岡瓦納（*Gondwana*）系」地層。根據慣常的地層學標準，這些岩石顯然屬於古生代晚期，但看起來更接近在非洲南部與澳洲發現的岩層，而非他們知之甚詳的歐洲與北美地層。到了一八七〇年代，人在印度的地質學家們暗示：非洲、澳洲與印度一度是單一巨型大陸的幾個部分。得到居斯背書後（他把這塊公認的超大陸稱為「岡瓦納大陸」(*Gondwana-Land*)，這種驚人的構想便廣為人所接受；一位在印度工作的地質學家後來更主張把岡瓦納大陸擴大，納入南美洲，甚至連南極洲也是。除了南極洲以外（其地質情形當時幾乎不為人知），其他幾個距離甚遠的大陸不只有相似的古代冰磧岩，還有若干獨特的化石出土。其中包括一些特別的早期爬蟲類，以及舌羊齒屬（*Glossopteris*）植物——這等於是取代了歐洲與北美洲同時期煤層中的知名植物化石。這個上古超大陸的概念（大致位於南半球）得到愈來愈多證據（後來稱為**生物地理學**）所支持——這些曾經原屬同一塊大陸的地方，有許多其他地方沒有的現存動植物。所有這些陸生生物（無論是化石或現存生物）何以分布於如此廣大的地方？這一點仍有爭議，但一般認為曾經有「**陸橋**」(land-bridges，多少類似今天的巴拿馬地峽，但或許更寬）將這些今天被廣闊的大洋分隔的大陸連在一起。無論如何解釋其因果，地球的古代地理形勢與氣候，顯然跟古代的三葉蟲與恐龍一樣奇怪、陌生。這一切的發現，只是地球及其生命的歷史之所以在十九世紀下半葉變得比以往出乎意料、更多采多姿的幾個原因，這多少跟問題與證據如今來自全球有關。

走向生命起源

十九世紀下半葉，世人對於化石紀錄有愈來愈詳盡的了解。其中最引人入勝之處，便在於化石紀錄在古生代之初開展時的謎團——這顯然關係到「生命起源」這個根本的問題。古生系中位置最深、最古老的地層，就是寒武系——塞吉維克根據威爾斯的岩層起了這個名字，而任何種類的化石在其中皆少之又少。但學者們在一八五〇年代逐漸了解到，其他地方的寒武系卻是以相當豐富、而且有別於志留紀生物的化石為特色（麥奇生的志留系位於塞吉維克的寒武系上方，也意味著志留系時代較晚）。人們一度稱發現了這些寒武紀化石的地層為「原始」（*Primordial*）層，因為裡面的化石是一切種類的生命最早、最明確的跡象。可是，假如拉馬克或達爾文的那兩種演化確有其事，那這些化石卻與人們的期待不符，牠們並非小型、簡單的生物。牠們不僅複雜，而且有高度多樣性，有些甚至體積龐大。就算這些化石相對於未來更豐富的生物多樣性來說只是小菜一疊，但證據也顯示寒武紀海洋有大量的寒武紀生物。寒武紀看似化石紀錄之濫觴，但其中的化石顯然不「原始」。

這實在太叫人困惑了，因為寒武紀地層發現的時候，通常是直接覆在某個「基盤」上，而基盤的組成岩就是過去說的「第一紀」岩層（當時通常稱為太古〔〔*Archean*〕意為「古代」或「上古」〕地層）。第一紀岩層起源組成眾說紛紜，但多數都含有結晶（花崗岩、片麻岩、片岩等），人們也同意其中極端不可能含有任何化石，當然也從來沒找到化石過。由於這些第一紀岩層顯然早於古生代，學者因此經常將之劃歸為地球歷史最早的「無生」（*Azoic*）代，當時的地球表面說不定熱得讓任何一種生物都活不下去。對於這類沒有化石的眾多岩石還有另一種解釋（在地質學家之間得

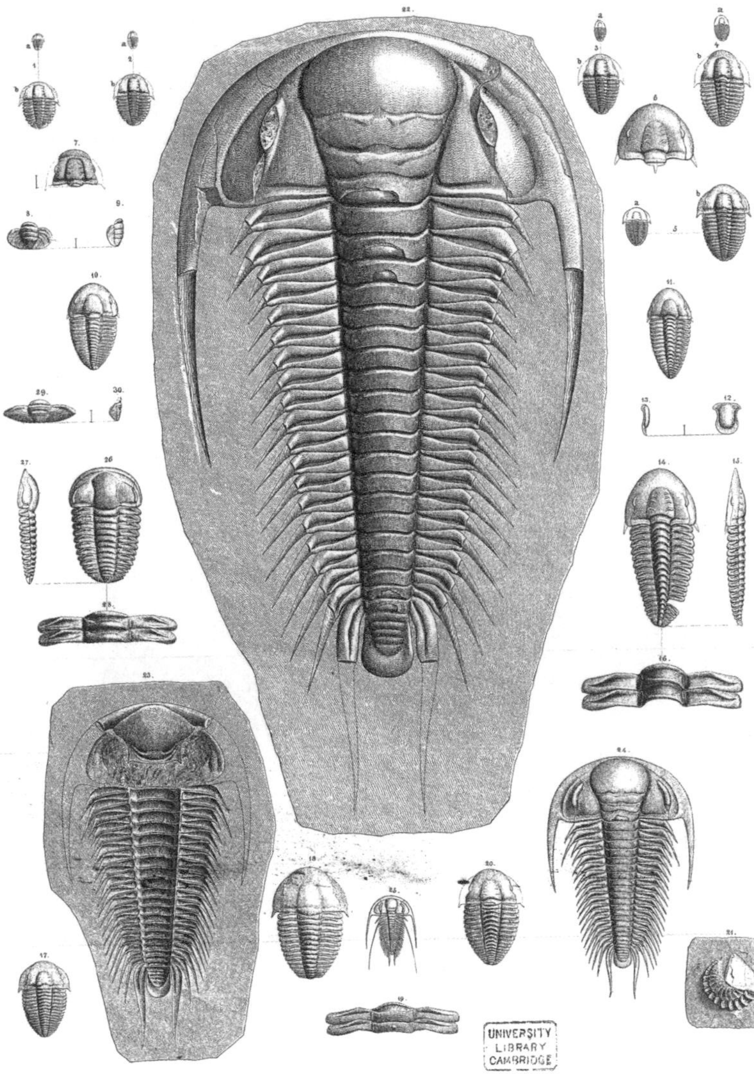

圖 9.7 ——波西米亞（位於今捷克共和國）寒武紀岩層中出土的三葉蟲化石，由於位置較志留系為深，自然也比志留動物群更古老。一八五〇年代，流亡的法裔土木工程師約阿希姆·巴杭德（Joachim Barrande），畫了這些保存極為完好的化石。圖上最大的標本，有十八公分長（七英吋），其他還有更大的；至於比較小的標本則屬於不同種，但結構同樣複雜。每一個物種的完整成長階段，都保留了下來。巴杭德用「原始」（Primordial）一詞來形容這個動物群；後人確認其時代與塞吉維克的「寒武」記相當。更古老的前寒武紀岩石沒有明確的化石記錄，這對達爾文版的生命史演化詮釋來說，是個嚴重問題。

到若干支持），亦即萊爾的變質詮釋：由於這些岩石埋在地底深處，因此受到地球內部的超高熱而劇烈變化，其中所有化石的痕跡皆遭到摧毀。無論何者為是，想發現是否有任何生物存在於地球史的前寒武時代，或是想知道當時的生物是什麼模樣，恐怕都再也沒有指望了。

不過，地質學家才不會這麼輕易投降。調查發現，某些地區含有寒武紀化石的岩層，其下面並非讓人萬念俱灰的「基盤」岩，而是尋常可見的沙岩與頁岩：假如這些砂岩與頁岩在年代上屬於古生代（如果上面有寒武紀地層**覆蓋的話**），就可以期待它們可能會有化石。總之，學者孜孜矻矻在這些前寒武紀岩石中尋找化石，希望找到寒武紀動物的祖先：他們滿心樂觀，提早起了個「元古（*Proterozoic*）代」的名字。像是當魁北克的前寒武地層發現某個可能的生物構造時，加拿大地質學家約翰．道森（John Dawson）便稱之為**始生**（*Eozoon*），並發表在自己寫的《地球生命之始》（*Life's Dawn on Earth*，一八七五年）一書裡。由於始生跟寒武紀生物大不相同，也不像是任何寒武紀生物的祖先，道森希望這個化石有助於駁斥達爾文的那種演化論（他個人對此強烈反對）。但始生化石從一開始就充滿爭議，到了十九世紀末便遭到學界放棄，認為這根本是無機物，純粹是變質作用的產物。

儘管出師不利，但前寒武紀地層的初步調查仍能鼓勵人們尋找前寒武生命的跡象。比方說，當年輕的的學家查爾斯．沃爾科特（Charles Walcott，他加入新成立的美國地質調查所〔United States Geological Survey〕）探勘美西各州時，他發現一種後來稱為**隱生**（*Cryptozoon*，這名字貼切傳達出其難解的特質）的結構。隱生結構是種枕頭狀的大型堆疊，看起來有可能來自某種生物；但是是哪一種生物形成這些隱生結構，則始終是個謎。無論隱生是什麼，看起來都不像任何更複雜的寒武紀化石的祖先。其他的所謂前寒武化石零星碎屑，數量稀有且大有疑問，很難在別的地方找到。因此，前寒武地層仍然沒有留下任何明確的化石紀錄。

缺乏化石紀錄，是演化論建構的嚴重問題，至少對於需要極緩慢、漸進改變的達爾文式演化論是如此。假如所有高度多樣化的寒武紀生物都符合達爾文的推測，是從「某種原始型態」緩慢漸進演化而來，那麼前寒武生命史必然長得幾乎無法想像：從寒武紀開始之前，已經渡過的總時間得盡可能往回延伸才行。倘若果真如此，整體生命史的前半段（或者更長）偏又根本沒有任何明確的化石紀錄留下來。對此，有兩個可能的解

圖 9.8 ——魁北克一處前寒武紀石灰岩出土的疑似生物——加拿大始生（Eozoon canadense）。這是約翰・道森《地球生命之始》（一八七五年）的插圖，畫的是用顯微鏡觀看其透明薄片，洞悉其堅硬結構的樣貌（切出如此「薄片」的新技術，讓岩石與各種化石的相關知識得到戲劇性的提升）。道森把這個結構詮釋為某種巨大的原生動物，用推定的「動物性物質」（深色部分）與得到保存的「鈣質骨骼」（淺色部分）來重建其樣貌。他主張始生能證明，早在寒武紀岩石中多樣的動物化石之前，生命就已經存在了。但這種結構不太可能是任何寒武紀生物在演化上的先祖，後人甚至認為始生純粹是岩石變質時的無機產物而予以駁斥，浩瀚的前寒武紀也因此完全沒有明確的化石紀錄。

釋。或許就是沒有化石紀錄，因為沒有生命可以紀錄：所有前寒武時代應該稱之為無生代，而非原生代。這樣一來，假如各式各樣的寒武紀生物確實是從「某種原始型態」演化而來，演化過程就必須相當迅速，這就是後人所說的「寒武紀大爆發」（Cambrian explosion）——生命在寒武紀之始迅速多樣化（diversification）。而這絕對不是達爾文的那種演化。另一方面，假如前寒武時代的確長得足以讓寒武紀動物經歷緩慢的達爾文式演化而來，那麼全無演化紀錄一事，就是個更嚴重的問題。有人假設，所有寒武紀多樣動物的先祖都是「軟體」動物，因此不太可能以化石型態保存，而這些動物全都在差不多同一時間發展出「堅硬部位」（例如容易成為化石的貝殼）——但這感覺像是支持達爾文演化論的人為了從圍攻中解套而孤注一擲。直到十九世紀末，生命起源以及寒武紀前的生命演化，仍然神祕難解。

地球歷史跨度

從本章與先前幾章的敘述中應該可以清楚看到，十九世紀的地質學家在地球史的重建上取得極為成功的進展，而且甚至無需任何大約的數字或「絕對」時間軸的幫助。實務上，「地球史與生命史無法量化」對他們根本不構成困擾。以可觀察的岩層序列為基礎，區分出個別時代與其組成時期的「相對」時間軸已經行之有年。光是這樣，就足以讓地質學家無暇他顧，成果也很豐碩。

對地質學實務來說，真正要緊的事情就像斯科羅普令人難忘的說法——所有證據都在高喊著「時間！——時間！——時間！」；也像康尼貝爾曾經堅稱的那樣，只要萊爾能讓世人知道如此規模的時間尺度真有其必要，那他想要幾「秭年」都隨他。後人對於這個議題有揮之不去的迷思與誤解，但實情正好相反：所有十九世紀的地質學家都相信（無論是主流的災變論者，還是均變論者萊爾及其孤獨的門徒達爾文），時間尺度的量級至少得從百萬年起跳。但那是幾百萬、幾千萬、幾億，甚或是幾十億呢？這對地質學家格外豐碩的深歷史重建成果來說，實際上幾乎沒什麼差別。雖然萊爾振振有詞，經常說災變論者被時間擠得喘不過氣，但其實連最強硬的災變論者也不會因為時間因素被壓縮的關係，就訴諸災難，而是因為他們認為相關證據必須以非常突然、甚至是激烈的自然事件詮釋，才能說得通，無論這些事件是在總長多麼無邊無際的時間裡發生。

就算不重要，但如果能夠把根據內容為標準、由時代與期間構成的連續時間軸，轉為數字化的時間軸（以年為刻度，就算只是個大概也好），其優點也愈來愈清楚：地質學家得以建立更穩固的地質事件序列。這就像是歷史學家有可靠的證據，能了解歐洲歷史各個特別時期（中世紀、文藝復興、啟蒙運動等等）的正確順序，但因為沒有明確的日期與年代，因此無法得知特定關鍵事件之間是隔了幾個世紀，還是僅僅幾十年。如果少了數字化的時間軸，地質學家的處境就跟上述的歷史學家一樣。如同十七世紀博學的編年學家們試圖確定人類歷史開始的時間，如今，若能夠有地質學專用的量化、絕對時間尺度，就能像這些編年學家一樣，為地球提供類似的年表——

這就是十九世紀末所說的「**地質年代學**」。

人們沒有忘記德呂克的「自然精密時計」構想——例如紀錄三角洲的成長速率（但他自己卻忘了）。德呂克原本想為某個決定性的單一事件——也就是他拿來跟聖經大洪水畫上等號的自然「鉅變」——推導出大致的時間。但到了十九世紀，地質學家面臨的挑戰更為艱鉅：估計時間的**總長度**（以他們所描述的岩石與化石為表徵），至少要估算出正確的數量級。萊爾原本打算完成這件事。他想到的自然時計，是從第三紀已滅絕與現存軟體動物變化的百分比來估算；他試圖把時間精確推算到年，希望能把這套方法延伸到更古老的地球史。後來，菲利浦斯對地質年代有更大膽的嘗試。他運用自己對整體地層堆疊（從寒武紀一路到更新世），以及其中蘊含的全世界化石記錄的廣博知識。一八五〇年代，他把當時少有人知的新沉積物沉積速率（例如恆河三角洲的沉積），跟調查報告中連續地層系最厚的地層厚度結合來看；「現在」一如既往，被他當成開啟「過去」的鑰匙。但這種作法有太多不確定性，需要太多的假設，以致於菲利浦斯不願意發表自己的估算，偏偏達爾文出版了《物種起源》，迫使他不得不出手。

達爾文就只有這麼一次對付過這個議題。據他估計，英格蘭東南的威爾德地區（Weald region，該區夾在南北丘陵〔North and South Downs〕的獨特白堊山丘間，從達爾文在鄉下的房子附近，就能看到北丘陵）緩白堊丘與其他白堊層的緩慢侵蝕過程，花了大約三億年（用現代地質學家的簡要表示法，則是三〇〇Ma〔三百百萬年〕）。他認為這大致與新生代，亦即自白堊沉積以來的時間相當。到了一八六〇年，菲利浦斯利用我在前面提到的難得機會提出自己的推論，駁斥達爾文的數字，認為他高估太多。達爾文看來是默默接受了批評，他馬上把自己計算的數字，從後來每一版的《物種起源論》裡拿掉（他的數字不巧也遠超過現代放射性定年法的估計）。對於自寒武紀開始（也是古生代的開始）至今的時間跨度，菲利浦斯自己的初步估計大約是九六Ma。但他後來稍有下修，而且他知道無論如何，任何數字都不會比蒙眼打靶準到哪兒去。

其餘多數的地質學家（萊爾與達爾文不在其列），都認為菲利浦斯的估算相當合理而可靠。一八六一年，頂尖的蘇格蘭物理學家威廉・湯姆森（William Thomson）想要拿地質學家對於地球時間尺度可能數量級的看法，跟自己從相當獨立的物理學與宇宙學證明中得出的估計數字相比較。此時，他所諮詢的人，正是代表了地質學家明確共識的菲利浦斯。（湯姆森晚年時，官方為了表彰他對跨大西洋電報設備發展的重大貢獻，封他為克耳文勛爵〔Lord Kelvin〕，此後這個名字便為人所知。為了方便起見，以下都以克耳文稱呼他。）克耳文告訴菲利浦斯，他自己的初步計算顯示地球的總年齡落在二〇〇至一〇〇〇Ma之間，而菲利浦斯估計的九六Ma（只算寒武紀初起算的時間）多少還算合於這個範圍。克耳文的數字所根據的，是他研究太陽系起源所用的宇宙學理論，其中尤其關注太陽持續使用其內部熱源的課題。根據不久前才確立的熱力學定律，太陽的生命跨度必然有限，而這也限制了地球可能的年歲。克耳文的理論也納入了地質學家的地球漸冷標準模型，以及他們有關地球內部熱源的證據。克耳文重新推敲自己的計算，在一八六三年發表更新過

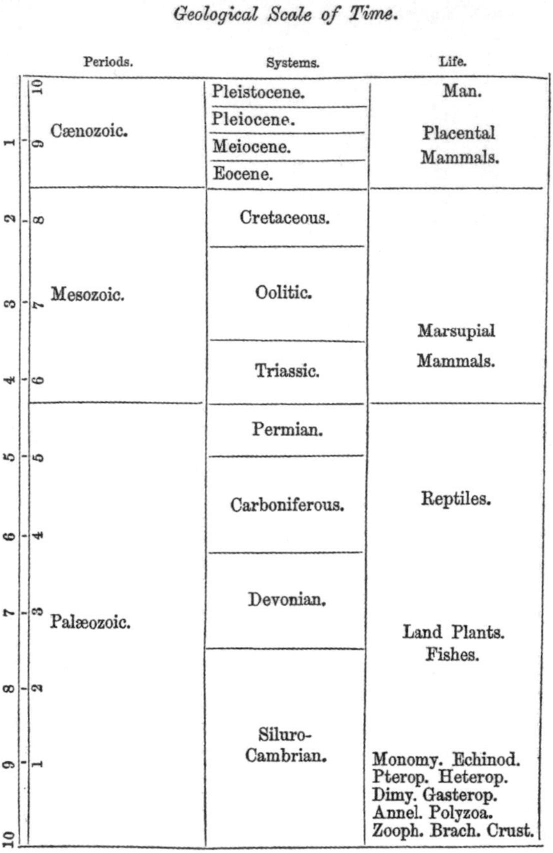

		Periods.	Systems.	Life.
10	10	Cænozoic.	Pleistocene.	Man.
1	9		Pleiocene.	Placental Mammals.
			Meiocene.	
			Eocene.	
2	8	Mesozoic.	Cretaceous.	Marsupial Mammals.
3	7		Oolitic.	
4	6		Triassic.	
5	5	Palæozoic.	Permian.	Reptiles.
6	4		Carboniferous.	
7	3		Devonian.	Land Plants. Fishes.
8	2		Siluro-Cambrian.	Monomy. Echinod. Pterop. Heterop. Dimy. Gasterop. Annel. Polyzoa. Zooph. Brach. Crust.
9	1			
10				

圖9.9——約翰．菲利浦斯的〈時間的地質尺度〉（"Geological Scale of Time"），發表在氏著《地球上的生命》（一八六〇年）；這張表格體現出當時多數地質學家心照不宣的共識。岩層堆疊以地層順序排列為「系」（Systems，中欄），可以按時間劃分給三大段的「代」（Periods），亦即菲利浦斯此前定義的古生代、中生代與新生代。「生命」（Life）史（右欄）顯示各種主要的生物群體在化石紀錄中首度出現的時間點；底下名字的縮写，指的是化石紀錄開端——寒武紀與滯留紀地層中高度分化的無脊椎動物。這張表也顯示出菲利浦斯試圖把岩層已知的最大厚度，跟各個「系」搭配起來，以量化整體生命史的初步嘗試。他把從古生代之初（底部）到現在（頂部）的整個時間段，逕直分成十個長度相等的時間單位，分別根據距今之前（10到1，左邊欄外）與自始以來（1到10，左邊欄內）標上數字；這種做法（可能出於無意）與早期編年學者同時採用往回計算的「主前之年」（BC），以及往前算的「世界年」（Anni Mundi, AM）的作法如出一轍。菲利浦斯還不確定自己的量化時間尺度應該以何為單位，但他肯定跟十九世紀所有的地質學家一樣，認為至少要以數千萬年、數億年來計算。有鑑於這張示意圖是要表現生命的歷史，沒有已知化石存在的前寒武紀因此完全省略掉了。

的地球年齡範圍——介於二〇與四〇〇Ma之間；如果再進一步假設，他是可以縮小到類似九八Ma這樣的約略數值。考慮到所有不確定性，這個數字還是跟菲利浦斯那個幾乎一模一樣的數字（不包括前寒武紀，他只算後面的時間）不衝突。總之，菲利浦斯心滿意足。隔年，他對自己的地質學家同行推薦克耳文估算的數字，同時對物理學家用科學方法對認識地球做出的貢獻表示歡迎。他後來跟克耳文合作，開發運用儀器的方法，以改進對礦坑溫度的測量，而礦坑溫度對地球內部熱源則是寶貴的證據。此時，地質學家與物理學家之間肯定沒有什麼嚴重衝突。

然而到了一八六六年，克耳文卻做了一次演講，題目有點挑釁——〈簡短駁斥地質學均衡信條〉（"The Doctrine of Uniformity in Geology Briefly Refuted"），接著又在後續的講座擴大這個講題。他激烈攻擊那些無視他的研究、繼續為地球歷史提供無限量時間的地質學家，他相信這麼長的時間尺度遠超過物理學所能接受的範圍。克耳文的目標是達爾文與萊爾。這兩人確實是知名角色，但他們很難算得上全體地質學家的代表；怪的是，克耳文並未提到菲利浦斯以支持自己的立場。從攻擊「均衡」的內容與時間點來看，他主要的目標其實是演化——應該說，是特別針對達爾文版的演化。原因在於，達爾文版的演化需要大量的時間，才能讓極緩慢的天擇過程發揮效果；而且，天擇會減損大自然充滿神意設計的感覺，但這對克耳文以及許多同時代的人來說卻很重要。克耳文把自己對抗「均衡」的戰鬥一直延續到世紀末，甚至連他的均變論目標敵人過世之後都不收手。地質學家震驚的是，克耳文宣稱在修正自己的計算與假設之後，有必要進一步減少他估計的數字。一八八一年，克耳文甚至把地球可能年齡的上限降到五〇Ma；他在一八九七年把數字再度降至四〇Ma，同時提出二四Ma，作為他認為最可能的估計值。儘管有些物理學家對他提出的數字，以及這些數字所根據的假設抱持懷疑，但其他人還是支持他：有位物理學家主張大幅縮減到不及一〇Ma，相較起來，克耳文的數字看起來就持平許多。

與此同時，只要物理學家的時間尺度，仍然與菲利浦斯先前的估計值落在接近的位置——亦即大約一〇〇Ma（只算前寒武紀結束後的時間），多數地質學家就能感到滿足。到了十九世紀行將結束時，這個數量級得到來自另一個方向的支援，而且方法幾乎就跟克耳文一樣，獨立於主流的地質學界。哈雷許久之前曾有個點子，認為可以把世界上的河川當前將鹽分注入海洋的速率，當成自然時計來用。愛爾蘭地質學家約翰・喬利（John Joly，此君也是一位傑出的物理學家）把哈雷的想法發揚光大。喬利估計海洋的年齡在九〇至一〇〇Ma之間，而這可以當成是地球原始地殼溫度降到足以讓水在地表凝結的時間點。

十九世紀即將結束時，地質學家與物理學家之間針對地球總年齡議題，可說是出現了一道愈來愈寬的鴻溝。地質學家認為這純粹出於物理學家的傲慢，物理學界認為其他科學遠遜於己，還公然表現出來。地質學家的看法加深對峙的態勢。地球的年齡，只不過是有關地球及其生命歷史的許多問題之一。從本章的概述來看，其令人費解之處與爭議仍然教人沮喪。下一章要進入二十世紀，看看這些問題如何獲得部分解決。

CHAPTER 10 全球規模的各種地球史

地球歷史定年

約莫在剛進入二十世紀時，物理學界內部出現戲劇性發展，讓克耳文估算的地球年齡數字徹底翻盤。過去有許多物理學家相信，他們的科學近乎完滿，只剩些許得修正，但這種想像卻被一連串重大新發現搞得灰頭土臉。在各種新發現中，最重要的莫過於偵測到此前未知的輻射。最早發現的輻射有個恰如其分的名字——「X光」。然而對地質學家來說，法國物理學家皮耶·居禮（Pierre Curie）在一九〇三年的新觀察才是關鍵：在居禮的波蘭裔妻子兼共同研究者瑪麗（Marie）稱之為「放射性」（radio-activity）的過程中，會一直有熱產生。學者發現，這種出人意料的奇特過程，會在特定種類的岩石中自然發生。因此，地球內部的熱顯然不是，或者說不全是白熾初始階段的餘熱。假如熱是產生自此前沒有人意識到的來源，那麼所有根據地球可能冷卻率的估計值就幾乎沒有任何價值，充其量只能表示可能的地球最小年齡，而真正的年齡恐怕要大上許多。一九〇五年，物理學家厄尼斯特・拉塞福（Ernest Rutherford，他是紐西蘭人，在英格蘭工作）利用瑪麗・居禮的新元素「鐳衰變為氦」的可測量衰變率（等於是新的「自然精密時計」），來測量某個放射性礦物樣本的年齡，得到五〇〇Ma的結果；他的英格蘭同事瑞利勛爵（Lord Rayleigh）之後測定另一個樣本，發現其年齡不少於二四〇〇Ma。學者們馬上意識到他們的方法大有問題，主要是因為氦是氣體，很容易隨時間逸散。但從他們的結果看來這些努力並非一現曇花，因為美國物理學家伯特蘭・博爾特伍德（Bertram Boltwood）利用可能更可靠的「鈾衰變為鉛」的過程，得到差不多的數字。即便這些最早的「放射性定年法」（這是後來的稱呼）充滿不確定性，至少也開拓了地球年齡比以前想像得更老的可能性，無論是多數物理學家的想像，還是多數地質學家的想像。

在這塊令人興奮、高度國際化的物理學領域中有位生力軍——英格蘭青年亞瑟・霍姆斯（Arthur Holmes）。霍姆斯不像其他物理學家，他也受過地質學的訓練。一九一〇年，他開始研究博爾特伍德的鈾鉛定年法，而他最初得到的一些數字中有個三七〇Ma，是來自挪威岩石的礦物樣本，在地質上沉積於泥盆紀。就連這個日期（樣本來自古生代中葉的岩層），都比克耳文對地球總年齡的最後估計值高了十倍（但比達爾文以前輕率的估計值低）。霍姆斯的老師——英格蘭物理學家弗雷德里克・索迪（Frederick Soddy）隨後發現，許多元素會以不同的「同位素」（*isotopes*）的樣貌存在。他倆一同追溯放射性同位素一個個衰變的複雜路徑，這使得他們能開發出更進步的方法，來估計放射性礦物的年齡。霍姆斯在《地球的年齡》（*The Age of the Earth*，一九一三年）提出了新的例子，來說明大幅延伸的時間跨度。他把手邊最古老樣本定年在大約一五〇〇Ma，並推論地球本身的年紀不可能小於一六〇〇Ma。他所使用的實驗方法不僅在技術上非常困難，而且曠世費時、吃力不討好；何況這些「絕對」的放射性定年結果，通常也很難跟相同岩層的「相對」地質定年建立明確的相互關係。但這種實驗性的方法，以及所根據的自然證據（例如相關同位素經測定的衰變率）仍然不斷進步，不僅更精確，而且前後一致。

地質學家之前已經習慣把整個時間跨度設想在一〇〇Ma左右，同時一直感受到來自克耳文與其他物理學家要他們接受更窄範圍的壓力，使得許多人對戲劇性擴大地球年齡的提議感到懷疑。其實，他們對物理學家突然改變心意的共同反應，是「一朝被蛇咬，十年怕草繩」。但到了第一次世界大戰之後（非軍事性的科學研究幾乎沒有因為這場戰爭而停頓），地質學家也意識到這個議題有重新討論的必要。地質學家、物理學家、天文學家與生物學家在兩場會議——一九二一年在愛丁堡，以及一九二二年在費城——齊聚一堂。在這些出身各異的「科學家」當中（scientists，這個概括用詞差不多到此時才漸漸普及，距離第一次有人提出這個詞將近有一個世紀），有些人對此表示疑慮，喬利就是個明顯的例子。不過，大多數科學家都同意，新的放射性定年結果雖然是個暫時性的數字，但其數量級很可能是正確的。瑞利身為物理學家，他推測地球環境足以支持生命的時間，怎麼樣都有幾十億年。牛津地質學家威廉・索拉斯（William Sollas，他是居斯大作的英譯本編輯）為這個出人意料的新情勢作總結：「地質學家以前在時間上破了產，如今卻發現自己突然化身為資本家，銀行裡多了他不知道該怎麼花才好的幾百、幾千萬。」此話絕對是在回應一世紀前斯科羅普的知名金融業比喻──他說地質學「迫使我們為了古物開出無數的支票」。幾年後，霍姆斯已經成為眾所公認的專家。他對美國的某個委員會提出自己關於地球年齡最有把握的估計值──至少一四六〇Ma，但或許少於三〇〇〇Ma（也就是三十億年）。到了一九五三年，美國化學家克萊爾・帕特森（Clair Paterson）利用更多放射性定年的證據，因而能得出改善更多的估計值──約四十五億年。從整個二十世紀後半一直到進入二十一世紀，相關學者始終認為他的數字相當可信。

不過，物理學家與天文學家對於地球的整體年齡比較有興趣，他們把這當成是進一步了解太陽物理、太陽系在廣闊宇宙中地位的第一步。地質學家倒是更關心如何運用放射性定年法，將地球歷史之內的事件順序標示成數字。他們想知道，要把他們新發現的幾百萬、幾千萬分多少給每一個時期；菲利浦斯（以及從他之後的其他地質學家）先前已從一個個連續時期的沉積物相對厚度中得出了時間跨度，而現在他們想標上數字，就算只是大概也好。霍姆斯早早起了個頭，比方說根據他的報告，石炭紀的某岩層年齡為三四〇Ma，泥盆紀某岩層為三七〇Ma，志留紀某岩層為四三〇Ma：順序全數相符。地層的相對年代早已透過久經實戰的地層學方法建立起來了，進一步的放射性定年數字皆能與之吻合，而且更為前後一致且準確。地質學家對放射性定年的信心，也在第一次世界大戰過後愈來愈堅定。一開始的數字範圍有很大的不確定性，放射性定年並未與地質定年相衝突。等到新發明的「質譜儀」(mass spectrometer)讓學者能以前所未有的精確來分析礦物樣本之後，不確定的範圍也就隨之縮小。第二次世界大戰後，質譜儀讓放射性定年漸漸變成必要程序，而且結果愈來愈精確(也愈便宜)。幾種獨立的實驗方法(根據不同同位素系列的衰變率)得到的結果都彼此吻合，人們也發現針對地球整體歷史的不同部分採用不同的方法，會更有效率。到了一九七〇年代前後，由於定年變得非常精確可靠，許多「地球科學家」(Earth scientists，又是個漸漸流行起來的概括名詞，尤其同時指地質學家與地球物理學家)開始習慣採用數字的定年，甚至優先順序還擺在已經有名字的相對應地層之前。比方說，提到某個明確的大規模滅絕事件時，學者或許會用「一件發生在六五Ma前的事件」表達，但意思其實是暗指白堊紀與中生代的結束。歷史學家也是這樣，比方說討論達爾文《物種起源》造成的衝擊時，他們會提到決定性的一八五九年，而不是維多利亞時代中葉。

到了二十世紀末，放射性定年法已經成為地質學不可或缺的強大工具。當然，這種定年方法的基礎是物理學家的假設，即實驗室中測出來的放射性衰變率，在整個深時間中始終保持恆定。不過，有兩個獨立於所有這種假設的實驗方法，證實(至少是地球史晚近的部分)地質學家過去對於地球時間跨度量級的直覺，確實是正確的。十九世紀晚期，瑞典地質學家傑拉德・迪格(Gerard de Geer)注意到，沉積於瑞典已消逝冰河湖的沉積物呈現一層層的樣貌，就像樹幹的年輪。考古學家早已運用年輪來定年，例如研究老建築的樑木，即是依據橫跨人類晚近歷史數世紀的「樹輪年代學」（dendrochronology）方法。迪格猜想，一層層薄薄的沉積物，他稱之為「紋泥層」（varves，語源為瑞典語的「層」〔*varv*〕），其實是類似年輪的季節紀錄。因此，研究人員可以利用紋泥層，為更新世冰河期結束時斯堪地那維亞巨大冰層逐漸縮小的階段，重建出類似的年表，而且精確到年。迪格和他的學生在艱鉅的田野調查偉業中，從一座消失的瑞典湖泊到下一座湖泊，比對出紋泥層獨特層序的重疊處，一直追到已知的人類歷史時間點，也就是這類湖泊的最後一座乾涸的時候（一七九六年）。整個層序因此可以精確定年，遠遠回溯到西元前。迪格最早是在一九一〇年的國際地質學大會（International Geological Congress）上，提到他重建的斯堪地那維亞晚近地質史，這段歷史隨之聲名大噪；但等到過世前不久，他才在自己的巨作《瑞典地質年代》（*Geochronologica Suecica*，一九四〇年）裡發表完整的結果。這種根據紋泥層建立的精確地質年表，後來也得到「放射性碳」（radio-carbon）定年法的證實（這種放射性定年法，用在地球史最晚近的部分最為精確）。紋泥層提供了準確的「自然精密時計」，德呂克對此一定非常開心：紋泥層把「現代世界」的開端擺在區區幾千年前，這跟十八世紀的鴻儒用其他方法所作的估計差不多。

二十世紀晚期還有另一種類似的編年紀錄——精確至年，直至今日——保存在格陵蘭與南極洲的龐大冰層中，其內容也與地質學家的數字搭配。由於冰會被一年年的降雪給壓實，鑽穿冰層後取得的冰核，也就呈現出類似於紋泥層（與年輪）的層狀結構。這些一年年的雪層（化為冰塊）甚至捕捉到空氣樣本與灰塵的蹤跡，前者可以讓人追蹤地球大氣成分的改變，後者則能用來指認遠方的火山爆發及其年份。迪格的紋泥層憑藉特定區域研究所揭露的事實，得到冰核方法在全球規模上的證實。這說明了地質學家許久之前已經靠著其他方式推測出：上一次更新世冰河期是結束於幾千、幾萬年前（極區以外）。這個事實又反過來暗示，整個更新世，甚至是地球此前更為漫長的歷史，必然佔用了大量的時間，因為地質學家對這漫長的數字更是早有十足把握，視為理所當然。他們存在無形銀行帳戶裡的幾百幾千萬，絕對不會沒有價值，也不是幻覺。這幾百幾千萬，可以投資於重建，甚至是用於解釋地球無邊無際、出人意料、漫長複雜的歷史，而且收益十足。

大陸與大洋

迪格用一絲不苟的田野調查所建立的年表，不僅記錄了斯堪地那維亞冰層的融化，也記錄了陸地同時抬升的事實——從環波羅的海海濱的「上升海灘」與一些知名的證據，都能看到附近的陸地在當時仍持續抬升（自從十八世紀開始，人們便在水濱的岩石刻上記號與時間，紀錄當地海平面下降與岸邊水體後退的情況）。地質學家對該地區抬升的解釋是：斯堪地那維亞厚重冰層的龐大重量在更新世結束時移開，造成地殼持續性的緩慢反彈。自十九世紀起，學者對地殼物理與地殼下深不可見的內部特性，早已激辯不休。緩慢反彈的說法，又為此添材加薪。這些重要的論爭後來演變成地球物理學學門，為了聚焦這些討論所帶給理解地球歷史的意義，我在下面會簡單

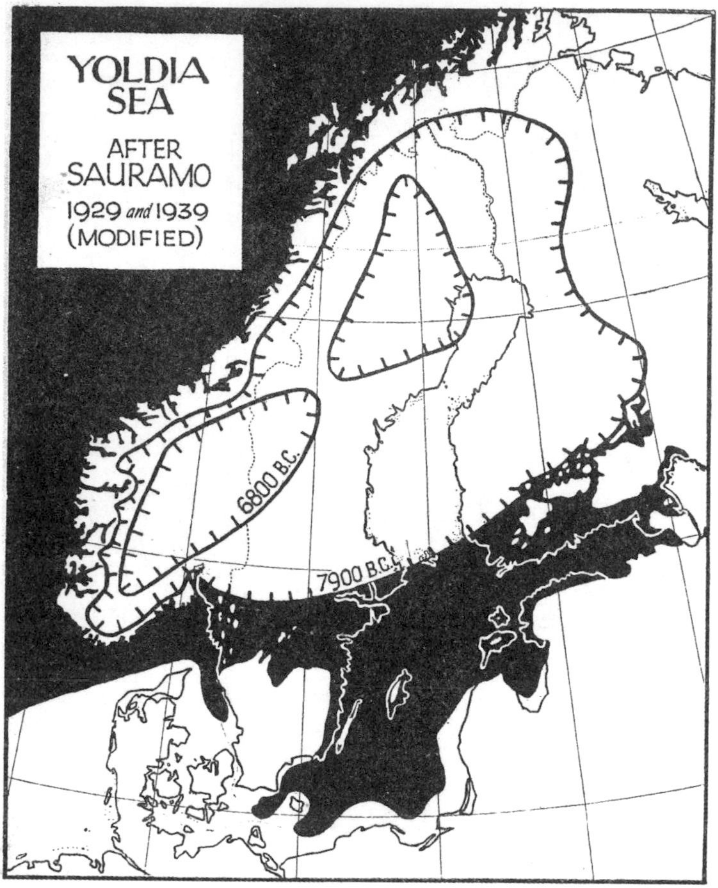

圖10.1——古代斯堪地那維亞與波羅的海的地理形勢圖，畫出了最近的更新世冰河期結束時，斯堪地那維亞大冰層退縮的兩個階段。傑拉德．迪格與他的同事、門生，針對一年年沉積於冰層邊緣暫時性湖泊中的紋泥層進行詳細的田野調查，並據此重建冰層的範圍，以西元前的年分加以定年。在圖上的較早階段（西元前七千九百年），波羅的海（其北部的波的尼亞灣〔Gulf of Bothnia〕仍然為冰所覆蓋）是以軟體動物刀蛤（Yoldia）為特色物種，如今刀蛤僅生活在更冷的北極海水中。圖上的較晚階段（西元前六千八百年）則是縮小的冰層分裂為兩個較小冰帽的時間點（今天的挪威冰河就是冰帽的極小殘餘）。這種定年重建，把該地區晚近的地質史與人類史前史的「中石器時代」（Mesolithic）階段連結在一起，證實了地質學家早已憑藉其他根據（雖然比較不精準）所得到的結論：根據人類歷史的標準來衡量，地質上晚近的冰河時期已經算是結束在距今甚遠的時代，但地球此前的整體歷史必然橫跨更廣的時間跨度，幾乎超越人類所能理解。這張特別的地圖發表在弗里德里克．佐伊納（Frederick Zeuner）的《為過去定年》（*Dating the Past*，一九四六年）——該書探討了當時地質學家與考古學家能使用的所有「地質年代學」方法，是很有影響力的著作。

扼要針對這些內容做說明。

頭幾次重大的科學調查航行（最有名的就數不列顛軍艦挑戰者號〔*Challenger*〕出航，此行時間在一八七二年至七六年）是最早有完整計畫，用測錘測定世界各大洋深度的航行。調查發現，大陸與大洋之間有明確的區別（在這個脈絡下所說的「大陸」，還包括延伸到目前的海岸線之外，受到較淺海水所覆蓋的「**大陸棚**」〔continental shelves〕）。但有個物理謎團：既然有重力，地球表面陸地的部分，為何能保持比海洋有更高的平均高度？十九世紀晚期，有些地球物理家猜測，大陸其實是漂浮在一層位於海洋下方、密度稍微更大的物質上。所有這種「漂浮」論多少都有點比喻成分，畢竟當時對地震的研究（利用新架設的全球敏銳儀器網），讓「**地震學家**」傾向於認為地球除了相對小的液態地核之外，其餘必然全是固體。不過，美國地質學家克拉倫斯．達頓（Clarence Dutton）卻主張，「浮在極地海面上的冰山」並非最適切的比喻，應該用「造成冰山的冰河」來比喻才對：用冰斧來鑿的話，冰當然硬而易碎，但從更宏觀的角度與更長的時間來看，格陵蘭與南極洲的冰卻會以巨大冰河的樣貌緩慢流入海中。同理可證，雖然從日常生活的每一個角度來看，位於大陸與大洋底下、稱為「**地函**」（mantle）是個堅硬的岩層，但從地質時間軸來看，或許就沒那麼堅硬，而是類似極端稠密的流體一般流動。

達頓主張從長期來看，地函的浮力會讓大陸經常保持高於海洋，山脈高於大陸；他提出「**地殼均衡**」（*isostasy*，「均等停頓」之意）一詞來指稱這種現象。如此一來，斯堪地那維亞的反彈，就是這種地殼均衡浮力效應相對小規模的例子。地殼均衡說對地球歷史的重要性在於，若假說為真，連接各大陸的暫時性陸橋就不可能存在，但陸橋對於陸生動植物的奇特分布形勢來說，卻是很吸引人的解釋。一旦有地殼均衡，地殼的各個部分在物理上就不可能如此劇烈起落，不會在地球歷史演變過程中從大陸變成海洋，或是從海洋變成大陸。有位地質學家如是說：「一日大陸，永遠大陸；一日大洋，永遠大洋」。

居斯宏大的地質學綜述因為多方因素，開始在二十世紀早期浮現問題，而地殼均衡說就是造成這種情勢的其中一個原因。「地殼板塊緩慢上下震盪」的構想（自萊爾的時代以來，這就是相當有吸引力的意象）變得難以維繫下去。地球緩慢收縮的理論也變得站不住腳，無法解答主要山脈並非平均分布於地球各地，而是沿著特定線條跨坐其上（比方說，從落磯山脈一路下來到安第斯山脈，皆位於南北美洲的西側）的事實。更有甚者，針對阿爾卑斯山進行的田野調查如今也顯示，如果巨大褶皺與岩層逆衝是地球漸冷收縮所導致的，那麼要是重建出這張桌巾（推覆構造）未擠皺前的原貌來看，地球也收縮得太多。反正，冷卻理論本身早就因為放射熱的發現而遭到致命打擊了。總而言之，「皺皮蘋果」這個家常的比喻在這時看來，似乎是會誤導人。地質學家因此開始把更多注意力，放在「山脈是因為接壤的地殼板塊橫向移動與擠壓而形成」的可能性上。阿爾卑斯山或許是因為非洲與地中海地區底下的地殼，因為某種原因擠向整個歐洲，從而擠皺、受迫上升而形成的山脈；喜馬拉雅山（以及後方的西藏高原）或許是受到印度擠壓整個亞洲而抬起的。

這種構想本身已經夠驚人了，但更驚人的是，這些大陸可能不只是受到擠壓，實際上根本是碰撞，而且早已在它們的全球相對位置上**移動很遠了**。這很有可能為居斯稱之為「岡瓦納大陸」的奇特事實作出解釋，只要這塊假設性的古老超大陸（由印度、非洲、南美洲、澳洲與南極洲構成）因為某種原因而分裂，碎塊就這麼四散開來了。這麼一來，特定陸生動植物的分布就有可能橫跨一個以上的大陸，而且不需要任何假設性的陸橋之助。但問題卻在於那個「某種原因」。人們就算能夠接受用銀行裡「幾百幾千萬」的深時間來看固體的地球，認為岩層就有如黏稠液體一樣，但眾人還是很難想像大自然要如何為大陸的這種移動提供動力。在地球科學上，某件事情**確實發生過**的證據跟**如何發生**的證據之間有著潛在的衝，此即歷史與物理之間的衝突。這不是第一次，也不會是最後一次。從過去的案例來看——尤其是冰河期——相關科學家全都接受冰河期是個歷史事實，但他們始終非常不確定是哪些物理學或天文學原因，造成這些自然事件；他們也接受壯觀的阿爾卑斯摺皺是個事實，只是對於其成因則莫衷一是。但就這個最新的案例而言，有些人找不到適合的自然機制能解釋這種全面的大陸移動，因此不願意放棄自己的「**固定論**」（fixism），並激烈反對「**活動論**」（mobilism，後來的稱呼）的可能性。

活動論的構想早就有人提出過，但沒有得到多少注意，直到第一次世界大戰期間，德國地質學家兼氣象學家阿爾弗雷德．韋格納（Alfred Wegener）發表《大陸與大洋的起源》（*Die Entstehung der Kontinente und Ozeane*，一九一五）才有所改觀。這本書的修訂版在戰後馬上被譯為英語與其他語言，韋格納的大規模大陸「位移」（displacement）理論，成為國際地球科學界熱議的主題。根據韋格納的看法，大陸位移的地質證據明確得無以復加。距離遙遠的大陸——例如咸認原屬於岡瓦納大陸的各大陸之間，有著緊密的相似性，而最能為此作出解釋的，莫過於大規模位移說了。韋格納特別提到非洲與南美洲（其範圍並非由目前的海岸線，而是由大陸棚的邊緣所決定），說它們就像是把一張報紙撕成不規則的兩半，看起來彷彿遠離彼此，而大西洋在中間把它們分隔開來。韋格納相信，這是確實發生的事實。他還宣稱這種地殼水平移動仍在繼續，其證據就跟斯堪地那維亞的垂直移動一樣毫無爭議：一系列格陵蘭遠征隊（他本人曾經參與其中一回）所作的經度測量顯示，格陵蘭正以非常緩慢的速度遠離歐洲。因此，大陸位移似乎能得到眾所公認的現時論原則背書；用萊爾知名的講法來說，大陸位移是個「正在作用的因素」（後來有人認為這些測量結果不夠精確，不足以作為決定性的證據，但位移終究得到GPS的證實，只是速率比韋格納想像的還要慢）。

各大陸在其長期歷史過程中，以不同的順序經歷氣候變化，相關的證據可以從各自的地層與化石紀錄中得出。身兼氣象學家與地質學家的韋格納，對此也同樣印象深刻。比方說，石炭紀的歐洲與北美洲顯然處於熱帶氣候，但印度卻是冰期，而兩者在更新世的氣候則完全顛倒。如此巨幅的氣候變遷，已經不能用全球一致的冷卻理論來解釋了。但如果各大陸在其歷史上多少是獨立移動於不同緯度的話，那還挺能解釋這種現象。韋格納心知肚明，有必要為這一切戲劇性的大陸位移找出合理的自然解釋，但他把自己的相關討論擺到書本的最後一章，因為他堅持建立大陸位移的歷史真實性，才是重中之重。他在其著作的最後一版（一九二九年）提及過去重力相關的案例，承認「位移理論的牛頓還沒現身」，他並不是位移理論的牛頓（隔年，悲劇發生，他在參加另一次調查行程時，死於格陵蘭內陸的冰層）。

韋格納在一九二二年發表這些地圖，展現他所謂的古代超大陸分裂，以及隨之漸漸開展的大西洋。韋格納提到，即便「古氣候」（以岩石與化石為根據）暗示了各大陸大致上的「古緯度」，但「古經度」必然是猜測性的。為了提供參照點，現今大陸的邊緣以及主要河流在圖上都有畫出來。

大陸「漂移」爭議

韋格納的位移理論就像興奮劑，從一開始就讓地球科學家分裂成兩個陣營，一邊準備給它個起碼的機會，一邊則完全不屑一顧。在當時的英語世界，人們通常稱位移理論為「大陸漂移」，錯用了漂浮的冰山來做比喻，而這對活動論沒有幫助。有時候，歧見似乎存在於熟悉地質學與生物學證據的人，以及對大範圍地球物理相當了解的人之間——一邊是地質學家與生物學家，另一邊是物理學家與地球物理學家。像是不列顛物理學家哈洛德．傑弗瑞斯（Harold Jefferies），就在他那本計算等式多得嚇人、談《地球》（*The Earth*，一九二四年）的書中駁斥韋格納的理論，說漂移在物理上是不可能的；但許多不列顛地質學家曾「一朝」被克耳文咬，對於任何一位物理學家

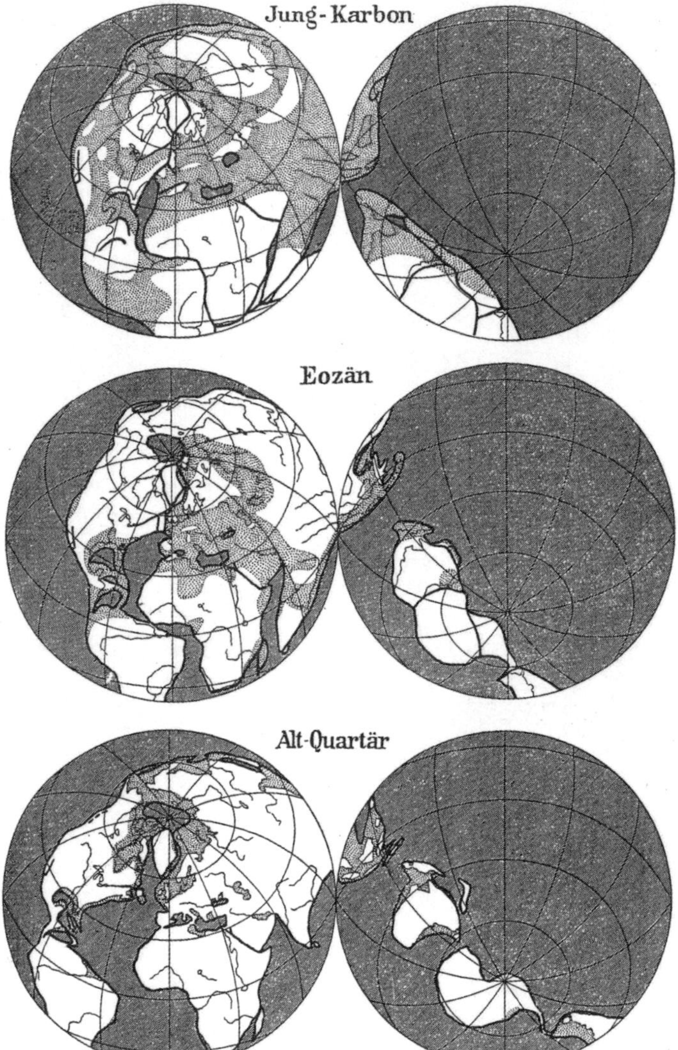

圖 10.2 ——阿爾弗雷德·韋格納根據地球史，將其上的大陸分布初步重建為三個連續階段：古生代晚期（Jung-Karbon，石炭紀晚期）、新生代早期（Eozan，始新世），以及地質上不久前的更新世冰河時期早期（Alt-Quartar，第四紀早期）。大陸上的陰影部分代表淺海（例如今天環不列顛群島的「大陸棚」）。

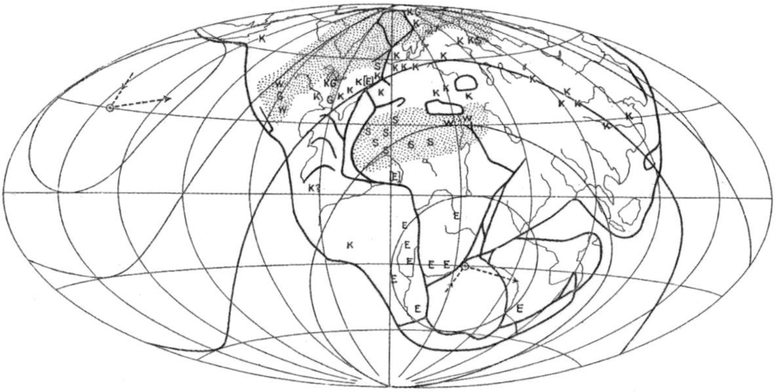

圖 10.3——〈石炭時代的冰、沼澤與沙漠〉(“Ice, Swamps and Deserts at the Time of the Coal”)：石炭紀世界氣候的實驗性重建，發表在韋格納和岳父弗拉德米爾．科本（Wladimir Koppen）合著的《昔日地質氣候》(*Die Klimate der geologischen Vorzeit*，一九二四年)。對於韋格納更有名的那本以大陸位移或「漂移」為題的書來說，本書可謂其補充。冰河痕跡（E）分布在推測出來的極區，而煤炭（K）則分布在推測出來的熱帶地區，擁有鹽沉積（S）、石膏沉積（G）和沙漠砂岩（W）的乾燥地帶則夾在兩者之間。假設現在的各大陸一度曾如圖所示，合而為單一的巨型超大陸（泛大陸），且南極靠近南非東岸，北極則在北美洲西方的太平洋外海，就能讓這些地理形勢變得更好理解。（這張地圖把推測的石炭紀緯度，套別在以現在各大陸位置為基礎的網格上，圖上各大陸之間的邊界則是今天的大西洋邊緣。）

講的任何斬釘截鐵的話，都會「怕十年」。然而在美國，批評韋格納最力的人不只有物理學家，還有許多地質學家。例如任教於耶魯大學的頂尖地層學家兼古生物學家查爾斯・舒赫特（Charles Schuchert），就堅持以前的「陸橋說」便足以解釋全球動植物（化石與活體）的分布。他後來對霍姆斯說（霍姆斯當時已經變成堅定的活動論者），「岡瓦納是個事實，但我還是得擺脫它，不然就成了韋格納的同路人，天曉得我會不會掉進陷阱裡！」

不過，在這個議題上最針鋒相對的，其實不是地質學家與地球物理學家，而是美國跟整個科學界。一九二二年，各學科的科學家在英格蘭有一次重要的會議，與會者對於漂移論的態度各異，從抱持適度懷疑，到審慎同意該理論值得進一步研究的人都有。一九二六年的紐約也有一場類似的會議，但與會者（舒赫特是其中之一）反而全抱著強烈的敵意，只有威廉・范・瓦特舒特・范德格拉赫特（Willem van Waterschoot van der Gracht）例外——他是荷蘭出生的石油地質學家，是他籌辦了這場會議，他也意識到漂移論有深遠的意涵。有好幾個原因讓美國的地球科學家幾乎全面反對，至於這些原因彼此之間的影響孰高孰低，恐怕很難評估。其中最明顯的，是他們普遍對韋格納提倡其理論時的滔滔雄辯感到嫌惡（一個世紀前，萊爾也是因為同樣的原因遭到批評！），認為他應該以更鄭重而平衡的態度，來衡量其他可能的解釋。另一個原因是，除非找到能充分解釋位移的物理因素，否則他們就拒絕接受；但這等於無視韋格納堅持應該先證明位移確實在歷史上發生過的作法。還有，韋格納就像居斯等歐洲地質學家，他們會引用許多世界各地其他科學家發表的報告，而不是強調自己第一手的田野調查。這一切都反映出美國人與歐洲人在科學風格上，以及他們對於「正確科學方法」的概念有明確的差異。此外，美國地質學家的經驗通常都局限於他們遼闊的大陸，但歐洲人的知識所涵蓋的可不只自己的歐洲大陸，這得歸功於他們在世界各地的前殖民地與現殖民地聯絡人和同行。最後還有兩個不能忽視、假裝沒這回事的因素。當時的美國科學家對自己在科學界新崛起一事確實有理由自豪，但他們也因此不願承認有任何歐洲人能擊敗他們，還提出潛力如此驚人的新理論。而且，韋格納不只是個歐洲人，他還是個德國人。為了報復一戰，當時某些科學領域的跨國合作不只故意對德國人冷若冰霜，甚至完全把他們排除在外。

美國學者對活動論幾乎抱持一面倒的敵意，事實上，恰好有某位學者顯然不那麼敵意，就是他，證實了活動論，那就是傑出的哈佛大學地質學家雷金納德．戴利（Reginald Daly）。他是美國早期的活動論者，但他其實在加拿大出生，在加拿大念書，經常旅行，還能講流利的法語與德語（韋格納的書，他讀的是德文本）。一九二二年，他在南非工作時遇見認識了南非首屈一指的地質學家阿雷克斯．杜圖瓦（Alex Du Toit），此時的杜圖瓦早已是堅定的活動論擁護者。在他的領路下，戴利看到了若干南非的田野證據（例如上古冰磧岩），證明當地在石炭紀時處於冰河氣候。他漸漸相信，唯有岡瓦納大陸的分裂及其各部分的四散，才有辦法說明這種現象。回到美國後，戴利建議應該讓國際敬重的非洲地質專家杜圖瓦得到必要的資源，去比較大西洋彼岸的南美洲地質。眾所周知，非洲正是韋格納大陸位移初步實例中的其中一側。然而，他提交贊助杜圖瓦的計畫書卻遭到駁回卡內基基金會。他下一次提交時，便不再把這個計畫表現得好像要驗證韋格納的理論，而是要同時評估位移與陸橋論，將兩者視為有同樣潛力，結果計畫就通過了。不過，一九二三年杜圖瓦在南美洲進行大量的田野調查時（當然也利用許多地質學家對當地作的研究），其實是完全忽略這條訓令的。杜圖瓦在報告裡提出壓倒性的證據（後來在美國發表），指出隔著南大西洋彼此相對的這一側大陸棚不僅邊緣極為相符，連兩個大陸從前寒武紀一直到白堊紀結束時的地質歷史也相當吻合，之後陸塊可能就開始分裂、分離了。戴利運用這所有的證據，在《我們的活動地球》（*Our Mobile Earth*，一九二六年）一書中鼓吹活動論，只是難以影響美國地質學界的意見。杜圖瓦後來寫書談《我們的離散大陸》（*Our Wandering Continents*，一九三七年），在美國也沒比戴利的書來得有進展，不過卻對其他地方的地質學家有重大影響。這本書總結了活動論飛速進展的論據，而杜圖瓦的寫法在和他一樣研究岡瓦納諸大陸、或者至少熟悉其地質的學者眼中特別有說服力。

活動論在歐洲也得到愈來愈多的支持，特別是霍姆斯（此時他已經是備受尊重的科學家，先前他對活動論也保持懷疑）也漸漸相信活動論站得住腳之後。一九二八年，他為大陸位移提出一套物理機制，雖然並非純原創，但比過去的推測更為可信：他的結論是，「活動論在地質方面的成果，似乎能讓我們有理由試著接受它，作為這種不尋常的可能性的現有假設。」霍姆斯的機制從漸漸為人所知的地球放射性著手，納入了近來有關地球熱收支（Earth's heat budget）的思考。他主張，在地殼下方深處的地函裡，說不定有個龐大的熱對流系統。這些對流或許有能力（以地球歷史無比漫長的跨度來看）能慢慢把非洲與南美洲這樣的大陸扯開，在兩者之間創造像大西洋的新大洋。根據這個模型，大陸並非像冰山一樣漂浮過固體岩石海（因為太荒唐），而是（從長期來看）慢慢被下方黏稠的物質拖著走。在不列顛與其他歐洲國家的眾多地球科學家眼中，霍姆斯的理論確實讓活動論變得更為可信。第二次世界大戰即將結束前，他在《物理地質學原理》（*Principles of Physical Geology*，一九

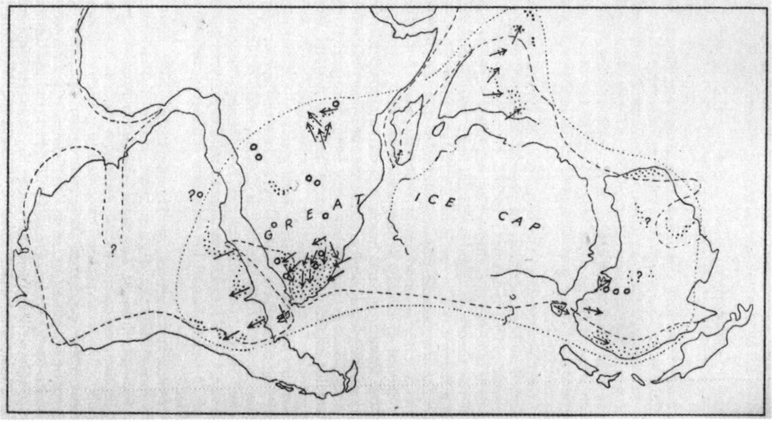

圖 10.4——阿雷克斯・杜圖瓦對石炭紀岡瓦納大陸樣貌的實驗性重建，發表於《我們的離散大陸》（一九三七年）。他用冰磧岩（小圓圈處）、其他冰河沉積物（黑點處）與指示冰移動方向（箭頭）的岩床刮痕等證據，重建出一個「大冰帽」（Great Ice Cap，點狀虛線範圍），覆蓋區域堪比時代更晚的北半球更新世冰層。（短線虛線指的則是超大陸本身大致的海岸線，該時期沉積於線外的沉積物都是海沉積物。）假如這些大陸在石炭紀時，仍然與今日在地球上的位置相同，上述冰河環境痕跡的分布就會難以理解。印度的位置尤其驚人，當地有冰明顯北移，亦即遠離今天赤道的痕跡。杜圖瓦跟早於他的韋格納一樣，根據已知的大陸棚邊緣將各大陸拼在一起；圖上畫出今天的海岸線，只是為了參考之用。

四四年）的最後一章加以總結。這本書主要是為了念地球科學的學生而寫的，影響相當廣泛，讓許多人（我也是其中之一）在戰後能擺脫多數前人長輩的懷疑論，相信活動論才是正道。

霍姆斯的對流模型很早便得到某些全球地球物理學研究的支持，他也是最早把關注的焦點從大陸轉移到大洋研究的人。例如，荷蘭地球物理學家菲利克斯・韋寧・梅內茨（Felix Vening Meinesz）設計出儀器，能測量重力到前所未有的精準程度。一九二三年，他把儀器帶上一艘荷蘭潛水艇，潛入不會受到海浪擾動的深度。他沿著爪哇島旁的深海海溝，繪製重力場地圖，把微弱的異常值解讀成該地地殼下撓（downwarping）的證據。一九三四年，得到霍姆斯理論的啟發，他重新調整自己的說法，把異常值視為相鄰兩塊地殼下方存在下沉對流的證據，並且把這項證據跟整個荷屬東印度群島（今印尼）相仿的活火山、多發地震弧狀帶連結在一起。其他地點的同類型深入研究也證實了這點（其中也包括美國地球物理學家做的研究），地殼下對流的構想不僅得到支持，也不斷獲得修正。因此，雖然大多數美國地球科學家仍然反對大陸位移構想，究其原因跟缺少能解釋位移的可靠物理因素是無關的。

最受美國學者熱議的主題，其焦點反而停留在與古岡瓦納大陸，以及北半球上古超大陸（「勞拉西亞大陸」〔*Laurasia*〕）有關的證據上——根據活動論解釋，北美洲與歐亞大陸或許一度都是該古大陸的一部分。眾人當中，舒赫特仍然主張生物學的證據可以用「地峽連結」（isthmian links）適切解釋：古代的陸橋說不定存在時間短暫，其寬度也細得足以符合地殼均衡論的要求。舒赫特在一九四二年過世後，鞏固這種論點的人換成哺乳類化石專家喬治・蓋洛德・辛普森（George Gaylord Simpson，他對當時開始形成的「現代演化綜論」〔modern synthesis，亦即新達爾文演化論〕貢獻厥偉）。辛普森主張目前的巴拿馬地峽就是這種陸橋：地質上不久前才出現的巴拿馬，讓北美洲哺乳類得以入侵南美洲，消滅許多原生種。辛普森力陳，就算地球物理學的證據不支持古代陸橋的存在，「陸生生物偶然間以自然方式飄洋過海」也仍然足以解釋其分布。舒赫特曾教過的一位學生扼要點出了美國學者的普遍看法：「岡瓦納正江河日下」，任何援引大陸活動性的必要性也隨之而去。杜圖瓦認為許多美國科學家根本雙重標準，他們要求活動論得有鐵

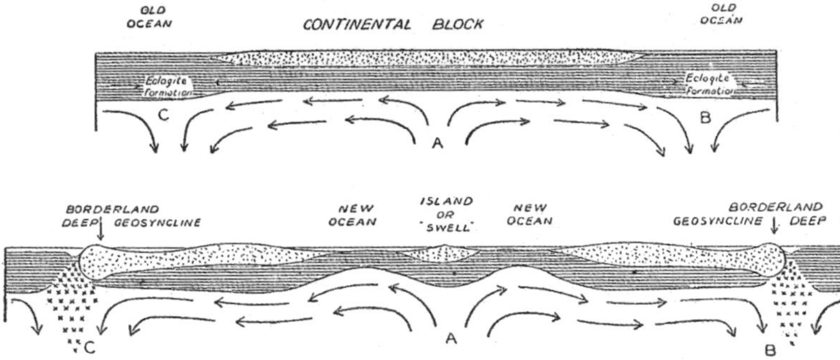

圖10.5——亞瑟・霍姆斯的大陸位移假想理論，顯示地殼深處的「地函」岩石熱對流洪流，何以能把單一的「大陸塊」扯開，形成由一面新海洋隔開的兩塊新大陸（以及標為島嶼的中洋「膨脹」〔swell〕）。這張假想圖是一九三一年時，跟著霍姆斯的初期實驗性理論一同發表的；他提出這個構想供各方指正改良，正好也碰上一九六〇年代板塊構造論發展的時候（只是缺乏足夠的資訊）。霍姆斯的理論就連在其雛形時，也能讓人清楚了解到不該因為還沒想出因果機制，就拒絕接受大陸位移說。非洲與南美洲等大陸，很可能是在地球歷史發展過程中被強行扯開，而不是在阻力甚大的固態底質上「漂移」（這有違常理）。

證，自己卻不為固定論提出一樣有力的證據。不難理解，杜圖瓦對此相當不滿。另一位南非地質學家在一九四〇年（此時，對抗納粹德國及其盟國的全球戰爭如火如荼，美國卻依舊嚴守中立）對杜圖瓦說自己的看法，說得很好：「美國人大概是世界上最堅定的孤立主義者吧，地質上與政治上皆然。」

新全球構造

相較於第一次世界大戰，二戰把更多的科學研究導向軍事目標。長期來看，這有利於地球科學，美國地球物理學家轉而對付海軍難題，例如找出敵軍的潛水艇，而這需要對海洋有更深入的認識。但二戰的熱戰一結束，冷戰便無縫接軌展開，上述的海洋新知識泰半必須保密，方興未艾的海洋科學一開始是碰不著這些成果的。此時，不列顛國力雖然因為戰爭而大幅衰落，但該國的非軍事研究卻找到新方向，創造出重建地球歷史的新方法——這個新方法就跟放射性定年一樣，都是物理學研究幾近無意間帶來的產物。劍橋地球物理學家愛德華．巴拉德（Edward Bullard，暱稱「泰迪」〔Teddy〕）猜想，地球磁場或許跟地底深處假設性的對流有關。若果真如此，或許火成岩保有的磁性變化，就是磁場隨時間產生變化的記錄。當火山熔岩等滾燙岩漿冷卻形成火成岩時，有些結晶的礦物（尤其是磁鐵礦〔*magnetite*〕）將會跟周圍磁場產生同步。一時一地的地球磁場將因此凍結出這種「古地磁」(*palaeo-magnetism*)。新開發的敏銳儀器能偵測這種微弱的「化石」痕跡，進而指出特定岩石形成時所在的大致緯度(地球南北磁極雖然不斷改變位置，但跟地理南北極仍然相當接近，學者們假設這種現象在過去同樣存在)。一九五四年，巴拉德在劍橋的一些同事，發表了他們測量不列顛不同地質年代(從前寒武紀至今)的岩石古地磁所得出的古緯度結果。結果顯示，構成今天不列顛的那一小塊地殼，其緯度在過去數百萬年有逐步但極端的變化，證實了與氣候變化相關的地質證據早已暗示的可能結果。

這種緯度的變化，原本是可以用「**極移**」(polar wandering)來解釋——若是極移，行星自轉軸跟地球表面所有大陸與大洋的相對位置就會改變，但各大陸與各大洋之間的相對位置是不需要有任何改變的。但劍橋地球物理學家泰德．厄文(Ted Irving，後來搬到澳洲)繪製出其他大陸類似岩層層序的古緯度(包括那些屬於岡瓦那大陸的大陸)。從結果看來，磁極位置隨著時間回溯漸漸岔開，但這反過來暗示了大陸必然是隨地球歷史演變而在地表上遠離彼此。這又是另一個強力證據，可以支持英語世界地球科學家此時所說的「大陸漂移」(continental drift，雖然這個詞的弦外之音會讓人誤會)確有其事。由於這些證據以物理學為根據，而且是得自精密儀器的量化結果，自然比自韋格納以來的地質學家所一再訴諸的古代氣候質化證據，更能打動地球物理學家。等到巴拉德和他的劍橋同事們把最新的海洋學大陸棚調查，跟早期電腦的計算能力相結合之後，大陸漂移說更得到強化。除了地球物理學家同行中最堅定的懷疑論者之外，他們說服了所有人相信非洲與南美洲之間的「吻合」——一樣是自韋格納以降活動論者所主張的首要證據——實在太過剛好，不能當成巧合。這項成果與其他新研究終於讓地球科學家的意見轉變，開始倒向活動論（連美國學者亦然）。至於蘇聯學者（幾乎跟美國學者一樣敵視活動論）也因為差不多的原因，開始認為活動論比較可信。

「大陸漂移」在一九六〇年代為人所接受（只有少數死硬派不從），成為地球長期歷史中真實存在的主要現象。究其根本，還是因為多數地球科學家在這幾年間漸漸相信能夠解釋漂移的物理原因已經找到了。透過美國海洋學家與地球物理學家和美國海軍之間在戰後的協議，霍姆斯關於地球內部深處熱對流的理論吸收了大量有關海洋的新情報，因而得到改造與改進（但通常霍姆斯的貢獻沒得到適當的承認）。冷戰在無意間帶來許多成果，例如巨大的「中洋脊」（mid-ocean ridges）與深海海床上隆起的海底火山被詳細測繪，尤其是整個大西洋底下的中洋脊（在幾個地方高過海面，例如冰島、亞速群島〔Azores〕與阿森松島〔Ascension〕等火山島）。研究人員在每一條洋脊的頂端發現長長的「裂谷」，堪比陸地上可見的東非裂谷；他們認為新的岩漿就是沿著這條線擠出來，有如火山熔岩。學者過去早已針對層層堆疊的火山熔岩進行古地磁研究，揭露出非常驚人的事實——以地質學的標準來看，地球磁場必定隨著時間經常反轉其極性（「北極」變成「南極」，「南極」變成「北極」）。這帶來一種堪比地層學的新相對定年法，可以記錄地球較晚近的歷史；一旦將這種特殊的極性反轉順序，與針對同一批岩層所做的放射性定年相結合，甚至還能求

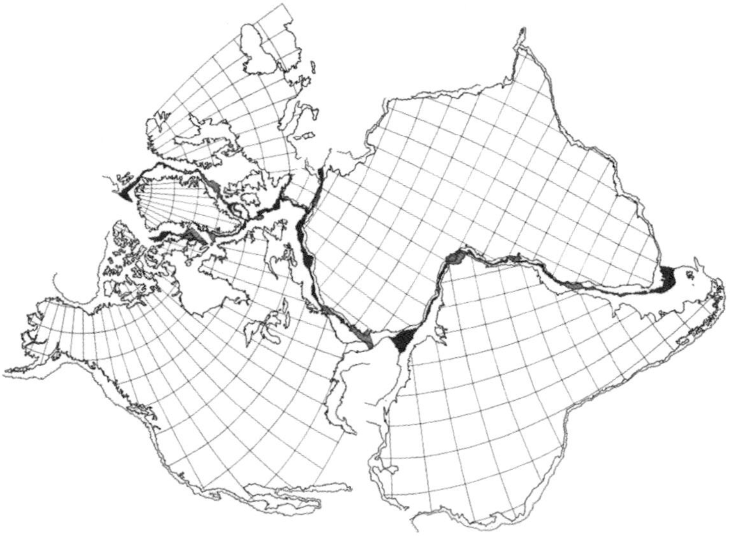

圖 10.6——愛德華・巴拉德、吉姆・埃弗瑞特（Jim Everett）與艾倫・史密斯（Alan Smith），在一九六五年發表對大西洋沿岸各大陸歷史的活動論詮釋。根據他們的詮釋，這些如今與大西洋鄰接的大陸是可以緊密吻合的。他們在劍橋大學的同事——物理學家哈洛德・傑弗瑞斯強烈批評所有這一類的理論建構，否認各大陸之間有活動論者所宣稱的吻合情況。這是首度有人用地表球體幾何的精確報告，以及大陸邊緣水下地形的最新海洋地理資料，透過電腦來驗證活動論的主張。各大陸在今日大陸棚斜坡的五百公尺等深線上最為吻合：圖上不規則的黑帶（原圖為彩色），指的是有小缺口或是小規模重疊的區域；後者可以解釋為大陸下方的「地殼板塊」開始分離時發生沉積的結果（例如尼日河三角洲）。圖上的伊比利半島（西班牙與葡萄牙）彷彿是將今日方位旋轉後的樣子，但這是得到獨立的地質證據支持的；中美洲與加勒比海仍然是無法確認的區域。這張圖畫有大陸今日的海岸線，以及現今經緯度的網格，做為參照。

出大致的年份。

一旦詳細繪製出地圖，便會顯示出中洋脊兩側的海床有對稱的磁性地帶，呈現一模一樣的極性反轉順序。這項發現可說是關鍵性的突破。劍橋地球物理學家弗雷德・范恩（Fred Vine）與德羅蒙・馬修（Drummond Matthews）把這種現象詮釋為中洋脊處不斷有新熔岩擠出，成為構成新海床原料的證據，進而證明熱對流沿著中洋脊帶上浮，慢慢將上方的岩石往兩個方向扯開。一旦在地質時間上發展下去，這個過程就有可能（比方說）將非洲與歐洲跟南北美洲拉開，開闢出位於兩造之間的大西洋。學者後來把這種構想跟對海溝與島弧的詮釋（發展自韋寧・梅內茨等人先前的主張）相結合，就成了與中洋脊相對應的地帶，其海床下的岩層就沿著這條線「隱沒」（subducted）——也就是被熱對流拉下去，回到地底深處。這確確實實是個循環、狀態潛在穩定的體系，已故的萊爾肯定會引以為樂。

上述所有研究成果，與海洋學水下探勘的「田野調查」，以及高度理論性的地球物理學相結合，就成了改良版的霍姆斯大陸位移因果解釋。如今人們認為在「漂浮」的東西（此時還用「漂浮」這個詞，真是不恰當已極），已經不再是所謂的大陸，而是更大的「板塊」（tectonic plates）——也就是組成地殼的若干部分，它們的背上（打個比方）不見得有揹著大陸。例如，其中一塊在中大西洋洋脊不斷增長的板塊會往西延伸，橫跨整個南大西洋與南美洲；而在南美洲西緣，該板塊因為騎在東太平洋下方一塊相鄰的板塊上，因而堆積起來形成安第斯山脈，而壓在下方的板塊則沿

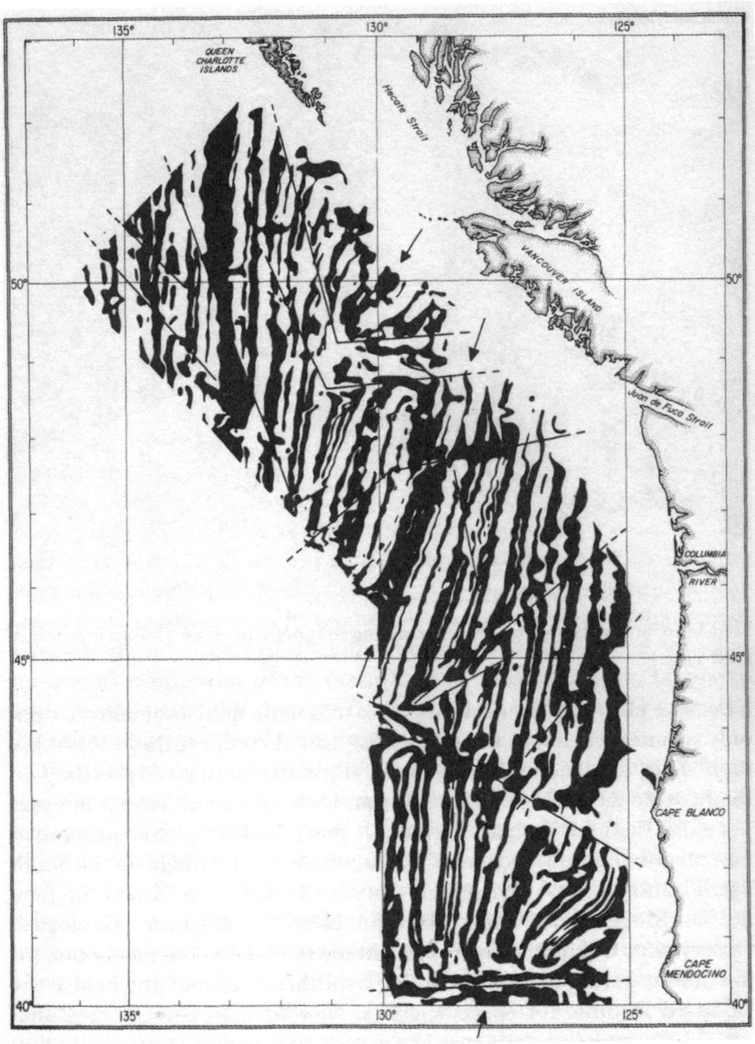

圖 10.7 ——不列顛哥倫比亞、華盛頓州與奧勒岡州東太平洋外海局部地圖（一九六一年發表），顯示出海洋研究船上的儀器所繪製的海床條狀區，有磁極正（黑）負（白）異常翻轉的現象。後人把這種「斑馬紋」解釋為地球磁場一再反轉的歷史紀錄：液體熔岩持續入侵海床，磁場也就在岩石中「變成化石」保存下來；這些條狀區也就成了彷彿岩層堆疊序列的歷史紀錄。條狀區在胡安．德富卡洋脊（Juan de Fuca Ridge，地圖中間的寬黑帶，由兩個箭頭相對指著）兩側呈對稱模式：也就是說，新的岩漿在該區域是沿著這條線不斷入侵，形成新海床。一九六〇年代時，人們把這種磁場異常的詮釋，視為地球物理學家的「板塊構造學說」證據；地質學家早已從地球長期歷史中找到強力證據，證明大陸的緩慢橫向位移，而板塊構造論則為此提供令人滿意的因果解釋。

同一線隱沒。到了一九六〇年代後半，已經有足夠的地球物理證據，能證明圖10.8這張地圖所繪的全球各板塊存在（至少暫時如此），還能推測出目前新舊海床沿板塊界線形成、隱沒的速率。這個新版的霍姆斯理論以「板塊構造學說」（plate tectonics）之名為人所知。人們認為板塊構造學說超越了（或者是取代了）過去的大陸位移概念，但兩者之間的延續性，其實遠比大力鼓吹新理論的人通常願意承認的來得更大。板塊構造學說的主要創造者是地球物理學家與海洋學家，他們

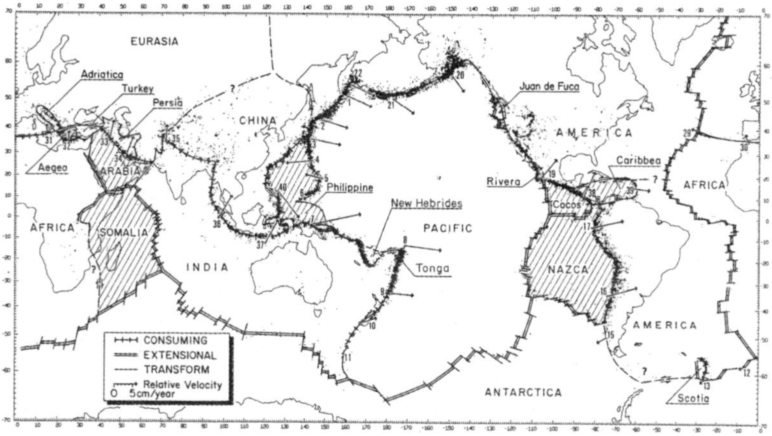

圖10.8——薩維爾・勒・皮雄（Xavier Le Pichon）和同事們在一九七三年發表的世界地圖（以麥卡托投影法繪製）。皮雄在一九六八年提出六大地殼板塊，以解釋當時已知的證據，後來又確定了若干較小板塊的範圍。這張地圖就畫出了這六大板塊與小板塊（陰影區）。圖上標出板塊據信被扯開的「伸張」（extensional）帶，以及相互撞擊的隱沒或「消滅」（consuming）帶；隱沒帶上方與周遭有相當密集的地震紀錄（震央以小點表示）。某些地方甚至有可能估計出板塊目前的相對移動速率（以箭頭的長度表示）。這張地圖也顯示了板塊構造理論如何超越大陸位移或「漂移」說，把關注的焦點從大陸本身，轉移到大小更大、背上不一定揹著大陸的板塊上。

經常公開對地質學家與生物學家沒那麼量化、主要以陸地為主的研究嗤之以鼻。但大陸位移最重要的**歷史真實性證據**，卻是地質學家與生物學家所提供的。不過，板塊構造學說也反過來為大陸位移底下的**因果過程**提供更全面、更讓人滿意的說明——缺乏這些說明，正是過去各種活動論長期受到抵制的主要原因。

板塊構造論是許多科學家的集體研究所建構的成果（學者的人數之多，在這裡只能概要闡述，實在不足以盡數羅列之）。其中最重要的要屬美國科學家，但無論是哪一種活動論，他們都得克服嚴峻的懷疑論障礙。一九六〇年，普林斯頓大學的哈利·海斯（Harry Hess，構造論故事中最重要的人物之一）提出了暫時性的板塊構造模型，在隨後數年為許多人帶來啟發。但當時的他居然覺得必須（或者是審慎）稱他的板塊模型為「**地質詩**」（geopoetry），就好像擋箭牌，免得被人當成不能接受的某種空想理論建構。他拿韋格納比較不完善的理論作為對比，卻有意無意忽略霍姆斯、杜圖瓦與其他所有科學家費盡心思，在中間這幾十年對韋格納理論作的改進。隨著一九六〇年代，美國的地球科學家對活動論的態度表現出驚人的集體大轉彎，迅速變成板塊構造論最熱情的一些擁護者。他們嚴詞抨擊少數堅守固定論的人，砲火甚至跟他們和他們的前人批評早期活動論者時一樣猛烈。世人高呼板塊構造論是場重大的「科學革命」——湯瑪斯·孔恩（Thomas Kuhn）先前寫的《科學革命的結構》（*Structure of Scientific Revolutions*，一九六二年）廣受科學家、歷史學家與科學哲學家作為談資——彷彿活動論的可能性才剛剛開始受到討論，剎那間徹底改變了地球科學一樣。這讓歐洲地質學家(許多人向來都傾向於某種型態的活動論)多少有點摸不著頭緒。(身為一位沒有直接涉足其中的地球科學家,我在一九六〇年代旁觀這一切。)

研究岡瓦那大陸的地球科學家覺得自己終於含冤昭雪,或許對這一切勝利歡呼同時也感到憤恨不平吧。而各地的地質學家與古生物學家(至少是年輕世代當中),都有明顯鬆了口氣的感覺。他們覺得自己終於得以把全球地質的大規模可變性,納入他們對地球歷史的重建,而且不用被地球物理學家抨擊,說什麼「物理上不可能」云云。接下來的整個二十世紀,重建地球古代地理成為例行公事;研究人員紛紛回報世界各地不同地點,甚至是地質年代各異的岩層古地磁所指出的古代緯度。人們發現,古代緯度不只能從古熔岩流等火成岩中求出,若干沉積岩也行:磁鐵礦顆粒隨著普通的沙粒(石英)停留海床上,它們會像微型羅盤一樣,順著一時一地的地球磁場自己排好。測量岩石的古代緯度,幾乎就跟找出它們的放射性定年一樣簡單。古經度則是比較難解決的問題,這一點與韋格納的時代無異;但憑藉其他得自陸地與海洋地質學的證據,仍然有可能為不同的地質時代建立愈來愈可信的全球地圖。而這些成果則進一步讓我們了解生物化石的分布(陸生與海生皆然),了解古代植物與動物群「區」(provinces,動植物地理分布單位),一如了解現存動植物的分布。古代氣候重建也愈來愈可靠——尤其是因為研究人員發現,古代海洋的溫度經常可以從貝殼化石含有的氧同位素推測得知。

這一切研究帶來的影響,進一步讓人們深深感到地球歷史始終保持高度的偶然性,即便憑藉

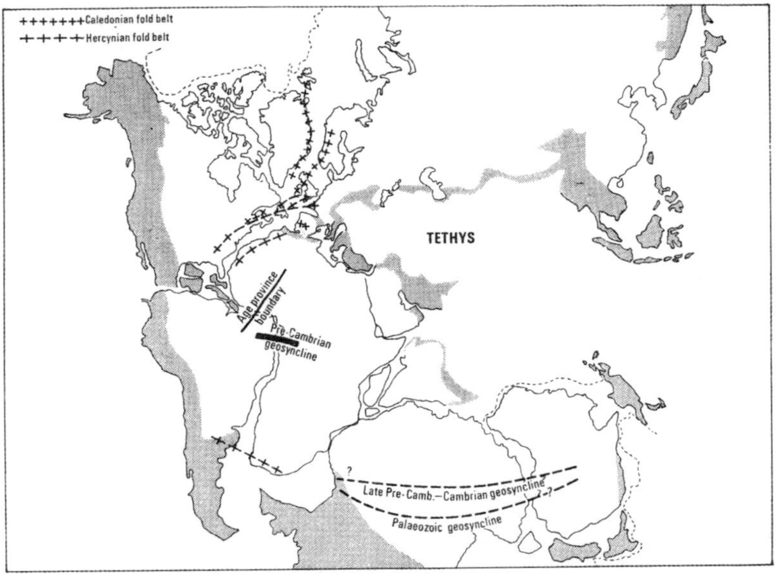

圖10.9 ——中生代早期（三疊紀）的全球地理分布，其時間早於單一超大陸——泛大陸分裂之前。艾倫．史密斯與喬．布里登（Joe Briden）曾經為地球史的連續時期編製了一系列地圖，融入當時板塊構造論的最新研究。英格蘭地質學家安東尼．哈蘭姆（Anthony Hallam）便以兩人的地圖為基礎，製作這張重建圖，於一九七三年發表；但這張地圖整體的樣貌，卻跟韋格納以前的重建圖相去不遠（按照慣例，各大洲如今的海岸線都有在圖上畫出來，方便對照）。在十九世紀晚期的重建圖上，多年來稱為「加里東」與「海西寧」的古老山脈或「褶皺帶」橫亙於今日的大西洋兩岸。但這些褶皺帶在哈蘭姆這張地圖上的位置，確實比以前的地圖可靠得多。一般認為，名叫「特提斯」（Tethys）的古代海洋已經在後來的地球歷史中，隨著非洲（含阿拉伯）和印度兩者往北移動、跟亞洲相撞而漸漸消失。地圖上的點狀陰影區域，是後來（新生代時）受到造山運動影響的地方，這些區域在三疊紀的樣貌也因此難以確定。到了一九七〇年代，人們開始從南極洲的地質探索過程中帶回更好的證據，得以將南極這塊廣闊的大陸納入類似的重建圖中。

後見之利也完全無法預料。各個大陸顯然一度匯集、合併，構成岡瓦那大陸等超大陸，甚至曾經是個單一、巨型的「盤古大陸」（*Pangaea*，「所有土地」之意），接著才分裂開來。類似大西洋的新海洋展開、閉合，接著又在不同位置展開，某個舊大陸的殘餘部分也會因此附著在另一個大陸上（比方說，有證據顯示不列顛的西北緣在地質上原屬以前的北美大陸）。至於古代海洋——例如非洲與歐亞大陸之間稱作「特提斯」（*Tethys*）的巨大海道，後來也完全閉合，只剩下地中海這個小小的殘餘。當板塊彼此碰撞，阿爾卑斯山、安第斯山與喜馬拉雅山等一系列大型山脈也隨之抬升；舊的山脈則遭到長期且持續的侵蝕，沖刷成丘陵狀的殘基，例如蘇格蘭高地與阿帕拉契山脈。到了二十世紀晚期，科學家比以往更有理由把地球當成高度動態的系統，其歷史不僅長度長得難以想像，內容更是多采多姿、教人讚嘆。下一章——也就是這段故事的最後一個篇章——同樣發生在二十世紀期間。我將深究這種動態而豐富的全球歷史，是如何整合進更寬廣的畫面裡，而世人又是如何逐漸把畫面中的地球當成宇宙背景中的一顆行星。

CHAPTER 11 眾多行星之一

地質年代學的再推進

放射性定年法讓「地質年代學」得以實現。從二十世紀直至二十一世紀初，地質年代學使大陸漂移與板塊構造學說所顯示的劇烈改變，得以重建於以許多百萬年，甚至是數十、數百個百萬年為單位的「絕對」時間跨度上。但放射性定年法也嚴重衝擊地質學家對地球史其他許多面向的認知，從相對晚近到最古老的每一段歷史都受到波及。

從地質史上晚近點的例子來說，為了將古代人類化石與人工製品加以定年，就需要把地質學跟考古學牢牢繫在一起，緊密程度遠甚於過去對史前史的研究。地質學家與考古學家合作重建出人類歷史的大致年代，從人類的出現一路建立到文字文明的發展；從新生代晚期一看便知的靈長目祖先，一路到僅數千年前開始的農耕與游獵採集文明。學者愈來愈有信心構思出人類的起源：從最早發現於一九二〇年代南非的南方古猿（*Australopithecus*）類人化石，一路安排到現存的物種智人。類人物種與智人之間有個明顯的「遺失的環節」。自一九五〇年代以降，各式各樣的類人形化石大量出土（以非洲為最），填補了以往學者早已預測到的這段鴻溝。其中之一是直立人（過去稱為「直立猿人」或「爪哇人」），一般認為直立人是我們可能的先祖，至於尼安德塔人與其他人種則否。此外，對世界各地人類化石進行放射性定年，不只能讓我們追尋人類物種本身的演化，更能查出人類明確開枝散葉離開非洲，跨過歐洲與亞洲，遠至澳洲，繼而抵達南北美洲，並且在最後一刻四散於太平洋小島的過程。這段漫長的人類史前史，如今（至少在原則上）可以跟更新世期間北半球各大陸一系列的冰期、溫和的間冰期事件，以及低緯度地區和南半球各大陸相應的氣候波動帶上關聯。重建早期人類與其先祖所生活、演化其中的局部環境，成為一件有可能的事。這段複雜歷史的細節通常充滿爭議，但整體輪廓卻從二十世紀下半葉至二十一世紀的時間裡變得愈來愈清晰，這得歸功於世界各地諸多地點找到的新化石樣本，學者對這些證據的地質年代益發精準的測量，以及對化石物種的身體活動力與心智能力愈來愈有把握。

放射性定年法對於重建地球歷史中段（即寒武紀到更新世，也就是地質學家在十九世紀發現斐然的時段）同樣有無遠弗屆的衝擊，只是在圈外看來沒那麼刺激，也沒那麼像新聞。有了放射性定年，科學家得以把深時間銀行裡的「幾百萬」，以愈來愈精確的方式，分配給一系列的地質「紀」，以及構成「紀」的「世」（「epoch」一詞如今指的是一段時間，而非決定性的片刻）。在人們眼中，這些稱為「某某」時段之間的界線（比方說，志留紀與泥盆紀之間的界線）本質上是來自約定俗成、方便起見；二十世紀期間，科學家以正式的跨國協議將這些界線確立下來，此後它們再也不是某個類似麥奇生的大人物可以說了算。不過，科學家承認某些界線很可能同時也是自然界訴說的界線，代表這些界線標示出了化石出現迅速或激烈改變的時間點。愈來愈精準的時間軸，讓學者們首度能在深時間裡標定出新的動植物群體出現在化石記錄中，或是從中消失的時間點，進而估計新生命形態演化與舊生命形態滅絕所造成的改變速率。比方說，菲利浦斯與十九世紀中葉的同時代人，已經能清楚看出古生代與中生代結束時的化石記錄出現重大斷裂。但是，唯有透過放射性定年法，才有可能揭露導致這種斷裂的原因，是突如其來的大規模滅絕，或是像萊爾所設想的那樣——生物改變的速率仍然非常緩慢而穩定，純粹只是保存下來的化石記錄有了巨大的缺口。

這種為地球史標定年分，為生命史建檔的潮流有其前兆（甚至早於快速發展的數位技術，讓處理龐雜相關資料變得容易許多之前），那就是《顯生時間表》（*The Phanerozoic Timescale*，一九六四年，稍後我會解釋這個專有名詞）與《化石記錄》（*The Fossil Record*，一九六七年）這兩部重要彙編的出版。這兩部著作背後的推動者，是劍橋地質學家布萊恩・哈蘭（Brian Harland），他對自己學門中最重大的問題有格外清晰的視野（身為他的古生物學同事之一，我在第二個計劃中軋了一小角）。綜合兩部著作所提供的資料，似乎便能為若干科學家不太有把握的可能性提供根據：地球生命史恐怕不像萊爾與達爾文以為的平順而均變。十九世紀的災變論者所構思的畫面，或許更貼近豐富生

圖 11.1 ——一九七八年，肯亞科學家瑪莉．里奇（Mary Leakey）找到的類人生物個體腳印化石。這些足跡保存在坦尚尼亞雷托里（Laetoli）的火山灰表面，定年約為3.6 Ma，是上新世或新生代晚期。這張照片來自一九七九年發表的發現報告，報告中指出「上新世的雷托里原始人已經達到完全直立、雙足自由的步態，這一點一看便知」，但他們的大腦（根據年代相近的遺址中發現的頭骨化石推測）恐怕跟黑猩猩相去無幾。咸認急遽增加的腦容量，是邁向現代人類這條路上的特色。里奇的發現意味著雙足步行的習性（能解放前肢，從事其他工作），早在腦容量增加之前就已發展出來。這個腳印是重要的人類起源新證據，而相當精確的放射性定年結果更是彌足珍貴。

命史過程的真實情況。災變論的復興或將姍姍來遲。

災變論的捲土重來

然而在大半個二十世紀中，這種推論一般不樂見於地球科學家之間。德國頂尖的古生物學家奧托・辛德沃爾夫（Otto Schindewolf）是個例外，他在一九六三年創造了「新災變論」（neo-catastrophism）一詞，但背後的構想普遍不為人所接受；他因為提出非達爾文式的演化論而聞名，但這種名聲對他的目標沒有幫助。學界（尤其是英語世界的科學家）當時仍強烈傾向於拒絕任何主張曾經可能有「災難」事件發生的看法，不認為其強度會高於所有目前可觀察者、或是高於人類信史可稽的程度。任何所謂的災變論回歸，都會被學者視為違反正確科學方法、可恥倒退回不科學的時代，甚或是暗中恢復聖經直譯主義的跡象（他們顯然對直譯主義的歷史相當陌生）而激烈駁斥。在萊爾首度提出「絕對均衡」之後超過一個世紀，其滔滔雄辯的說服力仍不減當年。

這種偏見（確實是偏見）有個顯而易見但稀鬆平常的例子，是跟斯波坎河（Spokane River，位於華盛頓州偏遠地區）流域的地質有關。一九二三年，地質學家哈稜・布列茨（Harlen Bretz）描述了自己所謂的「**溝切劣地**」（channeled scabland，這詞是美加牧場主對貧瘠土地的稱呼），提到該地有深受侵蝕的乾涸谷與大漂礫，可是沒有跡象顯示該地區曾受冰河覆蓋。他主張，除非是一場突如其來、規模極其龐大的激烈洪流（約莫發生在更新世），否則不足以解釋這些奇特的地貌。誰知在一九二七年的一次會議上，美國地質學家們卻大力駁斥布列茨的「斯波坎洪水」（Spokane Flood）。表面上是因為他沒有提出造成這起事件的原因，但究其根本，其實是與會學者認為他的主張違反了「均變」的真理；尤其不過一年之前，美國地質學家才在另一場會議裡拒絕韋格納的大陸移動構想。屋漏偏逢連夜雨，學者們認為布列茨的這場洪水，跟過去那種把地質學洪水等同於聖經大洪水的洪水理論相去無幾；當時，自稱為「基要主義者」的人剛開始在美國展現其政治力量，不難理解美國科學家會把布列茨的論點當成警訊，也無怪乎布列茨會遭人排擠，其構想乏人問津。但到了一九四〇年，另一位地質學家喬・帕迪（Joe Pardee）卻從溝切劣地出發往上游研究，他發現大量證據，顯示過去曾經有座湖突然乾涸：冰河冰形成的天然水壩溶解，大量的水一口氣穿過狹窄的缺口，洩入斯波坎河流域（要是地質學家對地質史多點認識，他們說不定就會想起十九世紀早期，巴涅谷天然水壩決口的案例。這起事件規模較小，但可以拿來類比）。直到一九六五年，布列茨才恢復名譽——一支跨國地質學家隊伍實際走訪溝切劣地進行研究後，拍了一封賀電給他，說「我們現在都是災變論者」。

地質學者之間對任何一種災變論的反對程度確實已有下降，只是下降的速度遠比那封電報顯示得更遲。一九七〇年代期間，地球科學家（連美國學者也不例外）漸漸開始嚴肅思考地球史上更古老的一段（遠早於更新世），是否有可能遭受比斯波坎洪水更嚴重的災難襲擊過。例如在一九八二年，傑出的地質學家許靖華（他在中國出生，到美國受教育，但在瑞士工作）提到地中海周邊與海底下有大量謎般的跡象，他主張唯一的解釋是（此舉無損於他在學界的名聲）：這片廣大的窪地跟全球海洋的連通曾經在新生代晚期切斷過，接著漸漸乾涸（今天死海發生的情況與此類似，只是規模小得多），之後又在今天的直布羅陀海峽決口時流入大量的海水。對於一場龐大的災難事件來說，這當然是個無懈可擊的天然原因。到了一九九〇年代，學者發現黑海窪地在更晚近的時代，曾經因為伊斯坦堡博斯普魯斯海峽處發生決口而突然遭洪水淹沒。有人主張古代近東文字記載中留下的洪水故事，或許就是以這起洪水為歷史根據。但科學家卻為此飽受抨擊，原因是他們居然敢主張挪亞洪水說不定有些歷史根據，從而讓聖經直譯主義者有可能得到喘息空間（要是這些批評者對於科學史有點了解，說不定就會想起「神話即史論」是有相當為人稱道的前例的，例如十九世紀晚期出自居斯手筆的地質學綜論巨作）。

照理說，地球深歷史中曾經發生自然災變的可能性，原本應該最能吸引演化生物學家的興趣。但在大半個二十世紀，他們幾乎把全部心力用在幫達爾文關於新物種如何誕生的構想升級：他們致力於「微演化」相關的因果問題，而DNA在一九五三年破譯的這件頭等大事，就是他們夙夜匪懈、成就斐然的里程碑。演化生物學家習慣把所有跟演化故事中重大情節有關的化石證據，都當成無用之物；其中許多學者甚至公然把古生物科學當成次等、不重要的學問。然而在一九七〇年代，卻有一群年輕的美國古生物學者開始運用電腦飛速發展的潛力，分析前面提到過的、關於化石記錄的詳細資訊。一九七五年，他們開辦新期刊《古生物學》（*Paleobiology*＊，其實早在一九二〇年代，辛德沃爾夫就已經料到會有這個書名所指的學門出現了），提倡將研究導向於解決化石記錄帶來的**生物學**「重大議題」，而且要比傳統的古生物學更直接涉足這些問題。他們覺得古生物學長期遭排除在演化論相關討論之外，這既不公平，也不明智，希望讓這門學位重新坐上「主位」。一九八二年，其中兩位年輕學者——戴夫・勞普（Dave Raup）與傑克・賽普科斯基（Jack Sepkoski），總結了他們對已知化石記錄所做的全面統計分析，指出五個時間點，作為大規模滅絕事件的有力證據。而在這五起事件中，兩起滅絕速率顯然最快的事件，就發生在二疊紀與三疊紀，以及白堊紀與第三紀的交界處。一個多世紀之前，菲利浦斯便已做出判斷，利用這兩個時間點作為他提出的生命史三大紀元——古生代、中生代與新生代之間——的分界點，而勞普與賽普科斯基的研究則用極為大量的證據證實了他的判斷。

根據兩人的分析，所有大規模滅絕事件中最嚴重的一起，是發生在二疊紀—三疊紀交界，也就是古生代與中生代之間。對於熟悉化石記錄中這一段的古生物學家來說，這並不意外。長期以來，二疊紀—三疊紀交界都是地質學家討論的議題。唯有仔細比較不同地區的相應岩層，才能揭露出二疊紀生命形態滅絕與三疊紀生命形態隨後的出現，究竟是突然發生，還是逐漸變化。學者們在一九三七年的國際地質學大會（滿心懷疑的史達林勉強讓會議在莫斯科舉行）重新檢視全世界的證據，尤其是蘇聯本國的二疊紀地層（回到一八四一年，麥奇生就是以靠近烏拉山的彼爾姆城來為這一層命名的）。到了一九五〇年代，辛德沃爾夫研究鹽嶺（Salt Range，位於當時新成立的巴基斯坦國）當地更完整的二疊紀地層，推論出滅絕必然是突然發生，但他無法說服其他科學家。然而在一九六一年，兩位美國古生物學家——柯特·泰謝特（Curt Teichert）與伯恩哈特·庫梅爾（Bernhard Kummel，暱稱「伯尼」〔Bernie〕），造訪了世界各地但凡有岩層堆疊橫跨這條界線的已知地點。這樣的地點數量愈來愈多，而其他學者後續的田野調查也證明了兩人的推測，即這起滅絕事件有著突然且猛烈的特性。（多年來，這種必須跨國進行的研究因為冷戰的影響而受阻，畢竟某些最有幫助的岩層堆疊位於蘇聯與中國；但從一九八〇年代以來，俄羅斯與中國的地質學家和古生物學家跟西方的同行有更多的合作，大大豐富了這門學問。）

支持這場大規模滅絕確有其事的證據，在一九六〇年代逐漸累積。此時，心服口服的科學家（只是他們在當時影響力不大）主張，不能因為還沒有提出可以合理解釋的原因，就排斥確有其事的可能性（我也是他們的一員，而我是引腕足動物門的化石記錄為證詞。這種無脊椎動物的大類直到二疊紀為止都蓬勃發展，但後來就沒有發展出任何與過去媲美的多樣性）。二疊紀—三疊紀交界處，曾經有個劇烈的大規模滅絕片刻或期間——這件事的歷史真實性在這幾年間幾乎變得

＊譯註：這裡所說的古生物學，並非書中經常提到的、行之有年的描述性古生物學（Paleontology，這個詞分別是由希臘語的「古老」〔palaios〕、「生物」〔ontos〕與「研究」〔logos〕構成的），而是以地質學和相關的古生物學為本，加入現代生物學的維度而出現的新學門。

毫無爭議，但得等到後來學界對災變論普遍的敵意開始消退後，才有人為此提出可能的原因。我非常簡略總結一下：一九七〇年代提出的解釋中，以當時剛獲得接受的大陸漂移相關說法最吸引人；一九八〇年代則是跟可能的外太空彗星或小行星撞擊有關；一九九〇年代，相關解釋則是說有明顯跡象顯示，剛好有規模異常的超大型火山爆發與滅絕同時發生。到了二十一世紀早期，科學家之間的意見擺盪，傾向於用多重、但或許與地球本身有關的原因來解釋。不過，對於發生在白堊紀（亦即中生代與新生代之交）、嚴重性次之的大規模滅絕事件，地外因素逐漸成為最受歡迎、最有說服力的說法（稍後在本章會有概述）。隨著這兩起重大的大規模滅絕事件累積愈來愈多證據，而另外規模較小的三次事件則變得沒那麼明確，地球科學家之間的態度也起了劇烈的變化：這件事就跟他們很晚才接受板塊構造學說一樣驚人。一直到了二十世紀晚期，他們才放棄以強硬態度堅守萊爾式「均衡」的詮釋，準備開始考慮：在地球與其上生命的深歷史中，超越人類經驗的自然事件或許也扮演了重大角色。

揭開最久遠的過去

不過，因為放射性定年法而得以成真的地質年代學，反而對地球史最遙遠的一端造成最深遠的影響。在十九世紀下半葉，只有極少數地質學家根據自己田野調查中最古老的岩層，提出對年代不太確定的思索。後來最早的若干放射性定年估計值（例如霍姆斯提出的數字），便證實了他們的這種不確定感確有道理。從更新世一路上溯到寒武紀、一整段詳細標繪的地層年代序列，在面對漫長得多的「**前寒武紀**」時，也相形見絀。隨後一系列的放射性定年讓眾人更加確定，前寒武紀完全不是一段相對短的前奏而已（不是等同古生代的長度，或者跟從古生代到現在的時間長度差不多），因為實情是：前寒武紀所構成的部分似乎是整段地球史目前為止，時間比較長的那一部分。新的放射性定年迫使地質學家的觀點產生劇烈改變。一九三〇年代，學者使用「**顯生**」這個新詞來統稱古生代、中生代與新生代，也就是地球自寒武紀起的所有歷史。但就連「顯生」這麼大一段的時間（據放射性證據估計，大約長達五〇〇Ma），在更長的前寒武紀歷史之前也顯得相當渺小，而前寒武紀幾乎沒有任何絕對而**明顯**的生命跡象。

不過，等到學者要探索前寒武紀時，相關化石記錄幾乎付之闕如的事實，對於理解早期地球史來說已經不再是無法逾越的障礙了，因為放射性定年法開始讓辨識前寒武紀**期間**不同岩層組的工作變得容易許多。回到十九世紀下半葉，若干學者運用自己田調得到的證據，早已能區分出構成多數前寒武紀地區「基盤」的**太古**（*Archaean*）岩層，以及位於某些地區的太古代岩層上方、有機會做為早期生命跡象來源的**元古代**地層了（這些元古代地層絕對屬於前寒武紀，因為它們顯然位於含有寒武紀與其他古生代化石的岩層之下）。放射性定年法證實這個區分：從太古代岩層得出非常古老的年代，而元古代地層則稍微沒那麼古老。不過，放射性定年也讓學者有辦法整理出元古代之內不同岩層組的相對年齡。雖然化石對於建立後來的顯生歷史非常有價值，但就算沒有化石的幫助，久經實戰的地層學方法其實也可以延伸應用於前寒武紀的地球史（而這需要重新發掘，或至少是重新使用過去的地識學方法，回到地層學還沒因為使用化石而得到改良、轉型成威廉．史密斯的那種地層學之前）。田野調查得到新的放射性定年法協助，顯示前寒武紀的浩瀚歲月就跟顯生時代一樣充滿各式各樣的變化。比方說前寒武紀的過程中，世界各地顯然發生許多連續的造山運動篇章；到了二十世紀末，學者以上古地殼的板塊移動來解釋這些上古造山運動。更讓人意想不到的是，前寒武紀岩層中居然發現了上古的冰磧岩，這意味著在不久前的更新世冰期覆蓋北半球諸大陸之前，就有石炭紀冰期覆蓋岡瓦納諸大陸，甚至在更早的前寒武紀就有一次以上的冰期發生過。

這或許會讓人想到有點萊爾式的穩定狀態地球觀：至少類似的自然事件已經發生過，類似的自然過程也進行過，甚至遠及於證據所能上溯到的遠古過去。但其他的證據卻指出，長期的發展趨勢原本很可能是會讓早期地球變成與後來實際發展出來非常不同的地方。例如在一九六三年，美國古生物學家約翰．魏爾斯（John Wells）便表示從珊瑚化石的微觀結構來看（只要保存得夠好，就能看出牠們的生長輪），就算是（相對）晚近的古生代中葉，一年也有四百天；更古老的其他化石證據後來也證實這一點。地球自轉速度減緩，是因為潮汐摩擦的影響。若回推到前寒武紀時代，可以看出地球在其歷史之初，在自轉軸上的轉速或許遠比今日快上許多，晝夜時間也短上許多。從影響如此之深的地球自轉來看，所謂的「均衡」顯然遠遠稱不上絕對不變。

早期地球還有一個同樣驚人的特色，是從好幾個前寒武紀地區、但絕對不屬於顯生元的地層中，所找到的獨特「**帶狀鐵礦層**」（banded iron formations）推測得知的。帶狀鐵礦層不同於後來的鐵礦。從化學成分上來看，這個地層不太可能是沉積於富含氧氣的水中，顯見早期前寒武紀海洋與其上的大氣，恐怕氧氣含量不高，甚至是完全沒有氧氣。一九六五年，學界舉辦了一場以「地球大氣演進」（The Evolution of the Earth's Atmosphere）為題的會議，點出學者們才剛要開誠佈公，把以前心照不宣的假設——亦即「在整個地球歷史發展中，大氣這種基本要素多少是保持不變的」拿出來討論（過去的多數地質學家都接受這種看法，而且一樣是受到萊爾歷久不衰的「均衡性」所影響。早在十九世紀，阿道夫．布隆尼亞爾便曾推測大氣成分甚至自石炭紀起就有重大的改變，但他的看法若非遭人忽視，就是遺忘）。到了二十世紀晚期，已經有若干地質學家主張大氣中開始有游離氧加入的時間點，是整段地球史上非常重要的瞬間：據估計，這個時間點落在元古代早期，人稱「**大氧化事件**」（great oxygenation event，這名字有點太戲劇性了）。

浩瀚的前寒武紀歷史幾乎（但不是絕對）沒有任何化石記錄。誰知道，前寒武紀與後來顯生元生命史之間的差異，居然是因為沃爾科特在一九〇九年發現伯吉斯頁岩（在加拿大落磯山脈高處所找到的）含有驚人的寒武紀化石大集合，才得以凸顯出來。伯吉斯頁岩就像其他絕佳的沉積岩（化石庫），不只保存貝殼這類生物化石的「硬部」，也保存了「軟部」，對於觀察當時的豐富生命來說，是一扇意想不到的窗；就好比十八世紀時龐貝與赫庫蘭尼姆的發掘工作所揭露羅馬世界的日常生活，遠比到神廟與劇場遺跡隨便繞一圈更為豐富。在這些稀少、珍貴的深歷史之窗中，伯吉斯頁岩的時代最早，顯示寒武紀海洋中滿是寒武紀生命。不過，要等到二十世紀下半葉，伯吉斯化石經過大為改進的技術密集研究之後，學者們才完整而清楚看出這些寒武紀動物不僅複雜，其多樣性更是超乎任何人所預料。但問題是：在前寒武紀究竟會有什麼樣的生命？這又要如何得知呢？

達爾文胸有成竹，他假設：突然出現於寒武紀的多樣、複雜生命體（包括那些出乎意料、出現在伯吉斯頁岩的生物）有足夠的時間，以非常緩慢的速度進行演化。後來，前寒武紀的時間因為新的放射性定年技術而急遽擴張，這似乎證明了達爾文的看法，但前寒武紀地層仍然沒有任何這種漸進演化的證據出土。二十世紀早期，沃爾科特與其他人在前寒武紀地層中發現了非常稀少的、零星的所謂動物化石，但一般卻把他們的發現視為無機物，或是疑點重重、難以作數而置之不理——就像十九世紀暴得惡名的**始生**——人們確實也有充分的理由這麼作。一九三〇年代，頂尖的古植物學家、英格蘭人阿爾伯特．斯華（Albert Seward），對於其他據稱是前寒武紀的化石（例如沃爾科特提出的枕頭狀**隱生**結構）也抱有類似的懷疑態度。他的權威意見讓其他人對於繼續尋找前寒武紀化石感到卻步。然而在一九五三年，美國地質學家史丹利．泰勒（Stanley Tyler）卻在研究蘇必略湖畔無疑屬於前寒武紀的岩層時，碰巧在槍燧層（Gunflint formation）的燧石中找到大量保存完好、用顯微鏡才能看到的「微體化石」(microfossils)。泰勒把這些燧石拿給哈佛大學古植物學家埃爾索・巴漢霍恩(Elso Barghoorn),巴漢霍恩一看就認為它們絕對是有機菌絲與孢子。但這個案例有一段時間受到爭議,而且沒有其他類似的出土化石。俄羅斯地質學家報告說,他們在烏拉山的前寒武紀岩層發現其他微體化石,但他們的說法卻遭到西方科學家質疑——多少是因為冷戰期間的不信任,此外也是懷疑蘇聯科學家使用的方法與標準。不過,到了一九六五年,

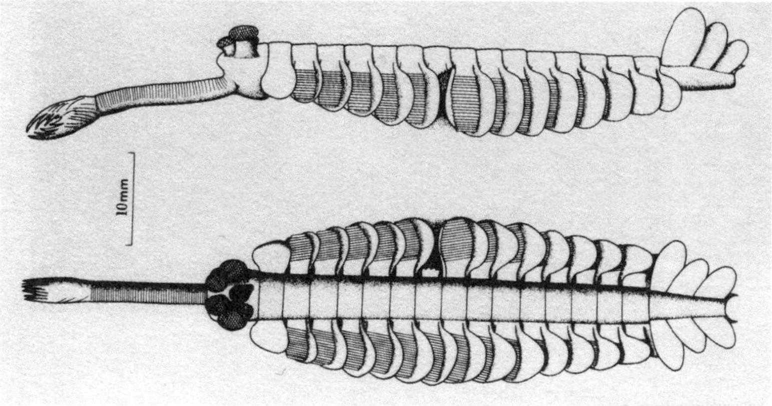

圖 11.2 ——加拿大洛磯山脈知名的伯吉斯頁岩,保存了奇特而罕見的寒武紀動物化石,圖為其中之一。這種奇特的五眼歐巴賓海蠍(*Opabinia*,圖上畫的是側面圖與上視圖)不像同一岩層中找到的三葉蟲,牠們沒有「硬部」或骨骼,無法保存在一般的環境中。哈利・惠廷頓(Harry Whittington)領導了一支研究團隊,在二十世紀晚期重新研究沃爾科特早期的標本,團隊本身也收集了更多的標本。這張出自惠廷頓之手、於一九七五年發表的重建圖,是根據壓扁的標本所繪——埋有歐巴賓海蠍的泥巴受壓成為頁岩。在生命的「寒武紀大爆發」中,相當大型而多樣的動物(相對)突然出現。由於在地球漫長的前寒武紀歷史中,似乎只有微生物早於這些動物,其演化起源也因此成謎。伯吉斯頁岩便凸顯出了這個問題。

巴漢霍恩的學生比爾．紹普夫（Bill Schopf，當時他以研究槍燧層化石為主）也在澳洲找到類似的微體化石，其他的案例也接連出現。他跟美國頂尖古生物學家普雷斯頓．克勞德（Preston Cloud）都斷定相關跡象如今已指出，化石紀錄的「寒武紀大爆發」或許反映了大型生物（三葉蟲等多細胞或「後生」〔metazoan〕動物）突然出現的可能性，而在大型生物之前，則有一段極為漫長、只屬於微觀生命型態的歷史。

後來有人在南澳大利亞偏遠的埃迪卡拉丘陵（Ediacara Hills），發現許多大體積、但完全屬於「軟體」的化石。紹普夫與克勞德的看法倒不會因此遭到否定，但得修正。這些化石只是岩石表面的印子，就像今天擱淺在海邊的水母留下的痕跡。這些化石的故事跟槍燧層的案例有些相似，一開始在一九四三年發現它們的是澳洲礦業地質學家瑞格．斯普瑞格（Reg Sprigg）；但人們普遍置之不理，若非是質疑這些痕跡是否來自生物，就是懷疑這些生物或許屬於寒武紀或更晚的時代（因為牠們體積很大）。直到一九六〇年代，奧地利古生物學家馬丁．格列斯內爾（Martin Glaessner）移民澳洲、把注意力擺在這些化石上之後，才證實它們出土的地層遠深於另一個含有寒武紀早期典型化石的地層。格列斯內爾的結論後來得到放射性定年支持，定年結果顯示埃迪卡拉化石明確屬於元古代，只是距離寒武紀之初不久（以地質學標準而言）。這些非常奇特的生命型態不僅很難，甚至在某些例子裡更是不可能分類到任何已知的動物類別中，無論是化石或現存動物皆然。至於其他地方，類似的化石早在一九五七年，就有人在英格蘭查恩伍德森林（Charnwood Forest）的前寒武紀地層找到樣本。世界上好幾個地方的相近時代岩層後來也有豐富的發現，尤其是紐芬蘭海岸的誤導點（Mistaken Point），以及中國南方的陡山沱組。二○○四年，學界利用上述所有的發現，定出以全球為範圍的**埃迪卡拉紀**（Ediacaran period），寒武紀則緊接其後。

若把更久以前的前寒武紀微體化石考慮進來，埃迪卡拉化石就意味著寒武紀「大爆發」得**先**演化出大體型的生物，**接著**（稍晚之後）才演化出可以在比較普通的環境中保存為化石的硬殼（不是每一種動物都有這樣的演化，只有若干動物而已）。自一九七○年代以降，學者對於寒武紀早期地層的仔細研究，尤其是位於西伯利亞與中國偏遠地

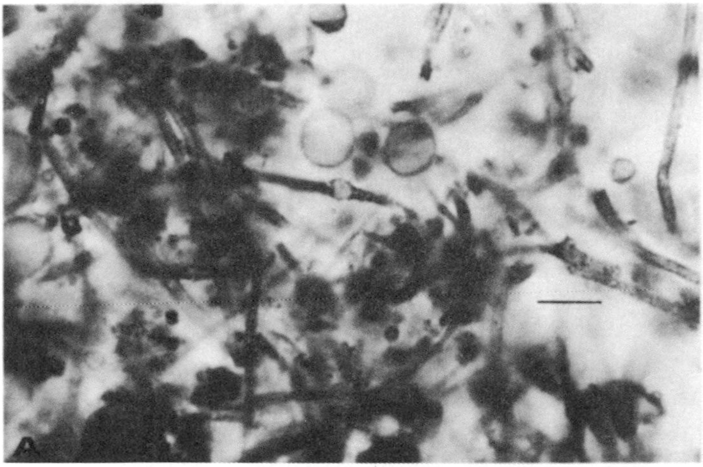

圖 11.3 ——前寒武紀微體化石，一九五三年初次發現於蘇必略湖北濱的槍燧層（約 2000 Ma）。唯有在顯微鏡底下研究燧石的薄片，才能看見這些孢子與菌絲；圖中這部分的薄面，只有大約 0.1 公厘寬。這些微體化石證明，類似細菌等非常微小的生命型態，早在演化的「寒武紀大爆發」——亦即更大型的動物演化出來之前，就已經存在。

方的地層，已經讓上述的第二個階段更加清晰（蘇聯解體，中國也從慘烈的文化大革命復原，此後許多優秀的俄羅斯與中國科學家再度作出了重大的研究）。這類田野調查顯示任何一種最早的有殼動物——意即比起伯吉斯或埃迪卡拉，其更可能在尋常許多的環境保存的那些動物——都不是突然出現，而是漸漸冒出來的。首先在最深、最古老的寒武紀地層組中，只有一些由不知其種類的生物體形成的有殼小型化石；之上再有某些類似現代動物（腕足動物）的化石；再來才有最早的三葉蟲加入，牠們在接下來整個寒武紀期間長得愈來愈大，種類也愈來愈多。這個順序意味著「殼」是在一段相對漫長的時間裡，一種接著一種出現。按照先前我們一直強調的，因果問題和歷史發展順序兩者是可以分開來看的。至於在各種可能的因果關係裡最為人所熱議者，則跟殼的演化有關：殼的演進是因為受到海水成分改變，促使生物體首次得以分泌出構成殼的物質，抑或是對最早的掠食者作出的演化回應？

然而，若從漫長無邊的前寒武紀地球史的角度來看，多樣、複雜的寒武紀動物的首度登台，看起來依舊相當突然。這個事件，或者說這一連串事件，仍然可以原諒其名稱的誇大，稱之為「寒武紀**大爆發**」（就連爆發最早階段的埃迪卡拉紀，如今也已正式劃歸為前寒武紀最末期）。不過，一九六〇年代浮現浮現這樣的想法：埃迪卡拉階段本身之前，恐怕有過一回、甚至是一系列格外慘重的氣候事件。早在一九三七年的國際地質學大會上，前寒武紀冰磧岩以及它們所可能代表的冰河時期，就已經受到討論了。但這個謎團在一九六四年有了新的轉折：哈蘭宣稱，根據古地磁證據，今天南北極地區的前寒武紀晚期地層組中，有些冰磧岩在沉積時，其位置必然靠近赤道。這個發現不僅意味著相關的大陸自前寒武紀以來，其緯度已有劇烈的變化（哈蘭也是長久相信「大陸漂移」的歐洲學者之一），也暗示任何前寒武紀晚期的冰期，必然比接下來顯生元歷史中已知的兩次冰期更為嚴重。冰層（或者至少是帶著漂礫的漂浮冰山，這些漂礫如今則嵌在冰磧岩中）肯定覆蓋了大半個地球，甚至是整個地球。這些一次以上的全球性冰河環境事件之後，顯

圖 11.4——來自澳大利亞南部埃迪卡拉的奇特前寒武紀晚期化石之一（狄更遜水母〔*Dickinsonia*〕，寬約六公分），僅以壓痕的型態保存在岩石表面。一九五〇年代，學界接受狄更遜水母與其他「軟體」動物的化石，為已知最早的一群相當大型的動物，而且或許是「後生」（metazoan）；其年代在地質上稍早於最早的寒武紀貝類化石，因而代表了生命「寒武紀大爆發」的早期階段。馬丁·格列斯內爾在一九六一年發表了這張照片，他也是讓「埃迪卡拉紀」的化石廣為周知的人。

然馬上（當然，這是地質學家對「馬上」的看法）就發生了寒武紀生命大爆發。這暗示這兩件同樣戲劇性的事件之間，可能有因果關係。全球冰河期必然會以成災的方式擾亂此前的環境；等到冰期結束、地球再度溫暖起來後，說不定就會為新的生命型態提供生養眾多的絕佳契機（我本人對這種效應所發表的簡短看法，就結合了哈蘭的近全球性冰河期重量級案例）。但這些構想得不到多少支持。直到一九九〇年代晚期，哈佛大學的保羅．霍夫曼（Paul Hoffman）與同事才根據在世界各地進行的深入田野調查，主張這種「**雪球地球**」篇章，在前寒武紀歷史尾聲的埃迪卡拉紀之前出現過好幾次。另外還有證據顯示，大氣中游離氧的含量也在同一時期前後迅速提升，或許能讓那些相對大的動物，得以在埃迪卡拉紀與寒武紀早期演化出現。

寒武紀大爆發之前這段多采多姿的序曲，讓大型而「明顯」的生命開始演化，一路貫穿顯生元並延伸至今。不過，早在這首序曲之前，更古老、浩瀚的前寒武紀時代，也漸漸交出了一份更成績斐然的上古生命史研究成果。代表各種微生物的化石，紛紛出土於元古代岩層，有些岩層比槍燧層年輕，但其他甚至更為古老。沃爾科特那個枕頭大小的**隱生**結構恢復了名譽，人們漸漸接受隱生是重要的早期生命型態所留下的真實紀錄。隱生結構性質不同於動物，但同樣引人注目。這種「疊層石」（*stromatolites*，意為「石枕」）在許多不同年代的地層中都有發現，多數屬於前寒武紀，但顯生元也有零星出現。學者如今將之詮釋為微生物的產物，構成了「**微生物席**」（microbial mats），分泌出或是包裹了礦物質，從而慢慢向上生長為大的堆垛。這種詮釋在一九五四年獲得驚人的證

圖 11.5 ——挪威的前寒武紀晚期冰磧岩：這張照片是布萊恩・哈蘭和我本人在一九六四年發表，用來支持我們主張的照片之一。我們認為，把冰河移動留下來的這些明顯痕跡，跟能夠證明「歐洲的這個部份當時位於赤道附近」的古地磁證據相結合，必然會得出「前寒武紀晚期的地球，是顆『雪球地球』」（這是後來的稱呼）的結論。每一個看了這些照片的地質學家，若是沒有親自到場去了解這些冰磧岩是硬岩，因此絕對屬於前寒武紀的話，想必都會把照片裡的東西當成普通的冰磧物或「冰礫泥」，認定其年代為晚近許多的更新世冰河時期；這塊冰磧岩躺在更古老的岩層表面上（亦即槌子擺放的位置），而岩層表面上深深的刮痕，就跟嵌在更新世與現代冰河中的類似石頭所造成的痕跡完全相同。

實——石油地質學家們偶然發現，西澳大利亞海岸鯊魚灣（Shark Bay）一處鹹水潟湖，有現代的疊層石正在形成。這或許是歷來發現最重要的一種「活化石」了。到了二十世紀末，已知的疊層石最早可以回溯到太古代，有些定年結果甚至落在約三五〇〇Ma。由於構築出現代疊層石的微生物，已經證實是非常簡單的生命形式（原核生物〔*prokaryotes*〕），因此這些上古疊層石也就暗示著生命（至少是這個物種）在地球這顆行星成形後不久（相對而言）便已經出現了。生物學家

圖 11.6 ——一塊前寒武紀疊層石：這塊枕狀的石灰岩堆垛自然崩裂，暴露出的帶狀紋路顯示這塊石頭的體積如何日積月累，逐漸長大。照片中的例子來自大峽谷一處元古元岩層。普雷斯頓．克勞德在一九八八年發表這張照片，用來說明他對生命史的詮釋。根據他的看法，現代世界中的「藍菌」仍然會創造出疊層石，而類似的細菌早在任何大型生命形態演化出來之前，就已經存在了。作為化石紀錄的疊層石，把生命本身的起源，回推到地球整體歷史中非常早的某個時間點。

彼此對「生命起源是否有更早的起源」向來爭辯不休，而疊層石化石證據也加入了戰局。

研究發現，現代疊層石泰半來自以光合作用維生的微小「藍綠藻」(藍菌〔*cyanobacteria*〕)，這一點也很重要。藍綠藻就跟現代的植物一樣(包括常見的藻類或海帶)，都是從陽光獲得能量，製造出廢棄物——氧氣。這項證據可能跟地球早期海洋與大氣完全沒有氧氣有關。發生在元古代早期的「大氧化事件」，或許代表了生物所持續製造的氧氣，在那個時間點達到讓游離氧足以開始在地球海水與上方的大氣中累積的程度。對於所有其他在生命過程中需要氧氣的生物來說，光是游離氧的累積，便足以使後來的演化成為可能。如此看來，生命史或許可以跟地球本身的歷史整合為一套「地球系統」，其程度遠比過去想像的更為緊密(詹姆斯．洛夫洛克〔*James Lovelock*〕在一九七〇年代提出頗有爭議的「**蓋亞假說**」〔Gaia hypothesis〕，便把地球系統定調為自我調節的類生物實體)。

宇宙脈絡中的地球

有鑑於這一切，地質學家備受鼓舞，打算進一步拿地球與太陽系中其他天體作比較。他們以宇宙為背景來思考地球，而不是把地球當成某個孤立於自身以外任何事件或過程的天體。對於地球科學來說，這是個可行的新方向——或者說，是重拾某種悠久的思考方式。回到十七與十八世紀，人們理所當然認為地球與整個宇宙關係緊密，第三章提到的「地球理論」文類尤其體現出這一點——笛卡兒與布豐的理論就是很有影響力的例子。但到了十九世紀早期，多數地質學家開始堅定排斥這種推測性的理論建構。他們轉而把注意力擺在可以直接觀察到的事物，嚴格限定發生在地球上的事件與過程，而忽略宇宙的面向（之前提到的德．拉貝許是罕見的例外）。各種科學在十九世紀逐漸分化，這也加強了上述情況。每一群「科學漢」雖很清楚其他圈子在做些什麼，也會跟他們保持友好關係，但實際上卻劃出獨一無二的知識領域邊界，只有在領域內可以自稱是名符其實的權威與專家。比方說，在十九世紀下半葉，與地球有關的各種科學就很少跟研究「地外宇宙」的科學有聯繫。當時克耳文說物理學與宇宙學已為地球的時間跨度設下了嚴格限制，這樣的強硬主張其實是撈過了界，侵犯了地質學，不僅很惹人厭，地質學者其實也有充分的理由不予接受。

但十九世紀下半葉還是有少數正面的例外，克羅爾的構想就是其中之一：他想為漫長的更新世冰河時期中一系列的冰期與間冰期，尋找可能的天文因素。這種構想在二十世紀早期重新復甦，得到改善，但仍然是不尋常的例外。一九三〇年，塞爾維亞天文學家米盧廷．米蘭科維奇（Milutin Milanković）計算地球繞日軌道的三種已知變量（離心率、自轉軸傾角與歲差）的影響；三者結合起來，就能帶來所謂的地球氣候「**米蘭科維奇循環**」（Milankovitch cycles）。但他的看法有其問題，直到一九七六年一篇以〈地球軌道變化：冰河時期節拍器〉（"Variations in the Earth's Orbit:

Pacemaker of the Ice Ages"）為題的重要英美合作論文出爐，才算是地質學與天文學在冰期議題上整合得令人滿意的起點。這篇文章結合了古代氣候的放射性定年與同位素證據（得自從海床沉積物取得的岩心，以及從地球上尚存的大冰層鑽探得來的冰核），證實米蘭科維奇循環基本正確；從相關證據研判，這三種變量的影響最高峰，會以十萬年一次的頻率出現。但是，儘管學者接受這些變量是影響更新世氣溫起伏的重要因素，米蘭科維奇循環顯然也不是完整的因果情節，因為故事看起來遠比這複雜。晚近地質時代的地球氣候史充滿了偶然（地球未來可能的氣候亦然），米蘭科維奇循環很難減輕這種偶發性。

發生在一九〇八年的一樁謎般事件，則是來自地外宇宙的可能衝擊（這裡的「衝擊」〔impact〕一詞，還有隕石撞擊的意思）留下的另一個跡象——一大片杳無人煙的西伯利亞森林因此夷為平地，從遠方都能看到被點亮的天空。由於俄羅斯政治動盪，加上事發地點偏遠，科學家直到一九二七年才抵達現場，研究這場「**通古斯事件**」（Tunguska event）中可能發生過什麼。當地沒有隕石坑，也沒有任何大塊隕石的明顯跡象，這挺讓人訝異。不過，可能有什麼在大氣層高處爆炸，該物體或許幾乎完全氣化，但在地面產生強大的衝擊波（後來的研究指出，這次爆炸的規模堪比最早的核爆）。爆炸的究竟是岩質小行星還是冰彗星？眾人對此議論紛紛。但無論如何，通古斯事件讓世人了解，來自太陽系其他地方的闖入者，可不僅限於我們常常看到的小流星墜落而已。偏偏地質學家仍然不願意承認，來自太空的重大「災難」衝擊，或許也是地球過往歷史中重要的一面：他們實際上仍然把地球當成一套封閉系統，幾乎跟整個太陽系絕緣。

然而，亞利桑那偏僻的沙漠區卻發現了一處保存出奇完整、直徑超過一公里的隕石坑，顯示在稍微遙遠的過去（但以地質學標準來看仍然非常晚近）也發生過一起類似的隕石撞擊事件。一八九一年，時任美國地質調查所所長的葛羅夫．卡爾．吉爾伯特（Grove Karl Gilbert）推測，造成這個大坑的或許是地底下的火山爆發，而非任何一種隕石撞擊（他的推論符合當時地質學家之間常見的假設）。其他美國地質學家接受了他的意見。儘管如此，礦業鉅子丹尼爾．巴林傑（Daniel Barringer）還真的在一九〇三年把這塊地變為己用，並聲稱大坑的下方可能埋了一塊巨大、價值不斐的鐵隕石。他的計劃在商業上失敗了，連幾塊小隕鐵都沒找到。直到一九六〇年，他的詮釋才充分得到證實，大坑今天的官方名稱「流星撞擊坑」〔Meteor Crater〕也因此顯得合理）。同一年，美國地質學家金．舒梅克（Gene Shoemaker）在哥本哈根國際地質大會上報告，說自己找到某種奇特的石英變種（斜矽石〔*coesite*〕，以前只有出現在實驗室中），這種石英不僅出現在大坑周遭的岩層中，連內華達核子試爆場也能找到。既然這種獨特的「**撞擊石英**」（shocked quartz）顯然只會在極端高壓的情況下形成，也就可以把它當成外太空隕石確實撞擊地球的可靠「化石」痕跡或標誌。

舒梅克後來在更大的巴伐利亞「里斯隕石坑」（Ries Crater）找到一樣的關鍵礦物。里斯隕石坑直徑約二十四公里，保存不算良好，地質證據顯示比「流星撞擊坑」古老許多（定年結果為新生代中新世）；另一位美國地質學家羅伯特．迪茨（Robert Dietz）先前在構成坑緣的岩層中，找到別

圖 11.7 ——亞利桑那的流星撞擊坑（此前稱為「巴林傑撞擊坑」），直徑約有一公里長。類似的空照圖可以顯示這個撞擊坑與月面撞擊坑出奇相似，但地質學家在十九世紀末、二十世紀初首次為了這個坑口的由來（無論是撞擊點或是火山口）爭辯不休時，還沒有空照圖可看。撞擊坑底部有採礦留下的痕跡，那是巴林傑為了尋找下面埋的巨大隕鐵時所做的無用功。

種獨特的高壓結構（「**碎裂錐**」〔*shatter-cones*〕），便推論該地是隕石坑，而舒梅克的發現也支持他的論點。迪茨深信，世界各地還有許多別的撞擊坑，只是被人錯認為火山活動的結果，或是因為侵蝕太過嚴重、難以辨認原本是隕石坑；他把這些通稱為「隕石撞跡」（*astroblemes*，意為「星傷口」）。例如在一九六一年，他就把弗里德堡隕石坑（Vredefort Ring，南非一處非常大的環狀地質結構）解釋為一處巨大撞擊坑（或許產生自前寒武紀）深受侵蝕後的殘餘。事實上，加拿大天文學家卡萊爾．比爾斯（Carlyle Beals）早已展開系統性的空照研究，在廣大的加拿大地盾（Canadian Shield）古代岩石間尋找類似的結構；到了一九六五年，他已經在該區指認超過二十個以上的隕石坑了。

就此研判，地球歷史從頭到尾，的確不時發生小行星或彗星的重大撞擊。不過，多數地質學家仍然不願意接受這個推論。讓他們集體改變心意的，是月球上類似的隕石坑案例。人們向來認為月球表面的隕石坑（當然只能用望遠鏡觀察）是死火山。只有少數天文學家主張這些坑口或許是撞擊坑——抱持這種看法的地質學家就更少了，但韋格納是其中之一。一九六〇年代，舒梅克在這一點上仍屬少數派，而且連他都覺得自己把這種看法延伸來解釋地球的坑口，其實相當離經叛道。總之，月球在二十世紀上半葉，幾乎得不到天文學家的任何注意力。從研究對象來說，月球與行星遠遠比不上太陽與其他恆星來得有魅力——在一切當中最讓人興奮的（也是在此時讓宇宙科學全面改觀的），就是星雲。不久前，學者們才發現有些星雲是距離銀河系甚遠的其他星系，其所存在的宇宙則不斷擴大，遠超過任何人過去的想像。

美國太空計畫戲劇性改變了這種情勢，讓最靠近我們的宇宙鄰居成為科學關注的焦點：一九五七年，蘇聯發射世界上第一顆人造衛星——史普尼克（Sputnik），隨即美國的太空計畫對此做出冷戰時期的回應。不過，假如舒梅克沒有大力遊說，要求在太空計畫中納入他所謂的「天文地質學」（astrogeology，這個詞跟「太空人」〔astronaut〕都很到位，只是兩者其實都無涉恆星〔astro-字首的原義〕！），後來的美國阿波羅登月計畫恐怕就不會有多少來自地質學家的貢獻，也不會對地球科學產生任何影響了。研究人員以比過去更仔細的方式製作月球地圖，為一九六九年第一次人類登月做準備。他們利用從地球地層學借來的方法，為月球定出「相對」的編年（比方說，時代較晚的撞擊坑會截去較早者的痕跡，彷彿地層組之間的不整合）；月球歷史得到重建，以類似地球史的方式，分成若干有名稱的時期。後來的人類登月行動提供了岩石樣本（確立了月球坑口起源為隕石撞擊的說法）以及足夠的材料，供學者以放射性定年法為基礎，建立年代大致的「絕對」編年。結果顯示，月球跟地球（以及多數的隕石）年齡相仿。在月球歷史極早期，顯然發生過一次大型小行星或類似天體帶來的「重轟炸」（heavy bombardment）篇章，此後又有規模較小、頻率較低的撞擊（「轟炸」一詞很貼切，因為月面隕石坑跟戰爭中炸彈炸的、小得多的坑洞有同樣的物理性質）。由於月球上的侵蝕作用並不嚴重，也沒有大氣，就連最古老的月面坑洞（時間相當於前寒武紀之初）依舊能保存完整。

這個現象刺激學者，將月球歷史與地球歷史做更徹底的比較。相較於月球的的豆花臉，地球

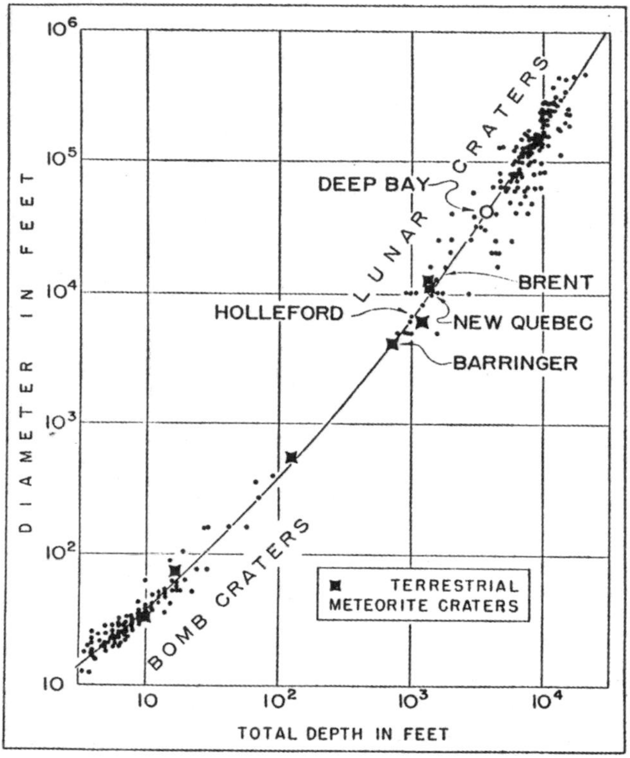

圖 11.8 ——卡萊爾・比爾斯與同事在一九六三年發表這張圖表，力陳地球上確實存在隕石撞擊坑。這些炸彈坑與月面坑的資料，在一九四九年就有人作為部分證據發表，證明月球上多數的坑口並非源於火山作用，而是隕石或小行星撞擊的結果。比爾斯等人此時把地球上的坑口資料也加進去，以支持「這些坑口也是隕石撞擊所造成」的主張。除去大名鼎鼎、地質時帶晚近的亞利桑那「巴林傑」(或「流星」) 撞擊坑，其餘都是當時在加拿大剛發現的隕石坑。

這張對數尺度表涵蓋了各種尺寸的隕石坑，直徑從區區幾公尺到大約兩百公里都有，而且外型都很類似。

少有撞擊坑，但這再也不讓人意外了：地球有大氣，侵蝕作用遠比月球活躍，又有廣袤的海洋，古代大陸更因為板塊構造學說提到的作用而部分毀滅，這一切完全足以解釋兩者之間的差異。而且，截至一九八〇年代時，其實已經有超過兩百個地面撞擊位置或隕石痕辨識出來了：有些是保存相對完好的撞擊坑，例如巴林傑與里斯隕石坑，其餘至少也留下了類似弗里德堡的環形結構，可以解釋成撞擊坑受嚴重侵蝕後的「化石」殘跡。靠著月球的情況來類推，地球史如今能回溯到前寒武紀最久遠之前的時代，甚至比太古代更早：在「冥古」（*Hadean*）代期間，地球必然承受過與月球一樣的「重轟炸」，只是沒有留下任何已知的痕跡（「冥古」是克勞德在一九七二年起的貼切名稱，語源是希臘神話中一點都不吸引人的「冥府」〔Hades〕一詞）。到了二十世紀末，學者推測地球一開始之所以能得到最重要的材料——水——使後來的每一種生命得以出現，說不定就是因為這場轟炸。

一九七〇年代時，多數科學家逐漸認同地球在整個歷史上，必然曾遭受各種大小的天體所撞擊——從常見的小隕石墜落，到龐大的彗星或小行星偶然撞擊都有。如今的地質學家已經接受地球史上發生過偶發的重大災難。他們受到隕石撞擊說的刺激，開始考慮用這類事件中規模最大者，作為這些災難的可能原因——尤其是確切無疑的大規模滅絕事件。這類構想非常「不接地」，但也正是因為這個主張，才讓更多的科學家、甚至是普羅大眾在一九八〇年開始注意這個議題。地位崇高的美國物理學家路易斯．阿爾瓦雷茨（Luiz Alvarez）和他的地質學家兒子華爾特（Walter）

與其他同事合寫報告，表示在北義大利古比奧（Gubbio）附近的岩層堆疊中，有薄薄一層地層出現罕見的銥元素高含量「峰值」，標出了最年輕的白堊紀（*Kreide*，德語的白堊）地層與最古老的第三紀（*Tertiary*，新生代）地層交界的「K／T界線」（K/T boundary）。這些岩層沉積於深水中，靠近K／T界線的只有微生物化石。但阿爾瓦雷茨小組提出的報告卻引導出更全面的主張，亦即造成中生代終結的大規模滅絕，其可能成因幾乎可以確定是大顆小行星的毀滅撞擊（這顆小行星或許和某些隕石一樣，明顯含有遠高於地球岩石的銥成分）。這種說法本身就夠聳動，但是媒體更是廣為宣傳，把它變成一段駭人聽聞的劇情——所有中生代的恐龍（在首度發現的一個半世紀之後，仍然是民眾最喜歡的上古野生動物）突然通通橫死。

對此，最有資格做判斷的人多半抱持懷疑態度，尤其是恐龍專家們，他們根據詳盡的全世界恐龍化石紀錄研判，主張整個爬蟲類群體早已慢慢衰亡。這場衰亡是常見的、一步步的滅絕，而且發生的時間遠早於白堊紀末，只有少數吊車尾的恐龍會在隕石撞擊時一掃而空。但諾貝爾桂冠物理學家威望十足（按：阿爾瓦雷茨是一九六八年諾貝爾物理學獎得主），加上報告是發表在頂尖科學期刊《科學》，而且又用了高度精密的實驗技術，肯定有助於支持宇宙級災難的說法。懷疑論者發現自己成了少數。不過，這個主張刺激雙方尋找更有力的證據——類似情況在科學爭議中屢見不鮮。就這個案例來說，隕石撞擊論整體而言得到更充分的支持。散佈在世界各地的K／T界線，都能找到深入的跡象，暗示曾有一起特殊事件發生過：除了銥的「峰值」之外，還有（比方說）

超大海嘯與全面森林大火的可能跡象，一場巨大的撞擊幾乎肯定會造成這些災難。不過，找不到任何明確且規模符合預期的撞擊點，卻是個嚴重的弱點。但到了一九九一年，學者普遍同意墨西哥猶加敦半島的巨大環形結構（深埋於新生代沉積物之下，只能用地球物理學方法探測），可能就是那個消失了的撞擊點。然而，就連希克蘇魯伯（Chicxulub，該地底撞擊坑的名字，得名自撞擊坑上方的村落）也無法讓懷疑之聲消失，而且在二十一世紀早期，許多地質學家得出的結論是：當時環境危機早已因為與隕石無關的其他因素而發生中，至於來自外太空的這個入侵者，或許只是壓在上面的「最後一根稻草」。

愈來愈多人接受來自外太空的撞擊確為事實，就算外太空撞擊不是K／T大規模滅絕的唯一因素，至少也是重要原因。若干地質學家因此試圖把類似的解釋，套用在二疊紀—三疊紀之交那場更嚴重的事件，以及地球歷史上其他可能的大規模滅絕插曲。勞普與賽普科斯基對整個顯生元化石紀錄進行量化分析，幫助認出這些滅絕事件的時間點。兩人在一九八四年更進一步，主張這類事件或許有其發生週期，大約每二六Ma就會再度發生。他們提出一顆假設性的鄰近恆星，稱為涅墨西斯（Nemesis），彷彿與太陽成對，組成某種雙星系統。涅墨西斯可能會週期性干擾太陽系最外圍的彗星軌道，大大增加其中的某顆彗星脫離軌道、與地球碰撞的機率。儘管這個涅墨西斯理論沒能得到廣泛支持，但卻能清楚顯示二十世紀末的地質學家，是多麼徹底把宇宙的維度融入自己對地球的思考。在舒梅克的想像中，地球仍持續與整個太陽系在互動。這個畫面在一九九四年以非常壯觀的方式呈現——全世界的天文學家密切觀看彗星「舒梅克—李維九號」(Shoemaker-Levy 9，名稱得自舒梅克夫婦，以及另一位同事)按預測與木星相撞、引發巨大撞擊效應的過程(但因為木星並非岩質行星，而是「氣態巨行星」(gas giant)，撞擊不會留下永久的痕跡)。規模遠大於通古斯事件的災難性天體撞擊，成為人們眼中真正的「現時因素」，也就是萊爾所定義的可觀察、「正在作用中的因素」。

當太空計畫的落塵領著地質學家，以更完整的宇宙觀點時看待地球這顆行星時，世人對地質學家的讚美也在同樣的幾十年間回歸。天文學家利用地球深歷史為本，逐漸以「**行星歷史**」(planetary histories)的方式，來解釋太陽系其他天體。以火星或金星為例，無論天文學家以前在原則上如何看待這兩顆行星，實際上多半都從「已知其精確軌道」與其他物理特性的角度，來看待它們和它們的衛星。這兩顆行星除了跟太陽系本身久遠以前的起源有關之外，就沒有其他任何屬於它們自己的可知**歷史**。不過，等到月球因為應用了「天文地質學」(登月前後皆然)而徹底歷史化之後，距離把同一種詮釋(至少在概念上)用於無人太空任務所揭露的各行星面貌上，也就只差一小步了。比方說，布列茨研究的華盛頓州溝切劣地，在火星上就有找到規模大上許多的精準再現，證明該行星的地表在久遠的過去曾經有大量的水，只是此後漸漸變成荒漠而已。太空任務也發現厚重雲層覆蓋下的金星表面，反而是地獄般的環境，這也可以從與地球或火星極為不同的行星歷史角度來解釋；但在久遠以前，金星或許與地球和火星有共同的起點。在木星有如月球大小的衛

圖 11.9 ——從太空看行星地球：一九七二年，載人太空船阿波羅十七號前往月球途中所照的知名照片——「藍色彈珠」（Blue Marble）。照片中可以看到整個非洲夾在兩側的南大西洋與印度洋之間，上方是阿拉伯半島，下方則是南極洲，空中還有雲層與旋渦狀的暴風系統。這張圖跟其他類似的圖像，對於民眾視地球為「太空中的一顆球」、搖搖欲墜的認知有著深遠的影響。但對科學家來說，這張圖尤其能給他們一種鮮明的意象——地球是個複雜但統合的體系，集固態、液態與氣態（岩石圈、水圈與大氣圈）於一身，而且不僅此時如此，在無邊漫長的歷史上與可能的未來中亦如此。這種想法激勵了他們，拿地球與其他行星及其衛星，以及它們同樣漫長但極為不同的「行星歷史」做比較。

星當中，歐羅巴（Europa）完全被厚重的冰層所覆蓋（相當於小規模的雪球地球），而伊奧（Io）卻佈滿活火山。太陽系天體有著出人意料的多樣性，它們一路至今的不同歷史也同樣豐富，而這些發現只會更添其多元。

憑藉這種嶄新的宇宙觀點，地球本身的歷史在二十世紀下半葉有了新的構思，並且在二十一世紀早期，成為一套差異甚鉅的行星歷史中一個特殊的個案：地球史是眾多行星中一條特殊的變化路徑，而每一顆行星或許都跟其他行星一樣個殊與偶然。這種想法讓人把注意力聚焦於地球特定歷史發展所需的極特殊環境（例如距離太陽不會太近，也不會太遠），而這又會反過來影響天文學家去尋找「系外行星」（exoplanets）繞行其他恆星的間接證據（一九九二年首度有發現系外行星的報告），進而評估有多少這類行星是岩質行星，甚至與地球類似。生物學家對於其他星球上得以產生（或者說限制其產生）任何一種生命的進一步條件做出推測。一旦把天文學家與生物學家的研究相結合，「演化出高度複雜的智慧生命型態」（人們早先猜想的「多重世界」或許能依此為根據）就變得比以往想像的更受限、更不可能發生。多顆岩質行星繞行距離我們不遠處的這顆恆星，而其中的一顆行星居然成為所有生命的居所，甚至在最後出現了智慧生命。這些生命又能夠帶著些許信心並以可信賴的方式去發現、重建這顆行星的歷史——在這一切複雜的偶然當中，這才是最最了不起的。

CHAPTER 12 結語

地球深歷史回顧

到了二十一世紀早期，地球獨特的行星歷史已經獲得重建，內容之詳細令人難忘，整段歷史多采多姿的程度也教人驚訝。人們對於地球深歷史的整體輪廓已經沒有什麼爭議——就算無法查明各個時期與重要事件底下的成因，至少也能為它們建立正確的順序。一旦地質學家意識到，他們使用的地質時代與其他有名字的時間跨度，都是約定俗成、權宜之計，那麼所有關於其界定的理由，都可以（也通常是）透過討論與協商來決定。眾人同意，一套由元（*aeons*〔或稱「宙」〕）、代（*eras*）、紀（*periods*）、世（*epochs*）*以及更短的單位所構成的時間跨度階序，對於描述、解釋地

* 譯註：由於元、代、紀、世等時間單位，並非一開始就出現本書故事中所描述的時代，因此作者在前面的篇幅不一定會把時間段形容詞與單位的搭配固定下來。例如「Archean」（太古），前面章節便有出現用「age」（時期）、「period」（期間）等搭配的例子。直到此處才完全確立下來。

球歷史的一般特色及其細節會很有用。乍看之下，雖然這些時間跨度並未精確至年，但對於敘述這段漫長而豐富的歷史來說，仍然有無比的價值。

二十世紀期間，學者認定在這段可以往回延伸的歷史中，顯生元是最為晚近的主要部分，前面至少還有三個浩瀚的元或宙（元古宙、太古宙與冥古宙）；顯生元的化石紀錄相當完整而連續，前三個元的化石紀錄則稀疏的多，甚至完全沒有紀錄。顯生元之內的生命歷史則分成三個大代（新生代、中生代與古生代），其名稱是十九世紀時菲利普斯的命名；世人則在二十世紀時認定，隔開這三個代的，是最嚴重的兩起大規模滅絕事件。在菲利普斯的每一個「代」當中，還可以根據十九世紀地層學令人印象深刻的產物——紀（例如麥奇生的志留紀）來劃分。「紀」有眾所公認的界定標準，對於探索地球及其生命的歷史，以及其環境的變化、大陸的漂移和偶然的危機與災難來說，都有非常寶貴的價值。而世（例如十九世紀時，萊爾在新生代中定出的更新世與始新世）則代表更細微的時間與歷史分段，在重建地球細部歷史的過程中，也證明了其價值。

這種區分地球歷史時段的方式，仍然可以進一步細分。例如在二十一世紀初，就有一些地球科學家提議在萊爾的「世」當中，分出一個新的、正在進行中的「人類世」（*anthropocene*）。此舉用意在承認自工業革命以來，人類在這段地質上微不足道的時間段裡，早已對地球帶來深遠的物質衝擊。例如現代世界的拋棄式塑膠製品風化物，其無孔不入的程度，就連最遙遠的海岸線都已遭到滲透；等到遙遠的未來，任何地層學家在辨認過去幾百年形成的沉積物或地層時，這些塑膠風化物肯定是「特色化石」的好例子——又新又特別，而且是突然出現，分布全球。更有甚者，人類造成的環境衝擊數量迅速攀升，情況益發混亂，似乎正造成一段大規模滅絕篇章：威脅程度堪比化石紀錄中察覺到最嚴重的那五次，即將成為地球顯生元歷史的第六次大滅絕。從地質角度來看，大量二氧化碳突然釋放到地球大氣中（原因是大規模燃燒此前埋藏在地底下數千萬年或數億年之久的化石燃料），人們普遍認為此事很有可能造成急遽、深遠而長久的影響，這一點在不遠的未來再怎麼強調也不為過。雖然有種種理由證明，地球作為一顆行星，其自然環境的未來想必會跟久遠的過去同樣漫長而精采，但長期來看，地球環境恐怕不見得能一直適合**智人**居住。在這個議題上說話最有份量的若干科學家們，甚至認為除非人類在不遠的將來改變其處事方式，否則二十一世紀或許就是人類的最後一個世紀了。

自二十世紀早期以降，所有這些定性（qualitative）的地球深**歷史**，皆因為有定量（quantitative）的深**時間**尺度校準而更加豐富。到了二十一世紀初，一百年來的技術演進（帶來愈來愈精確、可靠、前後一致的結果），已經讓礦物與岩石的放射性定年成為常態。不光是地球的總年齡，連更重要的、這整段歷史從頭到尾複雜的事件順序，都變得毫無爭議（相當細節的部分除外）。這種地質年代學也不盡然完全是依賴物理學家的設想——亦即認為放射性同位素衰變速率和物質的其他基本屬性一樣，在時間當中維持恆定。其他獨立於物理學的定年方法——例如分析沉積物（如紋泥層）與冰核的年積層——已經證實估計的時間量級也是正確的（至少對較晚近歷史的估計是

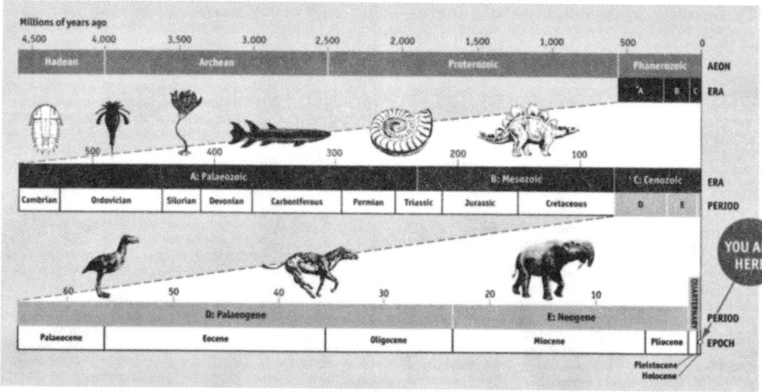

圖12.1——地球深歷史，以距今百萬年為單位，分成三段不同的時間軸，並標示若干時間段的名稱。這張圖表是在二〇一一年時，為世界各地閱讀《經濟學人》（*The Economist*）的聰明讀者們設計的，將截至二十一世紀初，科學家所重建的豐富地球史簡明扼要加以呈現。圖上之所以能有跨度如此之廣的量化時間軸（其可靠與精準也遠勝以往），得歸功於放射性定年技術這一個世紀以來的進展。圖表上自寒武紀開始的顯生元（中軸與下軸），還畫了從三葉蟲到類哺乳類等幾種絕種動物。在更古老的地球前寒武歷史那一段（上軸），原本也可以畫上一些類似的重大事件，例如發生在冥古元的宇宙「重轟炸」、太古元最早的微生物、大氣中在元古元初期開始有氧氣，以及相對大型的生物在顯生元初期出現的「寒武紀大爆發」。不過這張圖主要是設計來解釋當時還算新的倡議：新生代（下軸）中的「世」（主要是萊爾在十九世紀初所定義的）應該要加上一個「人新」世——時間短得畫不出來，只能放個「你在這裡」的標示。人新世指的是自工業革命以降的時期，人類在這段時間的實質衝擊力，可說是益發無遠弗屆，好比更新世冰河時期的大規模氣候變遷。

如此）。透過這些方法，研究者已經排除合理的懷疑，證明了更新世冰河期結束至今，必然已經過了數千、數萬年；而顯然極為漫長的更新世冰河期也毫無疑問，只不過是地球整體歷史的最尾端而已。在發現放射性前不久，物理學家克耳文只留下僅僅幾千萬年，作為這顆行星誕生至今的時間。相較之下，放射性定年得出來的數字——好幾十億年——似乎更符合比例，跟前述獨立方法也一致。無庸置疑，地球古老的程度，確實幾乎無法想像（根據宇宙學家以大致獨立的方法得到的結果，宇宙之古老更是無法估量）。

在這一段長得幾乎無法想像的地球史中，最最驚人的特色就是生命的歷史——尤其是因為我們也是其中的產物。世人始終完全無法確定生命究竟是否有任何真正的歷史，還是一直維持大致相似的樣貌。直到十九世紀初，居維葉等人才證明生物滅絕屬實，顯示更古老的時代與現今世界的生物之間有明確的不同。居維葉的後輩們隨後也在同一個世紀裡，憑藉對化石紀錄愈來愈深入的探究，確定了生命的歷史不僅有著線性與方向性，而且多少可說是有「演進」的。在化石紀錄中，生物學家認為「較高等」或較複雜（例如哺乳類）的生命型態，大致上出現的時間比簡單或「較低等」（例如魚）的生命型態晚；萊爾的親衛隊不認同這一點，反而主張化石紀錄所支持的是均變說，或是赫頓式的「穩定狀態」世界詮釋，但他們的論點已經沒有可信度。化石紀錄中起先顯然沒有真正的人類化石，後來在十九世紀中葉才有發現，但年代局限於最晚的時代（第四紀），這恰好證實人類直到（相對上的）最後一刻才現身。

來到化石紀錄的另一端，人們在十九世紀下半葉發現，寒武紀岩層含有的生物，幾乎就跟後來幾個紀的生物一樣複雜多元，但下方的前寒武紀岩層卻完全沒有明顯的化石，生命史的起源因此變得極為撲朔迷離。然而到了二十世紀初，放射性定年法的發展卻讓地質學家與古生物學家徹底改觀：「拉長地球總年歲」這本身還好，但把前寒武紀向前延伸、變成地球整體歷史迄今為止最大的一部分，卻帶來非常深遠的影響。只是，前寒武紀的化石紀錄始終疏疏落落、問題重重。直到二十世紀下半葉，新的發現顯示情況可能是：整個前寒武紀的生物，其大小幾乎都得用顯微鏡才看得到，而且構造也相對簡單；必須等到寒武紀之初前後的「寒武紀大爆發」，較大、較複雜的生命型態（後生動物）才開始迅速繁殖。還有一項同樣出人意料的發現，即生命在地球整體歷史相當早的時候（太古宙）便已首度現身（至少是以微小、相對簡單的生命型態出現）。令人驚訝的是，證據顯示或許是這些生命型態在未來把氧氣加進地球大氣的，最終才讓複雜許多的生命型態得以發展——包括我們在內。

過去的自然事件及其成因

這段複雜程度出人意料的生命歷史，是憑藉化石紀錄重建出來的。而在這一切生命史的背後，有個相當獨立的因果問題：生命的變化緣何而起。比較早期的博物學家裡，有不少人推測生命形態會憑藉某種自然的過程而產生，後來者必然源於較早者，甚或是直接出自無生物材料；但這種自然過程如何進行，則是隱晦難解（對於後來自稱「科學家」的人來說，無論他們虔誠與否，「新物種是因為神意直接干預而出現」都不是他們的共識）。達爾文曾經宣稱，自己的特別版演化論——慢到無法察覺、以天擇為主要驅動力——才是真正符合科學的唯一可行版本，而他彙集的證據之多，讓「演化」有時候就等於其「達爾文」版本。不過事實上，在每一個論辯的階段，都有其他各式各樣的演化論可供選擇，比方說，從十九世紀的「拉馬克版」，到二十世紀晚期所說的「斷續平衡」（亦即不時會有相對快速的演化發生）都有：其他所有的演化論都跟達爾文的版本一樣以自然為因，咸認在解釋證據的效力上通常也跟達爾文版本一樣好，甚至更好。關於演化底下的因果過程，生物學論戰有時候挺激烈，但地質學家與古生物學家對此卻貢獻不多。另一方面，他們倒是可以堅持，也確實如此堅持只有化石證據才能為演化過程的重建，帶來合於歷史事實的可信根據（無論化石紀錄有多麼不完整）。即便到了二十世紀晚期，有些傳統上的演化證據（例如解剖學與生理學）得到遺傳學與ＤＮＡ序列的支持，但化石證據仍然有其重要性：遺傳學與ＤＮＡ證據幾乎完全是以生命在當下演化片刻的樣貌，而非生命在過去可能的樣貌為根據。總之，最古老的化石證據是非常簡單的生命形式（原核生物），類似今天的細菌；但是，連這種簡單的生命形式，從微觀層次來看也已複雜得驚人，因此當生物學家為生命最古老的起源本身激辯時，古生物學還是派不上多少用場。

演化的歷史證據（有時候稱為「作為事實的演化」〔evolution as a *fact*〕，會讓人產生誤會）和演化的因果解釋（「作為理論的演化」〔evolution as a *theory*〕）之間的這種區分，只不過是探索地球深歷史過程中一再出現的例子。為久遠過去中的任何一起事件（而不只是涉及生物的事件）建立歷史真實性，向來不同於為事件尋找合適的因果解釋。地質學研究的過程中，過往某個事件（或是一系列事件）的真實性，總是在人們全面了解其原因（或諸多原因）之前就已確立了，而且一再如此；那些力陳事件確實發生過的人，也得一次又一次堅持「缺乏讓人信服的成因，並不能作為否認其歷史真實性的理由」。從本書提到的晚近歷史中，像是更新世冰河期之謎、阿爾卑斯山等山脈出現的巨大推覆構造與倒轉褶皺，以及整塊大陸在全球各地的移動，都是明顯的實例。

在所有類似的案例中，「建立歷史事實」與「尋找因果解釋」之間的分野底下，向來隱藏著「歷史學」等科學（用的是「科學」一詞的原意，這在德語的「*Wissenschaften*」中依然保有）與「物理學」等科學（只是眾多自然科學——亦即德語的「*Naturwissenschaften*」之一）之間的差距。人們有種錯誤的假設，以為所有科學都共享，或者應該共享一套獨一無二的「科學方法」（大寫的「科學」〔Science〕這種「英語世界異端」，則在背後推波助瀾）。承認科學五花八門，不分自然科學或人文科學，才能把它們從那種錯誤看法所加諸的拘束中解放出來。歷史的維度早已在針對人類世界的研究中先站穩了腳步。「發現地球深歷史」的這一段過程，則清楚呈現了把歷史維度又進一步引進自然世界的研究，對於「發現地球深歷史」有多麼重要。學者將研究人類歷史時所用的方法與觀念，轉移到對地球及其大小地貌的研究上。山脈與火山、岩層與化石，都成了人們認為的自然歷史產物；如果只憑不因時間改變的「自然法則」所主宰的原因，是無法理解它們的。過去的自然事件雖然可以從今天保存的地貌來推測，但事件自始至終都充滿偶然，就像人類歷史中的事件：它們無法預測，就算憑後見之明也辦不到（用行話來說，就是無法「逆預測」〔retrodicted〕）。我們總是可以意識到或是想像到，在一系列過往事件的每一個時間點，事情都可能有不同的發展，有一連串不同的影響，而且這跟恆常的「自然法則」並不會有衝突。「反事實」（counterfactual）或「要是？」的歷史總是有其可能性，而且常常能帶來啟發：比方說，最後的恐龍據說是在六千五百萬年前，因為小行星撞到地球而滅絕，那如果地球沒有被那顆小行星撞到，會怎麼樣？這就好像去想像，要是奧地利大公在一九一四年造訪塞拉耶佛時，沒有被刺客那顆引發第一次世界大戰的子彈所擊中，事情會如何發展一樣。

不僅地球形成過程充滿偶然性，在鴻儒、博物學家、「科學漢」或科學家們（這是他們一連串名號中的幾個）拼湊「地球深歷史過程中究竟發生過什麼」的過程中，也彌漫著這種「純屬偶然」的本質。本書的故事一再強調：新證據的發現，以及新的、有說服力的詮釋形塑的過程，都是始料未及的。這種事情一而再、再而三發生。故事中靠近現代的部分就有明顯的例子，例如偶然發現的埃迪卡拉化石與槍燧層中的化石，兩者都戲劇性改變了科學家對早期生命史的理解。以歷史方式重建「深歷史」過程，必然多少帶有推測成分，這純粹是因為我們就是無法親身觀察那

圖 12.2 ——地球深歷史的重建場景，這是奧地利古生物學家法蘭茨・烏恩厄（Franz Unger）畫的想像圖，發表在《原始世界》（*Die Urwelt*，一八五一年）。圖為中生代（精確來說，是白堊紀早期）一景，兩隻禽龍（最早定義為恐龍的化石哺乳類之一）為求偶而競爭，而牠們所處的環境中則充滿與今天大異其趣的植物生態（烏恩厄本人正是植物專家）。這張圖出自一系列大張的平版印刷品，想表現的不只是單一而獨特的「原始世界」，而是一個「隨著不同地質時期」不斷改變的世界。烏恩厄主張此景中的茂密植被，成因可能是當時的大氣與今天相比，仍富含二氧化碳：這暗示生命世界的發展或許跟地球本身的發展是連在一起的，兩者共同構成某種整合的系統。這個場景總結了十七世紀以來，地球深歷史探索過程中一大部分非做不可的事：充分利用手邊可用的任何證據（以本圖為例，證據就是骨頭與牙齒、植物枝幹與葉片的化石殘片，以及將這些化石保存下來的岩石），藉以重建出一段歷史；這段歷史難免出於猜測，但得到進一步的證據時也總是容許修正與改進。就拿禽龍來說，更完整的禽龍遺骸化石在十九世紀下半葉出土，顯示口鼻部類似犀牛角的物體其實是爪子，因此整隻動物的外型就跟烏恩厄與時人所想像的大不相同。

個過程。但只要有新證據，深歷史的重建總是容許修正與改進：比方說，發現了保存更好的化石標本，或是可用的化石樣本比以往更為完整，都會一再改進深歷史的重建，讓它們以更可靠的樣貌再現出「不可見的久遠過去」。

對深歷史的認識有多可靠？

這段「發現地球本身歷史」的簡史，如今已經來到了二十一世紀早期。不過，在故事的最後這一段使用過去式動詞（歷史學家用過去式談自己的研究，這總是沒有錯，只是現在有許多學者想讓成果更加吸引人，所以改用現在式）還是有其道理，這樣才能表示故事絕對還沒蓋棺論定。書快到結尾時，我概略提到許多種地質學上的詮釋，它們多半都是「半成品」：相關的科學家要如何、何時會、是否會針對這些問題達成共識，而共識又是什麼模樣，都還有待觀察。我們沒有理由把目前對地球歷史的認識，當成顛撲不破的**真理**。過往的任何一代科學家，原本大可這樣看待自己的構想，但他們沒有，而我們並不比他們更有資格這麼做。科學家常常用「但我們現在曉得，……」當起手式，來推翻或挖苦前輩的定論，而這句話也很有可能不請自來，回過頭來讓自己難堪，就看是一年、十年、還是一世紀之後。

不過，本書中這段浩浩蕩蕩的歷史敘述，卻能提供充分的根據，告訴我們：地球深歷史的主要輪廓，是在過去幾世紀期間漸漸重建出來的，任何未來的新發現或新概念，都不大可能徹底削弱、甚或摧毀其成果，但或許能大大地加以澄清、修正。最近幾十年來，知識界很流行把科學知識的歷史，描繪成一系列激進的革命與無法共量的「典範」（paradigms，當前的知識論述中用爛的詞之一），彷彿在某個時期宣稱為合理的知識，到了下一個時期就會完全遭到推翻與取代。然而，無論這種模式有多適合描述其他科學的情況，地球深歷史的發現過程中始終有個明確的趨勢，深歷史的重建與詮釋愈來愈能將現有的證據融會貫通，總之，整體研究是持續進展的。縱使人們經常把學界意見的變化描繪得很突然、劇烈而「革命性」——諸如板塊構造學說在二十世紀得到接納、「災變」在十九世紀遭到排斥，或是十八世紀人意識到時間尺度之漫長——可一旦經過歷史學家仔細研究，就能看到底下其實有明確的延續性。那些自認為勝利的人大聲疾呼希望說服同時代的人，彷彿自己做了某種革命。其實歷史學家看到的延續性，比這些勝利者看到的延續性還要高。這類爭議向來能激發出成果豐碩的新研究方向，產生嶄新的詮釋，但其中所包含的重要元素究其根本，來自「輸家」的部分就跟來自所謂「贏家」的一樣多。這在各類科學的歷史上經常發生。

類似地質學這種科學的歷史，整體上之所以具有演進特性的原因很清楚，即相關的證據顯然有累加的性質。比方說，只要有人找到化石樣本，加以研究、描述，未來的世代就能一直回頭查詢，把它納入新的詮釋框架中（當然，前提是標本沒有遺失或是被毀）。十七世紀時，西拉曾蒐藏、描述過某個特定的鯊魚牙齒化石。這顆牙齒後來在十八世紀成了伍德沃德的蒐藏（也寫進了他的洪水理論裡），十九與二十世紀的古生物學家又從演化的角度重新描述、詮釋這顆化石，這一切都發生在可茲比較的樣本數量愈來愈豐富的脈絡中。無獨有偶，在此前未曾探索的地區、或是未經調查的地點進行田調的成果，也一次次豐富了現有的證據，讓人們得以削弱、證實或舊或新的詮釋。無意間在埃迪卡拉出土的奇特化石就是個好例子，這類化石並非侷限在澳洲的特定地點，而是在地球史久遠之前的某個特定紀中遍及全球的特色化石。調查技術的改良向來能提供、未來也將持續提供資源，供幾乎無法逆轉的改變所用，而這種改變是有資格稱為「前進」的。例如來自槍燧層的早期生命史關鍵證據，假如稍早前沒有發展出技術，足以研究任何這類硬岩中相當薄的特定區間所蘊含的微觀特色，這些證據也就無法取得。地球歷史每一個部分的定年不僅益發精確，而且持續可靠。而定年尤其仰賴不斷進步的微量放射性同位素分析技術，特別是發揮了質譜儀的潛力——這種儀器一開始可是為了非常不同的目的而設計的。

地質年代學（*geochronology*）這門新的科學在十九世紀行將結束時，從十七世紀的科學**編年學**（*chronology*）那兒得到了自己的名字（其實，只要有古代歷史事件或古文物需要畫分到「主前」或「西元前」，編年學就會一直活得好好的）。學科名稱的選詞用字，可不是雞毛蒜皮的小事。這兩門學問都在談**歷史性**的課題。十七世紀時，斯泰諾與虎克等博物學家，便曾借鑑斯卡利傑與烏雪等編年學者：他們把岩層與化石等自然界現象解釋成地球的編年，處理時採用的原則也跟人類歷史編年並無二致。所以，飽學多聞的編年學者在十七世紀如此作為，地質年代學者在二十一世紀初依舊如此作為。兩者在知識上與概念上的連續性並未中斷，只是他們處理的時間尺度顯然有極大的差距。而且不光只是連續性：如果要養成思考的習慣，把岩層與化石、山脈與火山轉化為可以理解的地球深歷史痕跡，那麼就免不了這種有意把觀念與方法從文化領域轉移到自然領域的做法（「自然的錢幣與遺跡」、「自然的文件與檔案」等無所不在的比喻，特別能凸顯這種作法）。把這些比喻運用得最有效、邏輯最一致的人（例如十七世紀的虎克與十八世紀的蘇拉維），便借用了當時歷史學家的方法與洞見。因此，他們所師法的那些歷史學家（尤其是編年學者，他們特別把注意力擺在編纂年代正確的歷史「年鑑」上）對重建地球史極為重要。至於這些重建地球史的人，後人則稱之為「地質學家」。

地質學與《創世紀》的再評估

早期的編年學者在現代一直蒙受不白之冤，原因主要是因為他們使用聖經——尤其是其中的《創世紀》——來建立其編年史的起點。但把這當成「宗教」扭曲或妨礙「科學」的例子來加以譴責，就誤解了編年學者的所作所為。他們試圖盡可能標繪出世界的整體歷史，利用了所有可用的史料——實際上等於以世俗史料為主。當然，由於其文化脈絡使然，他們之中多數人都以「神意自我揭露」（即「啟示」）的角度來解釋這一大段人類歷史，並把這段歷史視為不時被具有神聖重要性的「創舉」或決定性的瞬間所打斷的故事。但這並不影響他們的編年史原本的本質，就是要寫成歷史。在編年史的一開頭，通常是來自《創世紀》的太初創世故事，這不僅是因為創世故事能提供一個戲劇性的起點「太初有……」，也是因為人們相信聖經文本是紀錄這些早之又早的事件唯一的史料。隨著比較沒那麼久遠的時代漸漸有相應的世俗史料可茲使用，後面的編年史也帶入這些史料：後來的史料先是作為補充證據，漸漸成為主要史料，幫助事件的定年。

我們因此有相當把握可以推斷，早期編年學者對人類歷史的看法（即回溯到創世故事，回到一切的起源，無論歷時多麼短暫），積極促進了後人把歷史學思考方式轉移到自然世界的研究上。創世「六日論」成為後來發展「地球自身歷史敘事」的模型。事實證明這個模型確有其價值。十八世紀時，博物學家愈來愈清楚：地球歷史的時間尺度，必然遠比編年學者所以為的長遠許多。他們就這麼把這六「日」直接延長為長度不明確的六個時期（當時的聖經學者也認可這種詮釋），同時認為地球及其生命發展有一種方向性，是不會重複的；從起源一路發展到現在，成為一系列事件，最後以人類的現身為高潮。這種模型，讓十九世紀的地質學家不費吹灰之力，便認定自己的科學（他們如此希望，確實也有許多人如此希望）能完美符合自己的宗教實踐。因此，地質科學與聖經文本詮釋之間並不存在根本的衝突，至少對那些清楚這兩個領域主流思想的人是如此。至於在這兩個領域之外的世界，那些死命用「直譯」方法理解聖經，以非歷史性的方式把聖經當成一套文本、以唯一字面意義從頭到尾解釋的人，則被放逐到知識界與文化界的邊緣，理由不難想見。

「地質學與《創世紀》之間有著重大的歷史衝突」，這種迷思（確實如此）是會誤導人的：無論是過去還是今天，真正的衝突點都在別的地方。十九世紀時，地質學家提出了地球浩瀚歷史的新圖像，而生物學家也提出了同樣嶄新的圖像，即生物多樣性的演化起源。宗教界對於地質學新圖像的關注，通常都不敵對生物學新圖像的憂心，而這一切又反過來讓人特別關注人類之本質與其地位的問題。這種對人類本身有所隱憂的態度不難理解，而且也確實需要擔心，畢竟關於人類起源的科學推論——亦即人類是經由某種純自然的演化過程，從更古老的靈長類演變而來——正被意欲推動無神論目標的人所挾持。尤其是達爾文的演化論，他的天擇構想起先是想為「轉變」（transmutation）提供可靠的因果解釋，結果卻被別人擴張、轉換為無限上綱的達爾文主義（*Darwinismus*）的世界觀（「Darwinismus」這個德文字，比英文更能掌握那種狂妄的特質！）。到了十九世紀下半葉，達爾文主義或演化主義展現了足以變成「無神的準宗教」的潛力。情況在二十世紀甚至更為明顯，鼓吹達爾文主義的人所表現的侵略性與教條心態，常常跟他們的宗教對手不相上下。宗教基要主義者經常讓二十一世紀初的科學家大為震驚，這些基要主義者在世界上某些地方的政治影響力，正威脅著科學家代表的一切。而在科學家陣營裡，也有人宣揚著同樣具破壞性的基要主義——將科學的演化論以不恰當的方式延伸為無神論世界觀。但科學家們卻不承認，自己在集體反駁這些無神論科學家一事上是失敗了。

然而，本書真正的焦點，純粹在於勾勒出「發現地球深歷史」這段歷史的梗概。要是還在前一點打轉，就會迷失焦點了。我在書中一直強調，「大幅擴大地球時間跨度」本身雖然引人注意，但真正重要的其實是去拼湊、重建地球出人意料的豐富歷史。對於相關領域的科學家來說，這段歷史本身始終迷人得很，向來都能、未來也依然能吸引他們投入時間與注意力。對於普羅大眾來說，二十一世紀的科學「古老地球」跟十七世紀的傳統「年輕地球」之間最明顯的差異，其實不是兩者時間尺度上的規模，而是人類在這段歷史中的位置。人類的戲份似乎從占據整部戲（除了簡短的序曲之外），縮水成只在最後一幕出場。

若要窮盡這種觀點的激烈變化對十九世紀的人經常說的「人在自然中之位置」造成什麼影響，那可得另外花上一本書的篇幅，而且寫出來會是本很不一樣的書。本書只希望讀者注意到：觀點的變化既非前無古人，亦非沒有先例可循。幾世紀前，天文學家也有同樣戲劇性的發現，即對宇宙的看法出現了「從封閉的世界到無限的宇宙」的轉變（某本談這個主題的經典之作，就是以此為書名）。他們的發現在空間維度上徹底改變了「人在自然中之位置」，其程度不亞於本書所概述的、後來在時間維度上造成轉變的地質發現。大略一想，這兩者都讓人類變得渺小：地球和上面的人類，變成浩瀚無垠宇宙中繞個一顆恆星的區區一顆行星；而人類存在於地球上的時間，也在一段長得無法想像的時間裡，變成最後的一瞬間而已。然而，無論是哪一個維度，這些戲劇性的變化對於圍繞著「人類存在的意義」和「打造社會的任務」的問題都沒有影響，因為社會的建構要同時根據公理與同情心，才能讓人類在其中活出最完整的生命。上述的存在性問題無論是在那個「以為人類是在幾千年前被創造出來」的時代，還是太空探索時代（無論人們是否認為在宇宙中「我們是孤獨的」），大致上都沒什麼不同。許多人仍然在宗教脈絡中應付這些深刻的問題，他們也許會、也應該要對大幅擴張的地球歷史感到印象深刻，並且欣賞科學上的發現，但並不會在宗教生活上造成什麼大困擾。有些人選擇生活在猶太教或基督教等行之有年的有神論傳統中（我自己就是），這些人不僅能夠、也應該像他們看待系外行星與黑洞時一樣，對恐龍與大滅絕感到泰然自若。

不過，任何主張「發現地球深歷史的過程，在過去會受到『宗教』妨礙、阻攔」的說法，絕對都是站不住腳的。當然，任何一段歷史時期與各個文化中，都有可能找到一大堆蠢蛋跟衛道人士；不過，也有很多人既不愚蠢也不偏執，認為自己是信徒的人如此，根據充分的理由批評當時宗教實踐的人亦如此。對某些人來說，宗教觀點能為他們的生活賦予意義與目的。在每一個時代裡，這種人當然都希望把新的科學知識，跟自己對世界的既有認知整合起來。但這種願景所提供的思維模板，其作用通常都是拓展科學知識，而非限制，因此每個世紀，都有身為虔誠信徒卻對科學有深遠貢獻。無論是在「發現地球深歷史」的歷史中，還是各門科學發展的歷史中，這種「『科學』與『宗教』之間一再發生本質上的『衝突』」的看法（亦即現代宗教基要主義與無神論基要主義者的根本論調），都是經不起歷史檢證的。

然而在最關鍵的議題上，地球深歷史的新科學觀點，似乎遠遠無法顛覆傳統的觀點，尤其是現代世界手握大權的人，居然無法領會其中的實際意涵。比方說，他們現在為過去十幾二十年的氣候變化方向而爭辯，卻顯然沒有意識到：從地球深歷史中（以及可能的未來）發生過的重大變化來看，任何這種短期的趨勢都不具重要性。而在爭辯的同時，他們卻忽略了警訊——當前的政策與作為，正在我們四周造成重大滅絕，而這第六次滅絕堪比過去五千萬年間五度打斷歷史的滅絕。第六次滅絕絕對會是「人為」(anthropogenic）的。更危險的是，他們似乎無視於最近僅在幾十年間就過度開發過去幾百萬、幾千萬、幾億，甚或是幾十億年累積而成、而且完全無法再生的自然資源。從本書敘述的科學發現歷程來看，這種無知、不顧人類未來世代需求的做法絕對無法原諒。

不過，我還是下個比較正面的結語吧：自稱為鴻儒、博物學家或自然學者的這些人——我再度強調，其中許多人是非常虔誠的人——在過去的三、四個世紀期間，以富想像力且一絲不苟的方式進行研究，他們的成果徹底改變了我們對人類自然地位的看法，用更有說服力、更可靠的證據重建出地球及其生命豐富驚人的深歷史。綜觀各個時代，這絕對是最令人印象深刻的科學成就之一。我期盼這本篇幅不算長的歷史書寫，能讓更多人了解、欣賞這樣的成就。這是它應得的。

附錄

不自量力的創造論者

這本書所追溯的，是地球本身的深歷史逐漸揭露的歷史過程，我並不打算為現今的科學知識提供摘要。但如今的情勢中卻有個奇怪的現象，需要從歷史角度提出批評。由於事情實在太奇怪，太跳脫科學思想與實作的主流，因此用附錄來談會比較合適。這，就是近數十年來出現在美國，人稱「創造論」（creationism）的運動（世界上其他地方的相關活動，都是由美國衍生而來）。所謂的科學家們，在過去三、四個世紀裡發展出對於地球及其上生命的詮釋，但「創造論」卻幾乎排拒由此產生的所有面向。「創造論」中最惹人注意的，就是對演化的強烈反對，尤其反對演化論據稱對「理解人類」所帶來的影響。不過，「創造論」以石破天驚的方式重新發明了「年輕地球」的概念，這一點也同樣引人注意，想想十八世紀的地球科學界早已出於充分的原因，放棄了「年輕地球」這種構想。下面就是創造論發展的梗概，我會把創造論對地球科學主流的怪誕排斥，放在它跟生命科學，尤其是演化論之間，更為驚人的衝突脈絡中來檢視。

本書前幾章描述了「地球及其生命有其歷史」這個概念在初期的發展，顯示十七世紀的編年學者如何利用聖經，作為建構世界歷史時間線的源頭之一。他們相信，若從古代羅馬與希臘出發，深入更久遠之前的時代，則聖經文本最終將成為唯一可用的歷史記載。人們更是認為，《創世紀》中的兩段創世故事，是最古老時代的唯一記載；據信，這些故事必然是神直接向亞當或其子嗣所揭露的。不過，儘管信徒同樣相信聖經其餘部分在一定程度上也是受到神意所「啟發」，但他們認為這些部份是一套不同文本的文集，內容是由人類所寫或記錄：以《創世紀》那兩段以外的文本來說，大家公認那是由摩西所寫（同理可證，我自己身處的、根植於新教改革的主流宗教傳統，是鼓勵信徒在禮拜儀式中〔舉個例子〕「聆聽聖約翰說……」，而非「聆聽聖經所說……」）。回到主後／西元的頭幾百年，也就是所謂的「教父」（Patristic）時期，早已有人深入探索過特定聖經文本多重詮釋的可能性了。「字面」詮釋只不過是好幾種層面之一，而且並非人們最重視的層面。更有甚者，解經的「俯就」（accommodation）原則早已是眾所公認：「俯就」的意思是，聖經使用的表達方式雖然是受神意所啟發，但也必然得配合特定文本原初受眾的領悟力，否則其意義或訊息就無法得到領會。聖經研究在好幾個世紀之後益發深化，學者與神學家對於其他文化的「他者性」（otherness）也有更多的歷史意識，這一切令他們認知到（比方說）第一段創世故事中的「日」，指的或許不是現代意義的「日」；聖經記載中挪亞洪水所淹沒的「全世界」，或許是指故事原初受眾起先所認知的全世界。最關鍵處則是人們瞭解到，強調聖經最初的目的，在於記錄、詮釋「道成肉身」（Incarnation）與「救贖」（Redemption）等基督教核心概念所賴以為基礎的歷史事件，點出這些事件對日常生活有什麼實際意涵，而非以科學角度指點人類該怎麼做。據說，伽利略就講過這樣的俏皮話：聖經是要讓我們知道怎麼進天堂（how to go to Heaven），而不是天堂怎麼運作（how the heavens go）。

在這種淵博的「詮釋學」（hermeneutics）解經方法的悠久歷史傳統下，聖經「直譯主義」居然能在十九世紀晚期與二十世紀初期復興，尤其是在美國新教信仰之間，使得整個基督教世界都為此咋舌。（世界各地的天主教信仰，也在同一時間出現同樣奇特的情形，也就是以地方性神蹟為基礎的聖人崇拜，比方說法國露德〔Lourdes〕；這對科學與科技時代來說，可謂同等弔詭。）更誇張的是，若干美國宗教人物提出聖經的口傳絕對是「無錯」的，這根本是種驚人的創新。然而，這種新的直譯主義其來有自，其實是對美國其他宗教生活中極端「自由派」運動的反應。在這樣極端「自由派」的運動中，人們放棄了基督信仰裡所有的超驗元素，基督教簡直就像提倡該運動的人所說的，只不過是種「社會福音」（social gospel）而已。二十世紀初，有人出了一系列冊子，以《基要》（*Fundamentals*，一九一〇年至一五年）為書名（後來的「**基要主義**」〔fundamentalism〕一詞即由此而來），意在重申基督教基本信條，抵抗這股潮流；《基要》的頭號目標是打擊極端自由派神學，以及去削弱支撐這種神學的聖經批判研究，但絕非針對科學觀念。但到了第一次世界大戰後（美國參戰姍姍來遲，但效果是決定性的），政治人物威廉．詹寧斯．布萊恩（William Jennings Bryan）發起了一場道德聖戰，把戰爭本身的殘暴無情與戰後所有的現代社會痼疾，怪罪於演化論

——據稱一旦把演化論延伸到人類身上之後，便會帶有無神論意涵。

在這種背景下，一九二五年的田納西發生了一場備受關注的審判：布萊恩（一位衛道人士，但非聖經直譯主義者）成功讓約翰・斯科普斯（John Scopes）因違反州法而遭到起訴——因為他在自己的生物課上教授人類演化。儘管一般認為斯科普斯的辯護律師克拉倫斯・達羅（Clarence Darrow）取得精神上的勝利，但布萊恩的作法卻成為接下來數十年間，基要主義運動在美國新教信仰中甚囂塵上的動力（布萊恩本人在斯科普斯審判後不久過世）。美國比較特別的是，基要主義運動潮流結合了其社會與政治生活特有的諸多元素，這在世界其他地方都找不到：美國南方對北方的反感、世居已久的新教徒對抗移民而來的天主教徒、保守的農業社會對抗世故的城市文化、教育程度不高的人對抗學院菁英……諸如此類。尤有甚者，則是美國憲法中獨特的政教分離制度，這讓公立教育系統中什麼能教、什麼該教，變成關鍵的問題。

演化論成為宗教基要主義者在科學上主攻的目標，尤其是他們所認為的達爾文主義——原因是，達爾文演化論經常被人化約到只應用在人類的起源與本質上（也就是說，從各個方面來看，我們「只不過是」沒毛的猿猴）。地球極為漫長的歷史，以及科學家視為長期、大規模演化證據的化石紀錄，都被宗教基要主義者當成必須要削弱的對象。十九、二十世紀之交時，再臨宗（Adventist）作家喬治・麥可雷迪・普萊斯（George McCready Price）從該教派的美國奠基者處得到理念上的啟發，他主張地質學的基本原則有嚴重的缺陷（但他對這門科學的實作經驗少之又少）。

他宣稱支持地球及其生命歷史悠久的整個科學證詞，都能改寫成支持僅僅幾千年前發生的六日創世；創世後經歷的那場相當短暫的世界性大洪水，讓整體岩層一口氣就把所有該沉積的岩層都沉積好；最後這種看法，跟兩世紀以前伍德沃德的洪水論出奇相似。普萊斯寫了許多書詳加解釋這種復活的「年輕地球」觀，其中以《新地質學》（*The New Geology*，一九二三年）對美國信奉新教的民眾有最大的影響力，但地質學界牛耳查爾斯．舒赫特卻斥普萊斯「心懷地質學夢魘」——這話體現了科學界的意見。但普萊斯和他的朋友們並不因此氣餒，繼續著他們為「年輕地球」而打的聖戰，好讓任何一種演化在缺少時間的情況下全數無法成真。到了一九四〇年代，他們在加州成立了洪水地質學會（Deluge Geology Society），但美國科學聯合會（American Scientific Affiliation，成立於一九四一年的組織，代表那些信仰基督教，但神學意見保守的科學家）批評他們，說他們無視於支持「古老地球」的強力地質學證據。

年輕地球創造論的前景因此不甚樂觀，其發展泰半局限於再臨宗內部，直到聖經教師約翰．惠特科姆（John Whitcomb）與工程師亨利．莫里斯（Henry Morris）發表《創世紀洪水》（*Genesis Flood*，一九六一年）為止——這兩人都出身基要主義背景，地質學經驗也跟他們的前輩普萊斯相去不遠，都非常缺乏。這本書取得出乎意料的成功，對廣大美國新教徒輿論造成影響，促使創世研究學會（Creation Research Society）在一九六三年成立；其成員限於在科學上夠格的人（但所學卻不必然與爭議所涉及的科學有關），組織在教義上也嚴守聖經無錯論的筆直窄道。然而到了一九七〇年代，創造論運動內部明顯出現了戰術上的分歧。有些創造論者繼續把重心擺在尋找證據，以支持創世與世界性洪水發生在非常晚近的說法。比方說，他們試圖削弱「古老地球」的地層學與古生物學，方法是把中生代的恐龍腳印當成早期人類的腳印，把大峽谷詮釋成龐大的岩層超快速的沉積，而後又在洪水退去時經由超快速的侵蝕作用所造成的產物；他們還孜孜矻矻，到亞拉拉特山高處的山坡上尋找挪亞方舟的殘骸。其他人則掀起重大的戰術轉變，發起運動讓創造論在美國公立教育體系中與「演化論」有「同等的授課時間」。他們的根據是：創造論與演化論是科學上價值相當的兩種理論選擇，同樣有資格得到發言權。前一批人繼續主張所有的地質學、古生物學證據，都能重新根據對《創世紀》敘事狹隘的字面解讀加以重新詮釋，而後一批人則乾脆降低《創世紀》的重要性，把創造論重新包裝為嚴謹的科學，莫里斯的教科書《科學創造論》（*Scientific Creationism*，一九七四年）便透漏了玄機。這本書出了兩個版本：一種給公立學校用，完全沒有提到聖經；另一種給「基督教」（意即基要主義）學校用，另外加了章節談「聖經所說的創世」。「科學創造論」後來也改頭換面，變成「創世科學」——對於批評者來說，這是天大的矛盾。

接下來一直到二十一世紀初，創造論的歷史就是一系列廣為人知的法庭案件（在美國是新聞頭條，但在其他地方卻是鮮為人知）：創造論者在法庭上一再喊冤，主張應該在美國公立教育機構中得到「同等的時間」。一九九〇年代，一套新鮮的創造論主張出現，進一步的戰術變化也隨之發生：「**智慧設計論**」。生化學家麥可・比赫（Michael Behe）在《達爾文黑盒子》（*Darwin's Black*

Box，一九九六年）讓這種新論點有點科學的樣子，但它其實就是傳統的「設計論證」拿來冷飯熱炒。十九世紀伊始，就有裴利等人為這種自然神學的特殊變體建立理論，如今智慧設計論進一步發揮，從整個生物及其組成器官的層級，一路深入到微觀結構與活體細胞的分子結構。但生物學家立即指出，這些生物構造上所謂的「不可化約的複雜性」（irreducible complexity）同樣可以從演化角度詮釋，例如人眼複雜驚人的光適應機制，就已經在十九與二十世紀得到演化方面的證明。儘管如此，智慧設計論仍然在二十一世紀初為創造論在策略上打了強心針。智慧設計論者小心翼翼隱藏了創造論運動的聖經直譯主義根源，強化了創造論作為合理「科學」的主張（至少在沒有科學背景的民眾眼中如此），也減少對靠不住的「年輕地球」地質學的依賴。主張地球幾千年前才從無到有，接著在不久前毀於一次蔓延全世界的超大成災洪水，這種「年輕地球」的主張若要成立，就遠比以往更需仰賴於現今世界與過去歷史之間所謂劇烈的斷裂，若干基本的物理「自然法則」因此必須有重大的變化。還好沒有誰這麼魯莽——至少自十七世紀時，伍德沃德祈求牛頓的萬有引力暫時停止發揮作用，好支持其世界性洪水的主張以來，還沒人如此唐突：「年輕地球」創造論所需要的改變規模，就是這麼令人難以置信。

我一再強調，變化萬千的創造論浪潮就跟蘋果派一樣，都是純正的美國產物與美國核心價值；每每聽到美國同事談起創造論者在美國的最新活動時，世界上其他地方的科學家常常會瞠目結舌，甚至難以置信。直到二十世紀末，創造論才出口到世界上其他地方，而且經常有美國基要主義者的龐大金援。相形之下，其他國家本土的創造論運動（例如不列顛）多半規模不大，影響有限，為時也不長，除非／直到他們得到上述的外部支援。等到二十一世紀初，創造論才開始四處生根，甚至從基督教基要主義擴張出去，掀起類似的猶太教、伊斯蘭與其他宗教傳統中的基要主義運動。所有這些運動都有個驚人的共通點：參與其中的人都排斥演化的概念，對於其他所謂的現代性特色罪惡淵藪——例如離婚、墮胎、同性戀，甚至是女性主義——都抱持強烈敵意，這讓他們沆瀣一氣。創造論也變得跟特定的政治意識形態有關，在美國尤其明顯。

整體而論，現在還堅持「年輕地球」觀，幾乎就等於堅持相信地球其實是平的，而非太空中的一顆球（這種人在民眾中更是少數中的少數）。從哲學上看，年輕地球論者如今顯然跟扁平地球論者一樣——一樣四面楚歌，而支持智慧設計論的人同樣也跟現實脫節。無論創造論產生多少噪音，都只不過是怪異的插曲，讓自己跟人類最堅實、最可靠的科學成就處於無法化解的對立面。可惜，創造論者根本是不自量力。

謝辭

本書反映出我的第二段職業生涯——身為歷史學家的完整樣貌（其中只帶著一點點第一段科學家生涯的影子），因此，這段謝辭不太可能把所有曾經惠我良多的同事一一列名：劍橋的同事最早幫助我學習如何像科學史學者一般思考；接著是世界各地好幾個國家的同事，他們的熱烈討論與研究發表，對我個人的研究一直是無價的鼓舞。再來，要感謝的對象則是我的學生——最早是在劍橋，接著是阿姆斯特丹、普林斯頓與聖地牙哥，還有短暫在烏特勒支——我讓他們試讀了一版又一版的敘事與分析，最後才落實在本書內。由於只有少數同學有志以科學史家為業，把他們全當成敏銳的一般讀者是很實際的作法——我希望這本書能引起他們的興趣。試讀的人還有我的朋友們，他們泰半不是學術界中人，卻慷慨勻出自己的時間，讀了本書一章或數章的草稿，告訴我他們覺得行文與圖片是否好讀有趣。因為有些朋友希望能姑隱其名，我索性讓所有人都保持匿名；但我希望他們已經曉得，他們的評論，以及他們鼓勵我維持現有水準而不簡化媚俗的意見，我是多麼看重。最後，芝加哥大學出版社編輯、設計師等人多年來讓我的書（遠遠不及他們的期待）更吸引人，對此我銘感五內；我尤其感謝Karen Darling，她控管我這本新書的製作過程，不僅專業、深入，而且一貫謙恭有禮、面面俱到。

名詞解釋

（畫上底線的詞，在這份名詞解釋中有自己的詞條）

現時論（Actualism） 一種推理方式，把「現時因素」——亦即現今可以觀察到、正在作用中的自然過程，視為詮釋久遠過去留下來的痕跡時最可靠的關鍵。

元／宙（Aeon） 最長的地質時間常用單位；在四個元當中，只有最晚的顯生元才擁有一段相當豐富的化石紀錄。

沖積物（Alluvial） 位於地表的沉積物，鋪在各種岩層的上方，而且顯然是由來自這些岩層的碎屑所組成的，因此出現的時間也較之為晚。

菊石（Ammonites） 獨特的軟體貝類化石，通常呈扁平螺旋狀，外型高度多樣，在中生代岩層通常數量豐富，但今已完全滅絕。

人新世／人類世（Anthropocene） 不久前有人提議，以此作為地球歷史上一段非常短暫且仍在進行中的世，人類在這段時期裡對自然造成的衝擊已經變成重要因子。

古文物家（Antiquary）　專門研究古文物的學者或鴻儒；放到今天，許多古文物家會成為人們口中的考古學家。

古文物（Antiquities）　從過去留存至今的人工製品，尤其是指來自古代希臘與羅馬世界，甚至是人類史上更古老時代的器物。

太古宙（Archaean）　最早的前寒武元，有大量岩石留存至今，多數為變質岩；過去分類為第一紀岩層。

設計論證（Argument from design）　傳統上證明神存在的哲學論點之一，其根據是世界顯然具有「出於設計」的特質，尤其是生物。

隕石撞跡（Astrobleme）　隕石撞擊事件在地表留下的痕跡，有的是保存良好的隕石坑，有的是環形的岩石構造，後者可以解釋為隕石坑受侵蝕後殘餘的部分。

天文地質學（Astrogeology）　將地球地質學中發展出來的方法與觀念，應用到月球與其他太陽系（甚至是系外）天體的一門學問。

亞特蘭提斯（Atlantis）　傳說中有人居住的陸地，據推測位於地中海或大西洋，後來被海水所淹沒。

玄武岩（Basalt）　一種質地細密的黑色堅硬岩石，起初成因不詳，後來火神派宣稱是熔岩流，海神派則認為是固化的沉積物。

箭石（Belemnites）　子彈形狀的獨特化石，構成有腔室軟體貝殼的一部分，類似菊石；中生代地層的特有產物，今已完全滅絕。

寒武紀大爆發（Cambrian explosion）　相當多樣而大型的動物，在前寒武紀最末期，以及其後寒武紀初期相對突然出現的現象。

寒武紀（Cambrian period）　古生代的第一個，也是最早的紀，其化石以多樣而相當大型的動物為代表，跟前寒武紀呈現鮮明對比。

災變論（Catastrophism）　認為強度極大的突發、偶發事件，在地球歷史上扮演重要角色的理論。有些事件的強度甚至高於人類歷史中所見。

新生代（Cenozoic）　地球歷史顯生元三個代中最晚的一個；如大量哺乳類生活的時代，就屬於新生代的範圍內。

編年學（Chronology）　歷史學研究中的分支，利用各式各樣的史料，為發生在人類過去歷史的事件定出精確的時間，成果可以列為年表，或是編年史。

大陸棚（Continental shelves）　地質上屬於大陸的一部分，但被相對淺的海水所覆蓋的區域（以地質學觀點來看，這種覆蓋是間歇性的）。

地殼（Crust）　地球固態部分最頂部或最外部的主要層；構成大陸與海床的「基岩」（過去稱為第一紀岩層）。

自然神論（Deism） 一種神學，認為神創造宇宙，但放手讓宇宙根據不受時間影響的「自然法則」來運作。

地質學洪水（Deluge, geological） 普遍相信，這是一起在地質時間上不久前肆虐地球許多地方的事件，一般把這次事件想像成某種大規模海嘯。

洪水（Diluvial） 用來形容與那場據信影響全地球或大部份地區的「地質學洪水」有關的事物；這場洪水不一定等於《創世紀》裡紀錄的那場聖經大洪水。

洪積物（Diluvium） 地表沉積物，原本歸因於地質學洪水（不必然是聖經大洪水），後來經重新詮釋為舊冰河與冰層留下的痕跡。

世（Epoch） 原指人類歷史上某個時間明確、決定性的轉捩點；後來（在地質學上）成為地球歷史的常用時間單位，是紀之下的次分類。

代（Era） 第二長的地質時間常用單位，例如共同構成顯生元的古生代、中生代與新生代。

漂礫（Erratic blocks） 顯然是從遠方搬運而來的大石塊（與遠方的基岩為同一種岩石），成因可能是因為「洪水」或冰河作用。

永恆論（Eternalism） 哲學主張，認為宇宙（以及作為其中一部份的地球）始於永恆，終於永恆，自始至終都存在，沒有任何一開始的創造作用或最終的結束。

神話即史論（Euhemerist） 歷史學方法，將古代神祇與超人英雄的傳說，詮釋成重要人類或自然事件經過扭曲後留下的紀錄。

系外行星（Exoplanets） 距離太陽系甚遠、繞行其他恆星的行星；系外行星有可能是類似木星的「氣態巨行星」，或是類似地球的岩質行星。

固定論（Fixism） 認為各個大陸彼此間相對位置，並未隨地球歷史演進而變化的理論；主張相對位置有所改變的，則是活動論。

聖經大洪水（Flood, biblical） 記錄在聖經《創世紀》中的事件，不一定等於「地質學洪水」事件。

層（Formation） 具備同一種獨特性質的岩層組，可以在地表追尋其露頭，而露頭往地表下方延伸的部分，可以透過鑽井、鑽孔加以證實。

化石記錄（Fossil record） 一連串岩層中，以化石型態保存的生物及其活動的整體痕跡，記錄了生命的歷史（無論多麼片段）。

化石（Fossils） 原意為「挖出來的東西」（例如現代的「化石燃料」），後來專指源於生物，保存在岩石中的活體遺骸或痕跡。

〈創世紀〉（Genesis） 摩西五經（Pentateuch）的第一部，是猶太教經典與基督教《舊約》第一部分的核心，傳統上認為是摩西所著。

地質年代學（Geochronology） 地球史的編年，憑藉確立其事件之定年而成（如今通常採用放射性定年法）；類似人類歷史的編年學。

地識學（Geognosy） 專門研究地表可見與地表下（礦坑中）岩石立體結構的科學；從事的人稱為「地識學家」。

地球物理學（Geophysics） 專門研究地球物理構成與自然作用的科學，尤其以不可見的地球內部為研究重點，主要透過儀器方法來偵測其內部。

地溫梯度（Geothermal gradient） 岩石溫度隨深度（例如在礦坑中）而上升的比率，能顯示地球有「內熱」（無論其熱源為何）。

舌石（Glossopetrae） 狀如舌頭的石質物體，與鯊魚牙齒極為類似，是強而有力的證據，能證明至少有若干化石原為生物體的一部份。

大氧化事件（Great oxygenation event） 指元古元之初，游離氧開始在地球大氣內累積一事。

冥古宙（Hadean） 出自推測的前寒武元，起於這顆行星歷史之初，期間曾如月球一樣遭到大型小行星或彗星密集「重轟炸」。

創世六日（Hexameron） 〈創世紀〉中那「六日」的創世敘事，其後第七日又稱上主的安息日，創世至此完結。

間冰期（Interglacial） 冰河時代中氣候相對溫暖的時期，夾在氣候較寒冷的冰期中間，而冰層在冰期時的範圍延伸得更廣。

地殼均衡（Isostasy） 地球物理學理論，根據這種理論，比較輕的地殼岩石「處於平衡狀態」，漂浮在位置較深、較稠密的地層之上。

儒略時間軸（Julian timescale） 十六世紀時，學者設想出的人工時間軸，作為意識形態中立的時間線，讓世界歷史的所有事件得以標定於該時間軸上。

K／T界線（K/T boundary） 白堊紀（德語為「Kreide」）與第三紀之間的界線，是一場大規模滅絕事件的標誌。

陸橋（Land-bridges） 過去可能存在於大陸之間的連結，類似今天的巴拿馬地峽，讓陸生動植物得以跨海傳播。

活化石（Living fossils） 當某種生物的親屬已經是知名的化石，而且據信早已滅亡之後，卻發現該物種仍然存在，此物種則稱為活化石。

Ma 「百萬年」的縮寫（通常還帶有「距今……之前」的意思），其數字是各種定年法估計的結果，如今通常是採放射性定年法。

巨演化（Macro-evolution） 指連接不同動植物大類（例如爬蟲類與鳥類）之間的演化改變；相較之下，新物種的起源則涉及「微觀演化」。

科學漢（Man of science） 一個在十九世紀時廣為使用，帶有性別偏向（但在當時是事實）的詞彙，用來指後來人稱「科學家」的那些人。

地函（Mantle） 地球內部深處的一部分，位於大陸與海洋等地殼下方；地函由硬岩組成，與最核心的液態「地核」不同。

質譜儀（Mass spectrometer） 能進行極精準化學分析的儀器；研究人員利用質譜儀測量礦物中的放射性同位素，藉此得出放射性定年結果。

巨型動物（Megafauna） 一群體型大得不尋常的動物，尤其是大型哺乳類（猛瑪象、乳齒象等），是更新世冰河時期的特有動物。

中生代（Mesozoic） 地球史顯生元三個代的居中者；例如恐龍與其他各式各樣的爬蟲類生養眾多的時代，就在中生代範圍內。

變質岩（Metamorphic rocks） 由於在地球內部受到高熱、高壓，因而在礦物組成上產生劇烈改變的岩石。

活動論（Mobilism） 認為大陸與地殼「板塊」彼此的相對位置，已經在地球歷史演變的過程中移動過的理論；否定有這種移動的，則稱為「固定論」。

冰磧（Moraines） 由冰河與冰層邊緣的冰礫所構成的丘陵，其構成材料則是從岩床剝離、封在冰中移動，接著落在冰溶化處的岩石。

推覆／岩冪（Nappe） 狀似皺起來的桌巾（法語為「nappe」），逆衝覆蓋在其他岩層上的巨型岩層構造，形成於地殼的造山運動期間。

自然精密時計（Natural chronometer） 指任何根據某種自然過程一貫的變化速率為證據，來測量地質時間（以年或任何其他單位）的方法。

博物學家（Naturalist） 研究「自然史」，或是各種「動物、植物與礦物」（用後世的說法，就是研究動物學、植物學與地質學）的那類鴻儒。

自然神學（Natural theology） 神學的分支，分析神與自然界（包括人類的本質）之間的關係。

自然哲學家（Natural philosopher） 研究自然哲學——亦即各種自然現象之成因的那類鴻儒。人們通常只用「哲學」來稱呼自然哲學。

海神派（Neptunists） 把特定岩石（尤其是玄武岩）解釋為硬化的沉積物，而非（如火神派主張的）火山產物的博物學家們。

造山運動（Orogeny） 地殼沿著若干條狀地帶大規模移動，造成新山脈抬升。

古地磁（Palaeo-magnetism） 岩石內部礦物結晶所帶有的磁場，記錄了該岩石形成時，當地的地球磁場方向。

古生代（Palaeozoic） 地球史顯生元三個代中最早的一個；如大量三葉蟲生存的時代，就在古生代範圍中。

紀（Period） 代之內的地質時間常用區分，例如古生代中的寒武紀與「志留記」。

顯生元（Phanerozoic） 地球史最晚的元，由前寒武紀結束之後的所有時間所構成，相當於古生代、中生代與新生代之總和。

板塊構造學說（Plate tectonics）　活動論的理論，根據該學說，地球的地殼是由獨立的「板塊」所構成，其運動讓大陸的相對位置產生變化。

更新世（Pleistocene）　地球史新生代中較晚的一個世，由最近幾次的大規模「冰河時期」——亦即一連串冰期與間冰期所構成。

多重世界（Plurality of worlds）　一種猜想，認為地球並非宇宙中唯一能支持人形智慧生物存在的天體；SETI計畫則是其現代展現。

前寒武紀（Precambrian）　寒武紀與顯生元開始前的地球歷史整體，由元古宙、太古宙與冥古宙構成。

史前史（Prehistory）　文字文明興起之前的整體人類史，學者在十九世紀時將之區分為「石器時代」、「青銅器時代」與「鐵器時代」。

第一紀岩層（Primary）　在地球最深處找到的岩石（但在某些地方則會抬升到地表），其中沒有化石；過去咸認第一紀岩層成形於地球歷史最早期。

元古宙（Proterozoic）　前寒武元中最年輕的一個，期間發生大氧化事件，標誌著大氣中出現氧氣的起點；有極為稀少的微生物化石記錄。

第四紀（Quaternary）　新生代最晚的部分，接在第三紀之後；由更新世、後冰河期的「全新世」，以及如今的「人新世」所構成。

放射性定年法（Radiometric）　以年為單位，估計岩石與礦物年齡的方法，藉此為地球史上的事件定年，定年的根據是放射性同位素恆定的衰變率。

隆起沙灘（Raised beaches）　曾經的海灘，目前位置高過現在的海灘，顯示陸地在地質時間不久前曾抬升，或是海平面曾下降。

鴻儒（Savant）　受過教育的知識份子，通曉任何一種或所有（現代意義的）自然科學、人體科學與人文學。

第二紀岩層（Secondary）　位置在第一紀岩層上方，有時是由第一紀岩層碎屑所構成的岩層，因此咸認其年代較晚；通常含有化石。

沉積岩（Sedimentary）　在水中或陸地上，因為礦物或有機物質沉積而形成的岩石，經常會形成一層層的岩層。

SETI　搜尋地外文明計劃（Search for Extra-Terrestrial Intelligence），在地球以外的宇宙範圍搜索，而且搜尋的不單是生命，更要尋找高度複雜、據信科技先進的生命型態。

撞擊石英（Shocked quartz）　一種變質的石英（亦稱「斜矽石」），是在極高壓的環境中，如核爆或外太空隕石撞擊下所形成的。

雪球地球（Snowball Earth）　當地球據信受到雪或冰層大面積覆蓋，甚至完全覆蓋時，用來稱呼此時地球的非正式用詞。

地層（Strata，複數） 一層層的岩石，起先是一層層的沉積物。這些地層經常會構成砂岩、頁岩或石灰岩等「成層」的沉積岩岩層。

地層學（Stratigraphy） 描述、比較不同地區岩層層序的科學；類似以前的地識學。

隱沒作用（Subduction） 板塊構造學說中，地殼板塊的構成物被地函岩石下方的下沉熱對流向下拉的過程。

地表沉積物（Superficial deposits） 位於地表的沉積物，包括沖積層，以及年代更早、可以視為洪水沉積物（歸因於一場地質學「洪水」）而獨立出來的沉積物。

第三紀岩層（Tertiary） 過去曾劃分為第三紀，但位於獨特白堊層上方的岩層（但較所有地表沉積物為深）；後來劃歸於新生代。（編按：此名詞已不再使用，已改為古近紀與新近紀。）

有神論（Theism） 一種神學觀點，認為神超越一切、創造宇宙，且至今仍實際主持著宇宙，不斷與之互動。

地球理論（Theory of the Earth） 一種特別的理論，旨在解釋地球於過去、現在與未來，是如何根據不受時間影響的「自然法則」，以整體「系統性」的方式運作。

冰積物（Till） 獨特的地表沉積物，又稱冰礫泥，內嵌有大小種類各異、有稜角的石塊；如果冰礫泥固化，則稱為「冰磧岩」（tillite）。

過渡層（Transition） 位置介於第一紀與第二紀之間的岩層，含有少量化石；咸認過渡層在年代上也介於第一紀與第二紀之間。

三葉蟲（Trilobites） 擁有分節外骨骼的動物，大小與形狀各異，古生代地層中經常有大量的三葉蟲化石，但三葉蟲已在古生代末完全滅絕。

均變論（Uniformitarianism） 認為地球在深歷史中始終處於「穩定狀態」，且自然事件與過程的速率與強度，皆與今天無異的一種論點。

紋泥層（Varves） 若干層獨特的沉積物，一年年沉積於冰河與冰層邊上的湖泊水濱；可以用於建構地球史不久前的精確地質年代。

火神派（Vulcanists） 將特定岩石（尤其是玄武岩）詮釋為火山產物，而非（如海神派所主張的）固化沉積物的博物學家。

延伸閱讀

這本書主要是為了不太可能有時間深入探討書中主題的人所寫，但對於其他人來說，多一些特定主題的閱讀建議或許會很實用。下面提到的出版品，是我挑的一些以學術研究為基礎、但沒有相關歷史或科學背景知識的讀者讀起來也會相當輕鬆的讀物。這些著作中，有一些已經成為各自領域公認的「經典」；其他的則比較新，它們的註解與書目羅列了它們（以及本書）寫作時所依據的當代研究。下面列出來的出版品，僅限於以英語寫作，或是有英譯本的作品；雖然相關領域有些最重要的研究是以學術論文形式發表，但論文通常沒那麼好讀，因此我列的多半是書籍。縱使有些書能涵蓋地球科學史的大部分，但這份書單只選跟本書的特定主題相關者，也就是談「發現、重建地球本身歷史」的歷史書。有許多精彩的書本描述了當前對地球史的科學知識，但這些以非常新的研究為主題的書，我只選明確採用歷史學方法的著作。書單中提到的著作，其完整書目列在參考書目裡；其中許多已經有電子版了。

內容涵蓋整個時期（十七世紀至二十一世紀初）的研究

Richet的*Natural History of Time*，以及Wyse Jackson的*Chronologers' Quest*，是談地球時間跨度觀念演變的可靠史著；Gorst的*Aeons*還把這些觀念與宇宙的整體時間尺度相連；上述三本書都涵蓋從古代至二十世紀的整個人類史。Lewis與Knell的*The Age of the Earth*收錄許多有關這些論爭過程的實用論文，從十七世紀一直到二十世紀都有。

Gould的*Time's Arrow, Time's Cycle*有對博內、赫頓與萊爾的「地球理論」所作的深刻分析。Gould有好幾本談自然史的短篇論文集，許多地球科學史上特定人物的珍貴描述，則散見於這些知名文集中。Huggett的*Cataclysms and Earth History*分析了從古代至二十世紀災變論的復甦之間，許多不同的「洪水」理論。

Kolbl-Ebert的*Geology and Religion*收錄了K. V.Magruder的各種文章，尤其是"The [17th-century] Idiom of a Six-day Creation"；Martin Rudwick的"Biblical Flood and [19th-century] Geological Deluge"；以及R. A. Peters的"Theodicic Creationism"，這是一位前創造論者的知名嘗試，試圖將創造論詳細闡述為一份比幼稚的直譯主義更深刻的課題。

*Earth Sciences History*是一份發表學術論文的國際期刊，收錄許多跟本書主題有關的文章。

早期（從十七世紀至十八世紀中葉）

Rossi的*Dark Abyss of Time*是一本非常國際性的經典，從虎克一直談到早期的布豐。Porter的*Making of Geology*則是另一部經典，焦點擺在不列顛，並延伸到赫頓的時代。Rappaport的*When Geologists Were Historians*是對這個時期的絕佳研究，重心為法語世界。Poole的*World Makers*是本比較新的文化史，談十七世紀時建構地球相關理論的英格蘭鴻儒們。

Grafton的*Defenders of the Text*，是一部權威性的回顧，談斯卡利傑的編年科學根植於什麼樣的知識界。Impey與MacGregor的*Origins of Museums*則是以「珍奇櫃」為題的經典論文集。Rudwick的*Meaning of Fossils*在第一與第二章勾勒了關於「化石」的本質，以及將之詮釋為天然古文物的早期論辯。Cutler的*Seashell on the Mountaintop*是斯泰諾的傳記，文風近人，但內容可靠。

中期（從十八世紀中葉至十九世紀下半葉）

本書中段的章節，其實是Rudwick的*Bursting the Limits of Time*及其續集*Worlds Before Adam*的超濃縮版本，兩書都提出了詳細但可讀的敘事，以及來自原典的豐富插圖；Rudwick的*New Science of Geology*與*Lyell and Darwin*，則是許多特定議題論文的重印本。

Roger的*Buffon*是一本由二十世紀首屈一指研究布豐的學者，所寫的傳記佳作。Heilbron與Sigrist的*Jean-Andre Deluc*爬梳近年來對德呂克的研究。Corsi的*Age of Lamarck*是本經典之作，談早於達爾文的演化理論建構。Rudwick的*Georges Cuvier*翻譯、評註了居維葉談化石最重要的著作。James Secord出了Lyell的*Principles of Geology*刪節本，並收錄一篇珍貴的導論，談這部重要著作及其社會脈絡。Herbert的*Charles Darwin, Geologist*是對達爾文的第一種科學生涯所作的詳盡研究。

Rudwick的*Meaning of Fossils*第三至第五章描述以化石作為深歷史與生命演化的痕跡，談到十九世紀中；Rudwick的*Scenes from Deep Time*有許多早期圖像重建的複製圖，對上面的圖像也有評註。Grayson的*Establishment of HumanAntiquity*是十九世紀論爭的經典報導；Van Riper的*Menamong the Mammoths*特別著重於十九世紀中葉關鍵的不列顛研究。

O'Connor的*Earth on Show*是最傑出（也是最趣意橫生）的文化史，談不列顛地質學家與那些利用自己在「科普」領域著作的人（包括直譯主義者，也就是「聖經派」作家）之間的關係。Jordanova與Porter的*Images of the Earth*收錄許多實用的論文，其中就包括John Hedley Brooke談“The Natural Theology of the Geologists”，以及David Allen講地質學與其他自然史科學之間關係的文章。Rudwick的*Great Devonian Controversy*對於當時「專業」地質學論辯的典型特性，有詳盡的敘述。

Imbrie與Imbrie的*Ice Ages*，抽絲剝繭找出更新世冰河期在十九世紀得到承認為史實的過程，以及二十世紀時對於其成因的辯論。Greene的*Geology in the Nineteenth Century*敘述了早於韋格納的造山運動與全球板塊理論。Burchfield的*Lord Kelvin and the Age of the Earth*，是一本談放射性發現前相關論爭的經典之作。Bowler的*Theories of Human Evolution*涵蓋了二十世紀初的理論建構及其十九世紀根源。

後期（從十九世紀末到二十一世紀初）

Bowler與Pickstone的*Modern Biological and Earth Sciences*收錄若干方便的摘要，如Mott Greene談“Geology”，Ronald Rainger談“Paleontology”，以及Henry Frankel的“Plate tectonics”。Oldroyd的*The Earth Inside and Out*收錄Cherry Lewis的“Arthur Holmes’ Unifying Theory”，把放射性定年與大陸漂移結合來談，另外還有Ursula Marvin的“Geology: From an Earth to a Planetary Science”。Krige與Pestre的*Science in the Twentieth Century*收入了R. E. Doel談“The Earth Sciences and Geophysics”的文章，對於從新的行星觀點來看特別有幫助。

Lewis的*Dating Game*是亞瑟．霍姆斯的傳記，對他的放射性定年研究也有詳細描述。Hallam的*Revolution in the Earth Sciences*，是一部由地質學家執筆，同時談大陸漂移與板塊構造學說的精采歷史，而且是相關論戰塵埃落定不久後甫寫就。LeGrand的*Drifting Continents and Shifting Theories*，從科學知識累積的角度，衡量相關議題的一份報告。Oreskes的*Rejection of Continental Drift*是一部精采的史著，也是對理論的分析。作者是一位原本受科學訓練的歷史學家，她把焦點擺在美國科學家一開始對理論的負面看法，但也描述了大陸漂移說在北美洲以外的發展；她的*Plate Tectonics*則是許多重要參與者所寫的重要論文集，有她自己的導讀。

Schopf的*Cradle of Life*是一位參與前寒武紀化石發現與詮釋的人所寫的珍貴歷史（第一與第二章）；Brasier的*Darwin's Lost World*是另一位參與者寫的、比較隨興的故事。Arnaud等人的*Neoproterozoic Glaciations*收錄有Paul F. Hoffman的"A History of Neoproterozoic GlacialGeology, 1871–1997"，他是前寒武紀冰河期獲得承認的過程中重要的參與者。

Baker的"Channeled Scabland"，是對這段早期「新災變論爭議」的歷史性報告。Sepkoski的*Rereading the Fossil Record*是這場量化的「古生物學」運動（辨識出可能的大規模滅絕事件）的精采歷史；Sepkoski與Ruse的*Paleobiological Revolution*收錄許多頂尖古生物學家的實用論文，尤其是Susan Turner與DavidOldroyd談"Reg Sprigg and the Discovery of the Ediacara Fauna"。Glen的*MassExtinction Debates*也是類似的論文集，有編者自己對論爭的詮釋。Raup的*Nemesis Affair*是由一位活躍的參與者，對當時方興未艾的外太空隕石撞擊論戰所作的紀錄。

Numbers的*Creationists*是創造論運動的標準本歷史，後來改版時加入了近年的「智慧設計」

論辯。Marty與Appleby的*Fundamentalismsand Society*收錄有James Moore談“The creationist cosmos of Protestant fundamentalism”的文章，是對其歷史根源非常珍貴的詮釋。Schneiderman與Allmon的*For the Rock Record*，是以地質學家對「年輕地球」與「智慧設計」論戰的回應為主題，包括Timothy H. Heaton以“Creationist Perspectives on Geology”為題的歷史回顧。

參考書目

Arnaud, Emmanuele, Galen P. Halverson, and Graham Shields-Zhou (eds.), *The Geological Record of Neoproterozoic Glaciations*, Geological Society, 2011.

Baker, Victor R., "The Channeled Scabland: a retrospective," *Annual Reviews of Earth and Planetary Sciences*, vol. 37, pp. 393–411, 2009.

Bowler, Peter J., *Theories of Human Evolution: A Century of Debate, 1844–1944*, Basil Blackwell, 1986.

Bowler, Peter J., and John V. Pickstone (eds.), *The Modern Biological and Earth Sciences* [Cambridge History of Science, vol. 6], Cambridge University Press, 2009.

Brasier, Martin, *Darwin's Lost World: The Hidden History of Animal Life*, Oxford University Press, 2009.

Burchfield, Joe D., *Lord Kelvin and the Age of the Earth*, Science History, 1975.

Corsi, Pietro, *The Age of Lamarck: Evolutionary Theories in France, 1790– 1830*, University of California Press, 1988 [*Oltre il Mito*, Il Mulino, 1983].

Cutler, Alan, *The Seashell on the Mountaintop: A Story of Science, Sainthood, and the Humble Genius Who Discovered a New History of the Earth*, Dutton, 2003.

Glen, William, *The Mass Extinction Debates: How Science Works in a Crisis*, Stanford University Press, 1994.

Gorst, Martin, *Aeons: The Search for the Beginning of Time*, Fourth Estate, 2001.

Gould, Stephen Jay, *Time's Arrow, Time's Cycle: Myth and Metaphor in the Discovery of Geological Time*, Harvard University Press, 1987.

Gra on, Anthony T., *Defenders of the Text: The Traditions of Scholarship in an Age of Science, 1450–1800*, Harvard University Press, 1991.

Grayson, Donald K., *The Establishment of Human Antiquity*, Academic Press, 1983.

Greene, Mott. T., *Geology in the Nineteenth Century: Changing Views of a Changing World*, Cornell University Press, 1982.

Hallam, A., *A Revolution in the Earth Sciences: From Continental Drift to Plate Tectonics*, Clarendon Press, 1973.
Heilbron, J. L., and René Sigrist (eds.), *Jean-André Deluc: Historian of Earth and Man*, Slatkine Érudition, 2011.
Herbert, Sandra, *Charles Darwin, Geologist*, Cornell University Press, 2005.
Huggett, Richard, *Cataclysms and Earth History: The Development of Diluvialism*, Clarendon Press, 1989.
Imbrie, John, and Katherine Palmer Imbrie, *Ice Ages: Solving the Mystery*, Harvard University Press, 1986.
Impey, Oliver, and Arthur MacGregor (eds.), *The Origins of Museums: The Cabinet of Curiosities in Sixteenth- and Seventeenth-Century Europe*, Clarendon Press, 1985.
Jordanova, L. J., and Roy Porter (eds.), *Images of the Earth: Essays in the History of the Environmental Sciences*, 2nd ed., British Society for the History of Science, 1997.
Kölbl-Ebert, Martina (ed.), *Geology and Religion: A History of Harmony and Hostility*, Geological Society, 2009.
Krige, John, and Dominique Pestre (eds.), *Science in the Twentieth Century*, Harwood Academic, 1997.
LeGrand, H. E. *Drifting Continents and Shifting Theories: The Modern Revolution in Geology and Scientific Change*, Cambridge University Press, 1988.
Lewis, Cherry, *The Dating Game: One Man's Search for the Age of the Earth*, Cambridge University Press, 2000.
Lewis, Cherry, and S. J. Knell (eds.), *The Age of the Earth: From 4004 BC to AD 2002*, Geological Society, 2001.
Marty, Martin E., and R. Scott Appleby (eds.), *Fundamentalisms and Society*, University of Chicago Press, 1993.
Numbers, Ronald L., *The Creationists: From Scientific Creationism to Intelligent Design*, University of California Press, 2006 [First edition, 1993].
O'Connor, Ralph, *The Earth on Show: Fossils and the Poetics of Popular Science, 1802–1856*, University of Chicago Press, 2007.
Oldroyd, David R. (ed.), *The Earth Inside and Out: Some Major Contributions to Geology in the Twentieth Century*, Geological Society, 2002.
Oreskes, Naomi, *The Rejection of Continental Drift: Theory and Method in American Earth Science*, Oxford University Press, 1999.
Oreskes, Naomi (ed.), *Plate Tectonics: An Insider's History of the Modern Theory of the Earth*, Westview Press, 2001.
Poole, William, *The World Makers: Scientists of the Restoration and the Search for the Origins of the Earth*, Peter Lang, 2010.
Porter, Roy, *e Making of Geology: Earth Science in Britain, 1660–1815*, Cambridge University Press, 1977.
Rappaport, Rhoda, *When Geologists Were Historians, 1665–1750*, Cornell University Press, 1997.
Raup, David M., *e Nemesis A air: A Story of the Death of Dinosaurs and the Ways of Science*, W. W. Norton, 1986.

Richet, Pascal, *A Natural History of Time*, University of Chicago Press, 2007 [*L'Age du Monde*, Éditions du Seuil, 1999].
Roger, Jacques, *Buffon: A Life in Natural History*, Cornell University Press, 1997 [*Buffon: Un Philosophe au Jardin du Roi*, Fayard, 1989].
Rossi, Paolo, *The Dark Abyss of Time: The History of the Earth and the History of Nations from Hooke to Vico*, University of Chicago Press, 1984 [*I Segni di Tempo*, Feltrinelli, 1979].
Rudwick, Martin J. S., *Bursting the Limits of Time: The Reconstruction of Geohistory in the Age of Revolution*, University of Chicago Press, 2004.
——, *Georges Cuvier, Fossil Bones, and Geological Catastrophes*, University of Chicago Press, 1997.
——, *The Great Devonian Controversy: The Shaping of Scientific Knowledge among Gentlemanly Specialists*, University of Chicago Press, 1985.
——, *Lyell and Darwin, Geologists: Studies in the Earth Sciences in the Age of Reform*, Ashgate, 2005.
——, *The Meaning of Fossils: Episodes in the History of Palaeontology*, 2nd ed., University of Chicago Press, 1985.
——, *The New Science of Geology: Studies in the Earth Sciences in the Age of Revolution*, Ashgate, 2004.
——, *Scenes from Deep Time: Early Pictorial Representations of the Prehistoric World*, University of Chicago Press, 1992.
——, *Worlds Before Adam: The Reconstruction of Geohistory in the Age of Reform*, University of Chicago Press, 2008.
Schneiderman, Jill S., and Warren D. Allmon (eds.), *For the Rock Record: Geologists on Intelligent Design*, University of California Press, 2010.
Schopf, J. William, *Cradle of Life: The Discovery of Earth's Earliest Fossils*, Princeton University Press, 1999.
Secord, James A. (ed.), *Charles Lyell: Principles of Geology*, Penguin Books, 1997.
Sepkoski, David, and Michael Ruse (eds.), *The Paleobiological Revolution: Essays on the Growth of Modern Paleontology*, University of Chicago Press, 2009.
Sepkoski, David, *Rereading the Fossil Record: The Growth of Paleobiology as an Evolutionary Discipline*, University of Chicago Press, 2012.
Van Riper, A. Bowdoin, *Men among the Mammoths: Victorian Science and the Discovery of Human Prehistory*, University of Chicago Press, 1993.
Wyse Jackson, Patrick, *The Chronologers' Quest: The Search for the Age of the Earth*, Cambridge University Press, 2006.

左岸科學人文　320

地球深歷史

一段被忽略的地質學革命，一部地球萬物的歷史

Earth's Deep History

How It Was Discovered And Why It Matters

作　　者　馬丁・魯維克（Martin J. S. Rudwick）
譯　　者　馮奕達
審　　定　黃相輔
總 編 輯　黃秀如
責任編輯　林巧玲
行銷企劃　蔡竣宇
封面設計　莊謹銘

出　　版　左岸文化／遠足文化事業股份有限公司
發　　行　遠足文化事業股份有限公司（讀書共和國出版集團）
　　　　　231新北市新店區民權路108-2號9樓
電　　話　(02) 2218-1417
傳　　真　(02) 2218-8057
客服專線　0800-221-029
E-Mail　rivegauche2002@gmail.com
左岸臉書　facebook.com/RiveGauchePublishingHouse
法律顧問　華洋法律事務所　蘇文生律師
印　　刷　呈靖彩藝有限公司
初版一刷　2021年3月
初版二刷　2023年8月
定　　價　520元
I S B N　978-986-06016-0-2
歡迎團體訂購，另有優惠，請洽業務部，(02) 2218-1417分機1124、1135

地球深歷史：一段被忽略的地質學革命，一部地球萬物的歷史／
馬丁・魯維克（Martin J. S. Rudwick）著；馮奕達譯.
－初版.－新北市：左岸文化，遠足文化事業股份有限公司，2021.03
　面；　公分.－（左岸科學人文；320）
譯自：Earth's deep history : how it was discovered and why it matters
ISBN 978-986-06016-0-2（平裝）
1. 地球科學 2. 地質學 3. 自然史
350　　　　　　　　110000179